舌尖上的美感
有自然 人文 地域 时间
吴地苏州的鱼羹
有太湖 渔家 罛舟 船菜
每一方乡土都有自己的厚度
风 拂着别样的风情

太湖船菜初探

若三 陈智勇 著

古吴轩出版社

图书在版编目（CIP）数据

太湖船菜初探 / 若三, 陈智勇著. -- 苏州 : 古吴轩出版社, 2021.9
ISBN 978-7-5546-1806-6

Ⅰ. ①太… Ⅱ. ①若… ②陈… Ⅲ. ①饮食 - 文化 - 苏州 Ⅳ. ①TS971.202.533

中国版本图书馆CIP数据核字（2021）第197707号

责任编辑：胡敏韬
见习编辑：羊丹萍
责任校对：李　倩　沈欣怡
封面设计：李　璇
责任照排：晴　天

书　　名：太湖船菜初探
著　　者：若三　陈智勇
出版发行：古吴轩出版社
地址：苏州市八达街118号苏州新闻大厦30F　　邮编：215123
电话：0512-65233679　　传真：0512-65220750
出 版 人：尹剑峰
印　　刷：苏州市越洋印刷有限公司
开　　本：880×1230　1/32
印　　张：11.25
字　　数：313千字
版　　次：2021年9月第1版　第1次印刷
书　　号：ISBN 978-7-5546-1806-6
定　　价：58.00元

如有印装质量问题，请与印刷厂联系。0512－68180628

序

若三、陈智勇两位先生共同撰写的这本《太湖船菜初探》，从描述太湖流域渔民先祖的出现、渔猎耕作生产的分工、渔具船只的演变开始，随后又从渔民的生活饮食习惯等诸多方面入手，对整个太湖地区的地理环境、天然气候、地产食材、水域风物文化等进行了全面的阐述。全书以太湖船菜为主线，详述了太湖地区渔家的生活、生产习俗及太湖渔民乐观的生活态度，是对太湖渔家悠久历史的一次溯源。阅读此书，就像走进了一座太湖船菜博物馆，让人目不暇接，受益匪浅。

太湖船菜的起源、发展走过了漫长的历史，它经历了从无到有、从简单到繁杂的过程。对太湖船菜的研究解读，看似仅为对美食的一种探讨、深挖，实则是对苏州太湖地区社会生产、生活、文化艺术等状况的总结。吴中太湖船菜，就是在太湖渔家生产、生活中形成的，是以“鱼鲜”为特色的风味美食。趁着改革开放的春风，船菜文化在太湖流域蓬勃兴起，原汁原味的鱼鲜与太湖山水的自然美景相辅相成，应运而生的“太湖船餐”出现在太湖四周。桌上佳肴琳琅满目，食客登船品味，食间远眺山水林木，在心旷神怡中感受太湖渔家美食的独特风情，此种情景在此书中有着饱满的文字叙述，读来让人仿佛身临其境。随着太湖环境治理工作的展开，船餐舟舫逐渐减少，富有特色的太湖船菜渐渐迁至陆地上，延续美味。时至今日，人们仍口口相传、称颂着那些以鱼鲜、湖蟹、果蔬、水禽、竹笋、菌类等制成的珍馐，孜孜不倦地追寻着太湖船菜的风尚。

古城苏州真正沉得下心来研究太湖船菜风俗的文人、学者甚少，有关太湖船菜风俗的文献资料也是寥寥无几，地方志中略有相关的只言片语，却非人人所能尽读，古今文人笔记闲书中的相关记述更是少之又少，唯有留心者记之。可以说这本书所详述的太湖船菜，其精细及用心程度，为苏州灿烂的饮食文化乃至地方文化都做出了贡献。两位作者并非专职作家，也非文史考古者，更非专家学者，只是生于吴中、长于吴中，有卓识的普通人。他们凭着对故乡的眷恋，凭着对太湖船菜研究的浓厚兴趣及强烈的责任感，饱含热情地讴歌着吴中大地上的人与事。

两位作者在工作之余，利用假期和空档，四处走访吴中水乡古镇，登舟访友，求见渔家，向当地前辈、老者们收集素材，又广读书籍，苦寻资料。盛暑挥汗，严冬呵冻，在数不清的不眠之夜里伏案写作，历经五年多的时间，写成分为七大章节三十小节共三十多万字的《太湖船菜初探》。此书像是饮食工具书，又像是苏州美食的“资料库”，更像是一本吴中太湖渔家饮食的大百科全书。它填补了吴文化中太湖渔家饮食文化的空白，意义非同小可。

太湖船菜源自生活在太湖边的渔民，也源自渔家独特的“水陆两栖”的生产、生活方式。他们在所生存的山水之间，探寻着那些时间与空间里蕴藏着的太湖鱼鲜的“密码”。虽然同样诞生在悠久的吴文化里，但太湖船菜与苏州文人所述的虎丘山塘河“花船”里的船菜、船点有所不同，太湖船菜的菜点要更加朴质，更贴近自然。太湖船菜是苏州饮食文化的重要组成部分，犹如繁花似锦的苏帮菜花园中的一朵仙葩。两位作者在阐述太湖船菜前世今生的过程中，不断转移笔锋，描述与鱼鲜相关联的多种苏帮菜，在饮食史料中追寻太湖船菜的根茎，征引浩博，让人读来兴趣盎然。从那些朴实无华的文字中，仿佛能看到，在烟波浩渺的太湖中，一代又一代聪颖智慧又有着强健体魄的渔民在雾里识得方向、在风里听得鱼信、在水下摸得航道，日复一日搏击风浪，勇闯险滩……正是这些大无畏的渔民，撑起了太湖渔业的一片天地。

太湖船菜的烹调不同于其他任何一种菜系，具有其内在的独特性，这源于太湖渔民对太湖水产品有着独到的见解，能最大限度地保持食材的本味。太湖鱼鲜的烹调手法纯朴而简单，渔民在生产生活过程中形成了一套独到的烹饪方法。

其中最为人津津乐道的是对鲜活水产的处理方法：活鱼宰杀后，不用水来清洗，而使用干净的布头抹干，随后即入镬烹制，此乃渔家制鱼古法，能最大限度保持鱼的鲜味，代代相传至今；另一种处理方法是在腌制鱼的时候只除去鱼的内脏，不去鱼鳞，晒干烹制成熟鱼后，再用手撕去鱼皮鱼鳞。如此制成的鱼肉白净味美，吃时用手掰成小块儿，风味十足，越吃越香，太湖船菜中常用的冷菜“掰掰鱼”就出于此法。

太湖船菜以太湖渔家风俗、文化为源头，通过对太湖地区出产的食材整合、烹饪，从渔家灶头逐步走向市场，以其简朴、纯真的烹调手法，独特的风味，从苏帮菜中剥离出独一份的属性，在市场上赢得了声誉，吸引了广大消费者。太湖船菜的烹调技艺也在此过程中得到进一步的提升。在“纯与真”“俭与朴”“传与承”“创与新”中，太湖船菜逐步塑造出其性格。而那些典籍中记载的太湖船菜：鱼羹、三白、鱼饭、炝虾、炸蟹、风鱼、腊肉、咸鸡、风鹅、糟蛋、燻鸡、鱼鲞、梅鲚粥、蔺菜、红米饭、五彩团……更是让人领略了太湖船菜普适性之外的独特魅力。这些菜肴背后还大都有着传奇的故事，使之成为吴地的代表菜点。

这本《太湖船菜初探》深藏着作者对太湖船菜的企盼。书中除写明了太湖船菜的文化源头、菜肴特色外，还详细讲述了与之关联的种种人与事，乃至民间信仰、婚嫁环境等。说到底，这本书乃是对太湖船菜在当今社会环境下的应用探索。在书的结尾章节，作者极力为太湖船菜的发展推广建言献策，读来令人振奋。

在一个城市中，美食并不是孤立存在的，它会与多种文化元素紧密联系在一起，与地方民俗、民间传说等以组合的形式出现在市场中，从而使城市更具个性魅力，文化更具内涵。如何以太湖船菜带动经济、旅游服务等，将是一个值得思考、探索的课题。时下，旅游业已成为城市经济发展的巨大动力，太湖船菜作为一种特色鲜明的产业经济，其在呈现方式与应用上需注入新的活力，塑造吴地美食的新地标，使之成为城市文化和旅游文化融合的新杠杆。

中国饭店协会顾问
中国烹饪协会饮食文化研究会副主任
江苏省烹饪协会荣誉会长
苏州市饮食文化研究会会长
华永根

前　言

苏州的太湖船菜餐饮是20世纪90年代初，由苏州太湖镇（现并入光福镇）的太湖渔民，趁着改革开放的大潮创新发展出的特色餐饮。它依托于苏州太湖的自然生态和人文历史，以太湖渔家生产、生活中形成的饮食文化为背景，以餐饮经营为平台，以太湖水产及太湖渔家饮食风味为特色，在餐饮市场中成就了一道亮丽的美食景观。

太湖是中国著名的淡水湖，太湖与周边的山峦、岛屿不仅形成了如画的自然景色，还孕育了享誉鱼米之乡的苏州。“三山文化”在太湖中燃起了万年前的炊烟，稻作文化与“震泽底定”相结合，使“饭稻羹鱼”飘香在苏州这一方水土。太湖地区考古出土的文物中包含的古老渔具，让太湖渔家有了悠远的历史源头。太湖中的罛船是中国古时最大的淡水捕鱼船，《太湖备考》载：“（太湖渔家）大概以船为家，……以水面作生涯，与陆地居民了无争竞。”这群生活于太湖的渔家，由于披着一层“水”色，于是就有了自己独特的生活方式，并形成了太湖渔家的饮食风俗与风味。

当太湖渔家闯入餐饮的滩头时，他们将太湖渔家的饮食风味也带到了太湖船菜餐饮中。那些“时新”的太湖风物，在经营餐饮的渔民手中，借助渔民辨鱼、识鱼的经验优势，在纯朴的烹调方式下，成为一道道带着“本味”的太湖船菜，应时而出。以泊于水中的餐船为经营载体，让人们似乎能够触摸到太湖的水波，太湖船餐市场由此而兴。太湖渔家手中的一勺鱼羹，成了苏州的特色餐饮。由太湖船菜汇聚而成的“太湖渔家宴”，收录在了《中国苏州菜》（画册）、《中国江苏名菜大典》中，太湖渔家的饮食有了文化的记载。

太湖渔家有着与水相伴的生产、生活环境，形成了自己的生活习惯、饮食风俗，船头、灶头、桌头，烹饪、菜肴，都有着太湖渔家生产、生活的烙印。依季节而行的生产节律，繁忙的捕鱼、分拣劳作，都会影响到太湖渔家的饮食，由此渐渐形成他们世代相承的烹调方式与饮食风味。太湖船菜的烹饪有着纯朴的真，菜肴有着纯真的自然风味。太湖淡水水产的美妙就这样在一群太湖渔家的传统烹调里，丰富着苏州的饮食，发展着苏州的餐饮。

太湖渔家对人们来说是既熟悉又陌生的。熟悉的是通过源源不断的水产品，人们间接地认识到有太湖渔民、渔家的存在；陌生的是人们对于太湖渔家的生产、生活的具体情况知之甚少。本书所展现的太湖渔家的饮食民俗，是太湖渔家饮食文化的形象化表现。“民俗是当代生活中活着的、发挥着特定功能的一种社会现象，每个人都在特定的民俗文化背景下出生、成长，并在这种民俗环境中进行自己的工作与创造。”[1]民俗潜移默化的功能，让太湖船菜有着太湖渔家的生活风情。

太湖是苏州的母亲湖，太湖渔家与水城苏州有着十分密切的关系。笔者在这里收集和记录太湖渔家的一些传统饮食，不仅是怀旧，而是期望通过记录太湖渔家饮食文化，可以让人们多一扇触摸和了解太湖、太湖渔业、太湖渔民的窗口，在面向未来的可持续发展中，对太湖多一份熟识，有一脉可以寻溯的源流。

苏州拥着太湖70%的水域，有着太湖最大的渔村，生活着太湖最多的

---

1 《民俗学概论》，钟敬文主编，上海文艺出版社，1998年12月，第10页。

渔民群体。罛舟帆影，鱼虾欢闹，渔舟唱晚，还有一缕缕炊烟飘荡在太湖边。“2008年，随着国家对太湖环境治理力度的加大，船餐市场列入环境整治项目……2010年，船餐市场被取缔，而富有特色的船菜移至陆上延续。”[2]太湖渔家的这缕炊烟穿越了时空，在新的时代必将凝聚成一道新的美味鱼羹。

关注大时代中的小历史，对了解大时代有现实意义。小历史可以反映民众生产、生活的历程，展现经济、社会发展的时代进程。感受每一方土地上蓬勃的时代气息，聆听民众前行的踏实足音，有利于全面、深入地认识和理解大时代。太湖船菜承载着太湖渔家的饮食文化，它的小历史也映现着中国发展的大时代。

2　《光福镇志》，江苏省苏州市吴中区光福镇志编纂委员会编，方志出版社，2018年11月，第147页。

目 录

序

前　言

第一章　太湖船菜的形成地…………………………………… 001

第一节　苏州与太湖山水…………………………………… 002

第二节　苏州山水与四时风物……………………………… 009

第三节　悠远的太湖渔家鱼味……………………………… 020

第四节　迢递的太湖渔事鱼味……………………………… 029

第二章　太湖渔家和太湖船菜………………………………… 041

第一节　太湖渔家群落……………………………………… 041

第二节　太湖船菜的出现…………………………………… 051

第三节　从渔家灶头迈入餐饮市场………………………… 055

第四节　太湖船菜餐饮的定位……………………………… 061

第三章　太湖船菜餐饮的特征………………………………… 075

第一节　太湖船菜餐饮的特性……………………………… 076

第二节　太湖船菜烹饪技艺特色…………………………… 086

第四章　太湖渔家生产生活与饮食…………………………… 117

第一节　太湖渔家的水泊生涯……………………………… 118

第二节　太湖渔家生活中的饮食活动……………………… 126

第三节　太湖渔家生产中的饮食活动…………………………………… 150
第四节　太湖渔家的饮食习俗………………………………………… 161

第五章　太湖船菜的水产风味……………………………………… 185
第一节　太湖船菜冷盘中的鱼………………………………………… 186
第二节　“太湖三白”与“太湖三宝”…………………………………… 196
第三节　太湖船菜中的“够格鱼”……………………………………… 217
第四节　太湖船菜中的渔家鱼味……………………………………… 232
第五节　太湖船菜中的时令小鲜……………………………………… 241

第六章　太湖船菜的山水风味和传统菜点………………………… 251
第一节　太湖船菜中的水生蔬菜……………………………………… 252
第二节　太湖船菜中的禽与畜………………………………………… 266
第三节　太湖船菜中的陆生蔬菜……………………………………… 274
第四节　太湖渔家的传统菜肴………………………………………… 276
第五节　太湖渔家的糕点……………………………………………… 285
第六节　太湖渔家的其他食品………………………………………… 292
第七节　太湖渔家的宴席菜单………………………………………… 299

第七章　关于太湖船菜的几个认识………………………………… 307
第一节　太湖船菜之味的认同与归属………………………………… 308
第二节　太湖船菜之味的特点与品鉴………………………………… 321
第三节　太湖船菜餐饮的文化代表性………………………………… 326
第四节　太湖船菜餐饮的呈现与应用………………………………… 331

后　记……………………………………………………………… 339

第一章 太湖船菜的形成地

20世纪90年代初，在改革开放的热潮中，苏州市太湖镇（现并入光福镇）的太湖渔民，在渔家饮食的基础上创立了具有太湖渔家风味的特色餐饮——太湖船菜餐饮（简称“太湖船菜”）。可以说太湖船菜是在罛舟帆影里诞生的风味，也是苏州的水土、人文、历史所孕育出的独特的餐饮模式。因而，太湖船菜必然与苏州联系，与太湖联系，与太湖周边的山山水水，以及山水自然中所出的各类物产联系在一起。

太湖船菜源自生活在苏州太湖边的太湖渔民，源自太湖渔家独特的生产、生活方式，是从太湖渔文化底色里浮现的餐饮模式和风味特色，一经出现，便令人有久别重逢之慨且感到亲切。太湖渔家风味由此而成为苏州饮食文化的重要内容，绽放在苏州菜的大花园之中。

太湖是中国著名的淡水湖，她孕育了长江南岸这一方土地——太湖平原，由此诞生了灿烂的吴文化。太湖渔家泊居于江南，生存所凭借的湖山之胜、四时风物、人文渊薮，都融在了太湖渔家的生活里。这样的空间与时间中，一声渔舟唱晚的曲调，洇出一幅苏州的山水人文长卷。

第一节　苏州与太湖山水

太湖镶嵌在长江南岸繁荣的都市群中，荡漾着清漪，山水相倚，绵柔如幻。太湖是苏州的母亲湖，太湖水孕育了小桥流水、枕河人家，以及那一方被称作鱼米之乡的繁华姑苏。太湖也是渔家的生息之湖，太湖渔家在太湖的怀抱里，泊船而居，随波而作。

一、太湖称谓诗意浓

太湖的一汪水泊由来已久。自古至今，关于太湖的名称，多见于史籍和诗文之中，又都不太相同。"一名震泽。《禹贡》：'震泽底定。'孔氏《书传》：'震泽，吴南太湖名。'""一名具区。《山海经》：'浮玉之山，北望具区。'《尔雅》：'吴越之间有具区。'""一名五湖。《史记》：'范蠡乘舟入五湖。''太史公登姑苏台以望五湖。'"[1]《初学记》载："《扬州记》曰：'太湖一名震泽,一名笠泽,一名洞庭。'"

由于一湖多名，历代文人墨客在写到太湖时，对太湖名称的选择也就信手拈来。如唐代的刘禹锡在写太湖石时称"震泽生奇石，沉潜得地灵"，唐代王昌龄《太湖秋夕》诗中有"水宿烟雨寒，洞庭霜落微"句，晚唐的皮日休吟诗"闻有太湖名，十年未曾识"，宋代苏轼有"具区吞灭三州界，浩浩汤汤纳千派"的诗句，明代胡缵宗言"茫茫四郡尘嚣外，渺渺五湖烟雾中"，明代丘浚有"我闻在昔天随翁，浮家浪迹笠泽中"之句。清代赵翼《读史》诗之一："范蠡既霸越，一舸笠泽中，手挟西施去，同泛烟蒙蒙。"这些诗句中，太湖以不同的名称出现，多了几分诗情画意。

诗句里的太湖，是浩荡的、渺茫的、迷蒙的，有雨烟寒霜，可浮舟浪迹。这样的太湖有了雾裹纱笼般的神秘，有了可以肆意徜徉的情怀。虽说

1　《太湖备考》，[清]金友理撰，江苏古籍出版社，1998年12月，第34页。

有诗意，但太湖不是海市蜃楼，而是可以让人置身其中放松身心、抒发性情的真实存在。

二、枕江滨海水流东

（一）位置

打开地图，中国的东中部有一片绿色，那是长江中下游平原。长江下游南岸，有一个较大的淡蓝色标，那就是太湖的位置。太湖水流经江苏、浙江两省，大致是北临无锡、常州，西依无锡宜兴，南濒湖州，东傍苏州。湖介于北纬30° 55′ 40″ —31° 32′ 58″ 和东经119° 52′ 32″ —120° 36′ 10″ 之间。[2]

苏州位于太湖的东部和东南部，地处北纬30° 47′ —32° 02′ 、东经119° 55′ —121° 20′ 之间。[3]由于太湖水流向东泻入江海，多条支流江河从苏州境内流过，孕育出了长江南岸一片鱼欢稻香的秀丽水乡。由于太湖水的浸润，苏州的城市风貌有了小桥流水、枕河人家——东方水城亦因此而誉。苏州的发展与繁华，依托于太湖东岸这一方水润的土地。

（二）水域

1. 太湖流域

太湖流域处于东部长江河口段南部与钱塘江、杭州湾之间，境跨苏、浙、皖、沪三省一市，流域面积36895平方千米，其中江苏有19399平方千米，占52.6%；浙江12093平方千米，上海5178平方千米，安徽225平方千米。[4]太湖流域包括上海直辖市大部（不含崇明、长兴、横沙等岛屿），还

2　《苏州地理》，徐叔鹰、雷秋生、朱剑刚主编，古吴轩出版社，2010年11月，第72页。

3　《苏州年鉴2018》，苏州年鉴编纂委员会编，古吴轩出版社，2019年9月，第3页。

4　引自《苏州市城市总体规划（2007—2020）专题研究报告》之《苏州水系研究》。一说太湖流域为36500平方千米，见《中国太湖史（上）》，宗菊如、周解清主编，中华书局，1999年5月，第1页。

有江苏省苏州市、无锡市、常州市的全部，镇江市、南京市高淳区的部分地区，浙江省嘉兴市、湖州市的全部和杭州市的部分地区，安徽省宣城市的部分地区。太湖周边的苏州、无锡、常州、湖州等城市，可说是挨着太湖的亲湖城市。有时人们所讲的太湖地区，其实大多是指这几个紧靠太湖的城市区域。

太湖流域的西部为山地，有天目山及其支脉、皖南山地、宁镇丘陵。山地以东地区地势平缓，间有低矮丘陵，称为太湖平原。太湖平原北枕长江，西靠宜溧和浙西天目山地，南界钱塘江和杭州湾，东濒大海（东海）。上海市陆地区域，浙江省杭州市部分区域、嘉兴市和湖州市全部，江苏省苏州市、无锡市、常州市全部，都位于太湖平原地区。太湖是太湖平原上最大的湖泊，太湖平原自古受太湖涵养。

2. 太湖水域

太湖有多大？《越绝书》中称："太湖周三万六千顷。"《太湖备考》载赵任佐《丈湖行》诗："太湖四万八千顷，久久波涛漾藻荇。"赵诗中多出的水面，可能是丰水期湖水溢出，湖面与周边的湿地相连造成的。水中"漾藻荇"，应指湖中的水草，也指湖边湿地的植物。《太湖备考》还记载，康熙皇帝在康熙三十八年（1699）四月来到太湖边："问扈驾守备牛斗太湖幅员广狭，对：'周围八百五里。'上云：'为何《具区志》上止五百里？'对：'积年风浪冲塌堤岸，故今有八百余里。'"可见，因自然的河道拥堵、堤岸坍塌，湖水的泛滥、干涸等因素，加上人为的围垦，太湖水域面积时有变化。

以现在的方式计算，"太湖东西宽约55.9千米，南北长约68.5千米"[5]，太湖水域面积2425平方千米，约"三分之二的面积在苏州"[6]，其

5　《太湖镇志》，《太湖镇志》编纂委员会编，广陵书社，2014年8月，第38页。

6　《苏州地理》，徐叔鹰、雷秋生、朱剑刚主编，古吴轩出版社，2010年11月，第43页。

中苏州市吴中区水域辖1486平方千米[7]，占整个太湖61.2%水域面积。太湖西部到南部的岸线平滑，似一个半圆；东部至北部岸线曲折，多半岛、湖湾，这些半岛、湖湾将湖面分割成多个小的水域，让太湖的水面在宽阔平静中，又有着参差变化。太湖的这些大小湖域，为水生生物的生长繁衍提供了多样化的水域环境，让它们可以安静地产卵孵化，可以肆意地畅游觅食。

（三）水文

1. 水流

太湖流域地势西高东低，水源从西边来，流向东边去。太湖水源主要来自两大水系，即苕溪、荆溪之水。苕溪水系源于浙江省天目山地，以东苕溪、西苕溪为主要径流。荆溪水系源于江苏的宜溧山地和茅山东麓，可分为南溪水系、洮滆湖水系、江南运河水系，向东注入太湖。太湖出水口，古有淞江、东江、娄江三大水系（古称“三江”），从太湖的东、南、北3个方向流入江海。《尚书·禹贡》记载：“三江既入，震泽底定。”就是指大禹治水疏浚河道后，太湖水患平息的事。后来，3条分水道逐渐淤浅缩狭。明永乐元年（1403），在上海开范家浜，吴淞江接黄浦江后通长江。后黄浦江冲成深广大河，成为太湖下游排水出路。现太湖周边的淀泖水系、浦南水系、阳澄水系、澄锡虞水系、湖西沿江水系等，都是分流太湖水的重要水系。太湖上有活水源头，下能分流泄流，使太湖水域相对稳定，太湖水也更具可利用的价值，太湖周边城乡的生产、生活有了稳固的保障。

据《苏州年鉴2018》显示，苏州市总面积为8657.32平方千米，平原占总面积的54.9%，丘陵占总面积的2.7%，河流、湖泊、滩涂占全市土地面

---

7 《吴中年鉴2013》，吴中区年鉴编纂委员会编，上海社会科学院出版社，2013年10月，第37页。

积的36.6%。[8]苏州拥有湖泊320多个，如太湖、阳澄湖、漕湖、昆承湖、金鸡湖、独墅湖、淀山湖、澄湖等。各级河道2万多条，每平方千米河道长度约3.2千米，纵贯着大运河苏州段。其他有吴淞江、望虞河、太浦河、娄江、张家港河等重要大河。这些连通太湖的密布的湖荡、交叉的河港，使苏州形成了以太湖为中心，湖水向北、向东辐射状分流入长江、东海的水网。这些河港、湖荡系统勾画出的苏州水网图卷，它们均受太湖水量调节影响，与太湖一脉相连。

2. 水位

太湖是一个低海拔的湖泊，湖底平均高程在1.19米左右。太湖的立体形态，呈浅碟形，像只浅浅的锅。"太湖水位比较稳定，年平均水位2.89米到3.27米"[9]，可见太湖水真的不深。水不深，但有宽度、广度，风来时也会卷起浪花，涌起波浪。太湖平均年出湖径流量大致为75亿立方米，蓄水量约为44亿立方米。稳定的水量，为太湖平原的农业生产提供了良好的条件，使苏州成为中国著名的鱼米之乡，古有"苏湖熟，天下足"之誉。当然，一年之中，太湖水位也会波动。4月之后，湖水随着春夏雨水增多而上涨；9月之后，太湖水位也会随着秋冬的萧瑟而下降。这样的一起一伏，像是太湖躺在大地上轻轻地呼吸。

3. 水温

太湖水位不深，阳光可以穿透水面，射到湖底。在平坦的太湖底部，水生植物产生光合作用，阳光的热量也为其生长提供了能量。太湖年平均水温17.1℃，1月平均水温4℃，7月平均水温25℃。冬季，在湖湾或岸边的湖水也会结冰，冰厚一般在1—2厘米。特别寒冷的时候，太湖也会全湖封冻，那样的情况并不多见。如果日照强烈，水温升高，在风与水流的搅动

8 《苏州年鉴2018》，苏州年鉴编纂委员会编，古吴轩出版社，2019年9月，第3页。

9 《太湖镇志》，《太湖镇志》编纂委员会编，广陵书社，2014年8月，第43页。

下,湖水的温度会很快得到调节而趋于一致。当然,夏季晴好而无风的日子,太湖水温就会从高到低垂直递减。鱼虾在清凉的湖底估计蛮舒服的。太湖东部地区湖湾较多,小湖湾区的水温会比西部敞水湖区的水温相对高一些。因此,虽说同是太湖,但湖区内的自然生态,会因各区域环境条件的不同而有差异。

(四)湿地

苏州地势平坦,交错纵横的江河湖泊,孕育了广袤的湿地。在不同的水域区,形成了湖泊湿地、河流湿地、沼泽和沼泽化草甸湿地等湿地类型。湿地是重要的生态系统。俗话说,湿地是大自然的肾,可以让绿水常清。湿地与江河湖泊构建的独特的生态环境,每年还会吸引大量的候鸟前来避寒越冬,如野鸭、天鹅、大雁等。苏州附近的太湖水域与周边的湿地中,光鸭类就有20多种。

湿地,不仅调节着生态环境,还养育着许多动植物。水稻也是从湿地里生长出来的。在自然与人工选育的双重作用下,一些湿地植物被培育成了独具风味的水生食物,如莲藕、红菱、茭白、慈姑等,在苏州有“水八鲜”的名号。湿地中,还有各种“野味”,如蒿草、芦苇等。它们依赖着湿地生长,生出的新芽嫩茎是春天里的风味美食。这些源自湿地环境的物产,是苏州饮食、苏州菜的又一物质基础。

三、山水相依缥缈中

太湖东岸、苏州西部山区和太湖诸岛,分布着诸多山陵,“共有大小山体100余座”[10]。这些山峦虽非崇山峻岭,然独具江南的秀丽温婉。太湖边的“山”“谷”,都是不高不深、平缓宁静的。明代归有光在《吴山图记》中写道:“其最高者:穹窿、阳山、邓尉、西脊、铜井;而灵岩,吴之故宫在焉,尚有西子之遗迹;若虎丘、剑池及天平、尚方、支硎,皆胜地

---

10 《苏州地理》,徐叔鹰、雷秋生、朱剑刚主编,古吴轩出版社,2010年11月,第40页。

也；而太湖汪洋三万六千顷，七十二峰沉浸其间，则海内之奇观矣。”这“七十二峰”便是太湖中的岛屿与周边的山峦，其中有58峰在苏州。以现代的海拔高度测量，穹窿山最高（342米），还有南阳山（338米）、西洞庭山缥缈峰（336米）、东洞庭山莫厘峰（293米）、七子山（294米）、天平山（201米）、灵岩山（182米）、渔洋山（171米）、潭山（252米）等。这些山都是天目山的余脉在苏州露出的一个个山头。它们的存在，让太湖平原上的苏州有了“山”的骨架。

山水相依是苏州的太湖风光，也是太湖的自然环境。从湖中看，山映水漾，峦山浮影；从山上眺望，水天相连，碧波万顷。唐代白居易在苏州为官时，常常游山玩水，寻古探幽。他的《宿湖中》诗记录游览太湖的场景，诗中写道：“十只画船何处宿，洞庭山脚太湖心。”太湖山水让白居易流连忘返，从而泊宿在太湖之中。唐代张籍《送从弟戴玄往苏州》诗中有“乘舟向山寺，着屐到渔家”句，船与寺带出了水与山的妙景，山脚下的渔舟又将一星渔火漾在水中。宋代王禹偁《忆旧游寄致仕了倩寺丞》诗中有“海山微出地，湖水远同天”句，将太湖水之旷远、山影之微小描绘了出来。宋代杨万里的《泊船百花洲登姑苏台》诗中写道：“姑苏台上斜阳里，眼度灵岩到太湖。”诗人身披夕阳向远方眺望，深远的视野里一片波光山影，展现出一幅宏阔的自然画面，反映了诗人雄阔的精神风貌。

多少文人墨客曾为太湖赋诗著文，就算是帝王来到苏州，也会被湖光山色引出无限情思。如康熙二十八年（1689）春，康熙皇帝第二次南巡时，正值梅花盛放，于是康熙前往光福探梅。其间，写有《邓尉小轩望太湖》诗：“小轩闲坐倚前楹，万顷澄湖夕照明。夜久天心初月上，坐聽谡谡奏松声。”再如清乾隆皇帝下江南，4次登临苏州最高峰穹窿山眺望太湖，并写诗纪念。

震泽天连水，洞庭西复东。双眸望无尽，诸虑对宜空。

三万六千顷，春风秋月中。五车禀精气，谁诏陆龟蒙。

乾隆《穹窿山望湖亭望湖》

乾隆二十二年（1757）上穹窿山

见说古由钟，乘闲陟碧峰。上真严祀帝，四黼切祈农。

奚必逢茅固，无劳学赤松。具区眼底近，可以畅心胸。

乾隆《穹窿山上真观》

乾隆二十七年（1762）上穹窿山

岳岳高居祀上真，抒诚叩必以躬亲。太湖万顷在襟袖，穹窿亿丈凌星辰。

不问长生崇羽士，所希大有绥农民。片刻成吟策返辔，邓尉香雪犹西邻。

乾隆《穹窿山上真观》

乾隆三十年（1765）上穹窿山

古道崇椒奉玉真，萧台重仰郁罗亲。求仙哪问乘六气，祈岁惟殷抚五辰。

偶尔小游出尘地，已教久候觐尧民。鸣鞭吟兴知谁引，邓尉非遥即右邻。

乾隆《穹窿上真观乙酉作韵》

乾隆四十五年（1780）上穹窿山

在山顶望平湖，一定会牵动帝王别样的思与虑吧。水因山而阔，山因水而秀。苏州太湖与周边山峦的关系，就如这一首首诗一样，可游览，可观赏，可感叹，可歌咏，有韵有情。况且，山水之中，还有无数的风物，那又是另外的诗了。

第二节　苏州山水与四时风物

气候让苏州有了春、夏、秋、冬的四季变化，在“年”的循环里有了多样的姿态。湖山水乡孕育出了丰富的物产。依着四季的变化，苏州将应时而来的风物，对应着时节来品，每一样风物都带着太湖的气息、苏州的味道。苏州太湖渔家也依着四季和风信，款款地将鱼虾尝了个遍。

一、四季分明依季风

（一）四季

太湖及太湖周边其他地区，都处于亚热带湿润季风气候。整体上气候温和，虽也有霜冻冰雪的极端低温，或者35℃以上的高温，但时间都较短。年平均温度在15—17℃，1月均温3℃左右，7月均温28℃左右。一年中，春夏秋冬依次而度，可谓四季分明，为众多的生物提供了多样的生存环境，令其符合春生、夏长、秋收、冬藏的生长节律。太湖地区雨量充沛，年平均降水量1100毫米，降雨集中的时间是4月至9月，占全年降水量的60%左右。无霜期有240天左右，日照充足，优良的光热条件，加上雨水充沛，满足了亚热带生物的生长需求。太湖水量也因雨量的变化而略有起伏波动，湖水也随着四季而改变着温度。

四季因循着周而复始的“风向”变动。冬季有冷空气从北方内陆侵入，太湖地区多西北风向，天气变得寒冷而干燥。春夏之时，暖湿气流由海洋从东南北上，温暖湿润成为太湖地区主要天气状态。春夏之际，冷暖气流相遇会形成锋面降水。大约在6月中下旬到7月初，雨带移到长江一带，为太湖地区带来丰沛的降水。这段时间正值江南梅子成熟，故称“梅雨”。宋代，住在苏州横塘的贺铸，在梅雨时节写了一阕《青玉案》词：“凌波不过横塘路，但目送，芳尘去。锦瑟华年谁与度？月桥花院，琐窗朱户，只有春知处。　碧云冉冉蘅皋暮，彩笔新题断肠句。试问闲愁都几许？一川烟草，满城风絮，梅子黄时雨。”雨霏梅黄的时节，多少会牵动人的情思。

（二）太湖小气候

太湖这么一片汪洋水泽，它吸收的温热、散出的水分自然会对周边环境产生影响。它所形成的独特的气候环境，称作太湖小气候。太湖不仅是水汽的提供者,也是温度的调节者。水的比热容特性决定了太湖及周边气温的区域差异特性。譬如,湖水能够吸收更多的热量,白天增温较弱,而夜晚,辐射降温也较弱,一天之中日夜温差相对较小。因此,与其他区域相比,阳光普照的时候,太湖及岸边的气温相对较低;阴雨无日时,气温则相对较高。当然,还因四季而不同,如冬季的雨日,太湖及岸边气温是较低的。一天之中,清晨与黄昏时段,太湖小气候也是个性十足。风势变化、地势倾斜,太湖水位虽浅,水仍在不断地流动。太湖西部、西南部岸线平整,东部、东北部岸线多岛屿、半岛,形成许多的湖湾、小湖区。太湖水流受到阻碍后,会在太湖东部产生“搅动”,水波起伏,上下翻动。这样就加速了湖水的上下对流,从而使湖水水温更快地趋于一致。所以,就太湖的水温而言,太湖东部区域的水温较太湖西部区域的水温要高些。同样的时间段,水温较高的地区,水生生物的生长时间相对就长些,同一时段内的物产品质就会出现差异。太湖中不同区域的物产,也就有了不同的风味。

这样的小气候,影响了太湖水域及太湖沿岸地区的生态,影响了物产的品种、品质。例如:生长在太湖地区的湖羊,原本是在南宋时引进的北方蒙古的绵羊品种,在太湖地区多雨、湿润、高温的小气候的影响下,逐步适应了太湖地区的环境,进而在外貌、体形上逐渐出现了湖羊的特征。洁白的羔羊裘皮上毛纹如菊花绽放,人见人爱。自此,太湖湖羊就成了羔皮、肉质兼良的优质羊种。这中间虽有人们选育的作用,但不得不说,太湖的自然条件决定了蒙古绵羊的华丽转身。

小气候的差异,是人们可以凭借并使其发挥作用的自然条件。苏州饮食中的“本地食材”,就是因为小气候造就了生物生长条件的区域性特点,而有了独特的质地。有些食材在长期的选育、培育下,成为具有优良品质的地方特产。如太湖鹅、娄门鸭、“南芡”“南荠”等,在饮食界都因区域特性而成为良材。太湖船菜的食材里,也会用这是“太湖的某某鱼”、这是“本地的某某菜”，来区分食材原料的来源。有的还会根据太湖湖区的不同，进行更为细致的区分，如东太湖的、西太湖的、深水区的等。这都是因为小气候而产生的不同生态区域里同类食材之间的个体与品质差异。“十里不同风”看来也适用于自然界的各种生物。

（三）风信

传统的太湖渔业，是依靠自然条件而确定渔业作业的。对于太湖渔家，特别是那些大、中渔船而言，风，是渔业生产的重要条件。在渔业作业只能依靠自然力量的时候，风能成为太湖渔家进行渔业作业的必要资源。风的流动给苏州带来四季的变化。风的变化又是相对具有规律性的，太湖渔家总结为“八风”：立春至春分，多为东风；春分至立夏，多为东南风；立夏到夏至，多为南风；夏至到立秋，多为西南风；立秋至秋分，多为西风；秋分至立冬，多为西北风；立冬到冬至，多为北风；冬至到立春，多为东北风。

太湖渔家不仅要认识这样的季节性的、常规性的风向，更要掌握在大气候条件下出现的各种气流变化。气流对太湖渔家一年四季的渔业作业，具有更贴切的实际效用。常人常常会忽略这些流动的风，而渔家对各种气流则是心中有底的。

随着不同季节应时而来的风，太湖渔家称之为“风信”，意为依时而来，至诚至信。对于太湖渔业而言，只有掌握了一年中太湖各时节风的情况，才能更好地利用风升帆行舟，更好地从事渔业作业。这就是江南农人要识天，太湖渔家要识风的缘由。

一年中，太湖大约有20个风信：

正月十一：开印报[11]；正月半：三官报；

11　开印报时间有两说：其一称正月十二，见《吴地文化一万年》，潘力行、邹志一主编，中华书局，1994年9月，第343页。其二称正月二十，见《太湖镇志》，《太湖镇志》编纂委员会编，广陵书社，2014年8月，第451页。

二月初二：土地报；二月初八：张大帝报；二月十九：观音报；二月廿八：老和尚过江；

三月初三：芦青报；三月廿三：天妃娘娘报；

四月二十：谷雨报；

五月六日：立夏报；

九月初九：重阳报；九月十三：皮匠报[12]；九月十九：观音报；九月廿六：一头风；

十月初五：五风信；十月半：三官报；十月三十：黎星报[13]；

十一月八日：立冬报；十一月廿二：小雪报；

十二月七日：大雪报。

在风信相应的日子前后一两天，太湖上都会刮起六七级大风，渔家称为“风报”“报头”，如音乐的前奏一样，预示着太湖渔家的捕鱼作业即将拉开帷幕。

（四）渔禁

渔禁是指禁止渔业生产活动，一般都是在国家政令下展开的。渔禁的目的是让水域中的鱼虾们能够休养生息、繁衍生长，以保证渔业有长期稳定的渔获。《逸周书·大聚》就有：“禹之禁，春三月，山林不登斧，以成草木之长。夏三月，川泽不入网罟，以成鱼鳖之长。”可见中国古人早就认识到捕鱼中生长、产出之间的平衡关系。

因各地气候因素的差异、地貌特征的不同，又因湖区水生物的生长状态有差异，禁止捕鱼的具体要求与形式也会有所不同。太湖中，划定了全

12　名称有两说：其一称皮匠报，见《吴地文化一万年》，潘力行、邹志一主编，中华书局，1994年9月，第344页；其二称皮阳报，见《太湖镇志》，《太湖镇志》编纂委员会编，广陵书社，2014年8月，第452页。

13　又记为“利星报”。见《太湖镇志》，《太湖镇志》编纂委员会编，广陵书社，2014年8月，第452页。

年禁渔的区域，以利水生物的生长，如东山、西山岛之间的太湖水域。还有一些水产种质资源区，如有太湖银鱼翘嘴红鲌秀丽白虾国家级水产种质资源保护区、太湖青虾中华绒螯蟹国家级水产种质资源保护区、太湖梅鲚河蚬国家级水产种质资源保护区（核心区）等也已实行全年禁捕。有些是阶段性的禁捕，具体规定了几月几日的时间区间；有些是规定了允许使用的渔具网兜，以及渔具的使用时间，如某年规定使用单层丝网、三层丝网、快丝网，作业时间从9月1日起到12月31日止；有些规定了渔具的大小规格，如入湖捕捞网具总长度不得超过1500米，渔网规格不得小于1.2厘米；有些规定了禁止使用的渔具和作业方式，如禁止炸鱼、毒鱼、电鱼，禁止使用虾窝，禁止使用底拖网、机吸螺蚬、机拖螺蚬、地笼网、密眼流刺网、鱼鹰等。在渔禁的同时，还配套禁止其他的相关活动，如某段时间、某区域禁止耙捞水草；还有禁止收购、销售非法捕捞的水产品等规定。

渔禁既有行政规定，也有自然的因素、人为的因素。传统渔业作业更多的是靠天吃饭，风力是太湖大渔船（罛舟）行舟的主要动力。6月到8月期间，太湖中没有风信，客观上太湖渔家没有了扬帆捕鱼的动力条件。主观上是作为受益者的太湖渔家也认识到让水产生物休养生息这个道理。故而，传统的太湖渔家也会相应地进行停捕，他们说“不能把子孙的东西都吃掉”。久而久之，渔禁也成为太湖渔文化中约定俗成的常理。

随着渔业生产活动的增多，渔业作业用具现代化程度的提高，太湖渔业作业能力大为提升，对自然力量的依赖度相对减弱。太湖渔禁制度的逐渐建立，是为了保护太湖水产资源，为让太湖渔业可持续发展，因此有了休渔期、禁捕区、使用网具、相关作业的规定。每当8月底太湖开捕时，渔舟毕集，船帆竞张，迎来一年中渔业生产的旺季。于是，人们期待着开捕这一天的到来，期待着湖鲜跳跃的风景。

渔禁限制了太湖的渔业活动，让太湖水产得以生息繁殖。而水产品稳定的供给保障，则由水产养殖业来承担，或借助物流进行区域间调配。

有的水产则进行保鲜存储，如太湖银鱼可冰鲜保存。在需求增长、资源有限、生物链环境需保护的情况下，渔禁也实在是不得已且必须要做的事。

二、湖山食材应时丰

太湖船菜的食材，大都取自于太湖、太湖周边水域及田园山峦处。称不上山珍海味，却有着太湖一方水土的味道。这种“本地”味道，在苏州更多的是亲切，对他乡人而言，是一种独有的风味。出自苏州的食材“率五日而更一品”，这是明代王鏊纂写在《姑苏志》中的话。“五日”之间即有一种新的食材应市，可谓节奏之快、食材之丰矣，也反映了“好食时新”的苏州有可靠的食材保障。

（一）山水之中数风物

苏州山水相依，良好的气候条件、生态条件，加上数千年来的农业、渔业发展，让苏州成为一个鱼米之乡、花果之乡。古有“苏湖熟，天下足”之语，道出了古时太湖地区出产的粮食已成为国家重要的税赋收入，影响着皇朝的经济与人们的生活。

曾听人说：“苏州哪有山？只有一点点大的土墩。北方、西部的山，高大雄伟，那才叫山。”我听后颇不以为然。山有峻有秀，有高有低，有险有夷，形态各异，风貌不一。刘禹锡在《陋室铭》中说：“山不在高，有仙则名；水不在深，有龙则灵。”这似乎更能体现“山”与“水”的内在意蕴。苏州山不高而秀，四季葱郁，花果应时而出。于生活而言，这样的小山因有了最贴心的物产奉献，成就了一方风味，也就让人有了念想。

苏州的山水中，蕴藏着土生土长的原始食材。山中有菌菇、笋蕨、花果，田野里生长着野菜，还有水域湿地里生长的水产，江湖河塘里的鱼虾、螺蛤，田边、河边的禽畜等。

苏州的山是那么葱葱郁郁，座座山上都花果飘香。冬末春初，太湖边香雪海中梅花瓣上的一星积雪，似可融在《红楼梦》中，烹在妙玉的茶盏里。春天，碧螺春茶萌芽，清新的茶香韵味，使碧螺春成为中国十大名茶之一。梨花在洞庭西山的山坡上成了美丽的景色，“角里梨云”让人留恋。吴时德《角里梨花》云：“时逢风雨中，花发高士境。游人倚棹看，湖光增一顷。”秋天，光福山峦中桂花盛开，十里飘香的桂花成了苏州的市花。东山、西山、阳山等处，枇杷、杨梅、青梅、银杏、红橘、马眼枣……丰富的水果在太湖小气候影响下分外香甜。唐代诗人白居易在苏州做刺史，也要摘几筐洞庭红橘，寄给远在京城的皇家，表一番忠心。他在《拣贡橘书情》中写道：“洞庭贡橘拣宜精，太守勤王请自行。疏贱无由亲跪献，愿凭朱实表丹诚。”

在苏州，有种在陆地上的旱生蔬菜，也有生长在水里的水生蔬菜。旱生蔬菜因亚热带良好的水热条件，经吴地农户的不断培育，不仅品种多样，而且风味独特。就青菜而言，菜薹、鸡毛菜、香青菜、大青菜……不同时期演绎出不同的青菜品种，它们的特性、风味亦各个不同。在你挑选的时候，自种自销的农人会介绍一句：“这是种在旱地里的菜。”哦，园田也是有分别的。这种多样性，使苏州的餐桌一年到头都有着青色，叶、花、茎、根、瓜、豆，从芽头到硕果，风味应时而来。

苏州是水乡，是“泽国”。水泽中，除了鱼虾，还有无数的水生植物。那些可食的野生水生植物，或经人们长期培育而成的水生植物，都成为苏州人餐桌上的美食。最具代表性的便是被人们称为“水八鲜”的那些水中风物。“水八鲜”，亦称“水八仙”，无论是因爱而称的“仙”，还是由味而来的“鲜”，“水八鲜”总是风韵秀彻的。苏州的荸荠有“南荠”之称，与雪梨相比，名气似乎还略胜一些。苏州的鸡头米（芡实），因其糯性，也有“南芡”之谓。这些以地域性来突显其独特性的食材称谓，是对于食材优良品质的肯定，也体现了餐饮对于菜肴品质的追求。太湖纯菜、慈姑、茭白、水菱、莲藕、水芹、荸荠、莲藕、菱窠头、嫩芦头、蒿草芯等，这些或种植或野生的植物，是水的杰作、人的口福。

水，是苏州的生态样式，苏州的水文柔而劲韧。平静的太湖，及其周边各河荡的水面下，都游动着鱼虾、蟹螺等水生生物。据《太湖水产志》载，太湖仅鱼类就有106种，《太湖鱼类志》称有107种，不管如何，太湖中的淡水鱼品种是蛮多的。明代杨基在《题太湖》中称“网鱼船过水云腥”，丰富的水产让太湖渔家有了满仓的渔获。“太湖三白”“太湖三宝”、太湖清水大闸蟹等早已声名在外。

太湖周边的禽畜也是一大风味。如太湖猪（泛指太湖流域的优质家猪品种，包括二花脸猪、嘉兴黑猪、枫泾猪、米猪、横泾猪、沙头乌猪等类群[14]），以及由太湖猪与国外猪种杂交而成的苏太猪，肉质鲜美，肥瘦适度。再如太湖湖羊、太湖鹅、苏州麻鸭、鹿苑鸡等，都是苏州太湖地区出产的优良品种。

明朝朱右在《太湖赋》中，对太湖物产的描绘真有点如数家珍的样子，下面摘录几句：

其薮则碧沙曼衍，黄石珷玞；莎薛蒹葭，白蘋青蒲；荇芹薀藻，茭菰荻芦；蔓青杜若，江蓠蘼芜；芡实鸡头，草长龙须；芰荷翠沃，莲藕芬敷；众物居之，何可胜图？

……

水产则黏蚝旋螺，土蛤石花，鮥鳢鲫鲤，鳜鲂鲙鲨，缩项之鳊，赬尾之鲂，细鳞之鲈，紫甲之虾，稻蟹盈尺，巨鼋专车，长蛟潜鳄，穹龟灵鼍，周游涵泳，其乐无涯。

羽禽则晨鹄庄鸡，鶄鹳凫鹥；鸡鶄鸨鸱，鸂鶒鸧鹚；群鸿来宾，阳鸟攸居；驾鹅远举，鸥鹭忘机；王雎并骛，鷫鷞交飞；振翮刷羽，以敖以嬉；来如云集，去若烟晞。[15]

14　《苏州乡土食品——纪实与寻梦》，陆云福主编，古吴轩出版社，2006年11月，第18页。

15　《太湖备考》，[清]金友理撰，江苏古籍出版社，1998年12月，第470—471页。

这几段文字，展现出太湖水草丰茂、水产丰富，禽鸟竞翔，一派生机勃发的景象。太湖山水之间的物产，真是数不过来。

（二）时与质里尝时新

苏州物产不仅丰富，而且一年四季均有所出，久而久之就养成了苏州“好食时新”的饮食习俗。苏州在追求饮食“时尚”的行为中，循着一年四季所出的物产，追求一次次的尝“新”。其间所获得的那份喜悦，是日常生活里真真切切的“小确幸”。田野里的几株野菜、湖泊中的几条小鱼，因有了时间的度量，也环肥燕瘦般地美妙起来，被苏州人宠成一段颇好的行情。日常饮食中这样小小的获得，让苏州人在精神上有着欢娱与趣味，可以享受到四季带来的风味的“奢华”。

赵筠《吴门竹枝词》称：“山中鲜果海中鳞，落索瓜茄次第陈。佳品尽为吴地有，一年四季卖时新。”“时新”的基础是有丰富多样的食材支撑。“时新”的趋尚是食材风味的品质保障。食材的丰富与独特养成了苏州饮食的“尚新”习俗和过时不食的“矫情”。好在“时”总是应时而来，“质”依旧应时而美，苏州的好食时新还将延续。苏州的饮食风俗习惯还暗合着与四季相吻合的饮食保健，两者异曲同工。苏州饮食中的这个“旧”习惯，依然有着“新”的内涵。

自然物候随“时”而来，各领风骚。冬去春来，香雪海、石公山的梅花凝成一片暗香；春风吹来，草萌芽长，多少脚印留在野菜的清芬中，留在苏州的田野里；菜花盛开时节，塘鳢鱼、甲鱼都披上了“菜花”，应时而美；农人莳秧，田野披翠，肥腴的莳里白甩动着头尾；夏日虎丘的茉莉花、白兰花，将花香缀成闺秀的发簪；河塘水泊边的荷香菱藕，亦鲜脆在青花的碗碟里；小雏鸡初长成，一道清鲜的童子鸡汤，伴着蛙声、蝉鸣声，让心慢慢地静下来；金秋时节，光福窑上的桂花香飘十里，落在苏城的小吃点心上；太湖鲃鱼化成一碗脂香“肥肺汤”，被写入诗句；转眼稻谷黄了，养在稻田里的稻熟鸭，带着鲜嫩的风味一道成熟起来；秋凉中，郭索的大闸蟹开始巡游，伴着黄菊红叶，让多少人食指大动；冬日里，太湖渔家的网成了鱼欢图，与南归的雁鸭一起闹腾在太湖中。唐代诗人杜荀鹤在《送人游吴》诗中写了句“夜市卖菱藕”，把苏州的小吃与市肆的夜生活写了进去，千年之后还让人能够感受得到焐熟藕、老乌菱的温热。还有那只寒风里的干荸荠，也能在严冬甜到人们的心里。

太湖莼菜浓缩着苏州的美食故事，含着“莼鲈之思”的乡愿，那是苏州风物蕴含的不忍割舍的情丝。香青菜只生长在太湖边，离不了这一方由太湖水浸润沉淀出的绵细如膏的泥土。太湖边生长的栗子，因水分多，鲜灵度高，香气清醇，更适宜用于烹饪和鲜食。蚕豆要吃本地的，鸡头米吃南塘的，车坊的大荸荠赛过梨。太湖鹅以它的鲜嫩，成为国家重要的禽类种质。冬季来临，各种野鸭会到太湖越冬，据《太湖镇志》载：“我国常见的野鸭有46种，太湖就有23种。”[16]之前，这些野鸭是一季的风味，现在实施野生动物保护，不能再打野禽为肴，这是社会的进步，是伦理与法律的必要制约。

款款道来就会有点审美疲劳。总之苏州的这些地方食材，已成为苏州人的日常。作为苏州本地人，要是几天吃不到苏州的蔬菜，就会起思“青”之念。苏州丰富的“时新”，构建起了均衡的饮食结构，如果忽略这样的结构，就会失去均衡的营养，身体就会发出需求的信号。别以为吃些什么“丸”、补充什么“素”就能解决问题。食与味、食与质需要在具体的饮食过程中才可体验。所以，实实在在地品尝蔬、果、鱼、虾、菌、禽，在吃“时新”的过程中，可更好地体验生命，感受生活的质感；在柴、米、油、盐、酱、醋、茶的凡俗中，感受人类对生活的尊重。

“率五日而更一品”，苏州的饮食在稳定中求变化。可挑可选可变，

---

16 《太湖镇志》，《太湖镇志》编纂委员会编，广陵书社，2014年8月，第143页。

才更贴近饮食多样性，才可更好地满足人们对生活丰富性的需求。好在苏州有这样的现实条件。当然，“矫情”的饮食习惯也宠坏了苏州人的味蕾，“本地”的食材要求，苏州人每天都会念叨一遍。

第三节　悠远的太湖渔家鱼味

俗话说靠水吃水，“吃水”是指人们凭借水而生活，将水生物产作为赖以生存的物质资源而合理利用。“渔”成为近水生活的人们的生活方式之一。捕鱼者是渔家；织网、造船者也与“渔”联系在一起；现在，借着优美的山水景观，农家乐、渔家乐也借着“渔”的关系兴盛起来。无论是渔家的生活饮食，还是休闲品尝渔家的美味，由“渔”而来的鱼成了人们生活里重要的饮食内容，鱼的风味、烹饪的方法，就因此多样起来。苏州是太湖边的亲水城市，在她的青葱岁月里，有诸多的“渔事”，它们流动在船头，游动在舌尖，至今依然，成为文化。太湖船菜浸润着这样的文化底色，其味中就有了隽永的回忆，有了从前的故事。

苏州的历史画卷中，有两幅画有着相似的主题。一幅题为“饭稻羹鱼”，一幅题为“鱼米之乡”。稻与饭、渔与鱼，这是苏州的生活方式、饮食基因，是闪耀在苏州饮食文化里的双眸。

一、渔家身映烟雨中

太湖边的渔家是何时现身的，往远看真是“一蓑烟雨”，缥缈在苏州的历史长河中。然而，有依稀的身影，依然可让人们去瞻望、去触碰。

（一）远古渔猎时期渔者的身影

1985年，人们在苏州市吴中区东山镇的三山岛上，考古出土了10000多年前的人类遗迹，称之为“三山文化”。

这是人们目前所了解到的最早活动在苏州太湖边的人群。从出土的动物的牙、骨中可见，太湖地区当时有熊、虎、狼、犀、鬣狗、野猪、獾、鹿、兔等动物存在。由此可知，那时三山岛还与陆地相连，否则，那些陆生动物没法生活在三山岛上。那时的三座山头有多大，我们已不得而知，只是周围有大片的陆地，林木茂盛，河流弯弯（“在太湖湖底还发现了古河道”[17]）流淌其间。这样水陆相间的地貌，构成远古时苏州的生态与生物链，成为孕育苏州文明、启明苏州人文的一方绿洲。

那次三山岛上的考古，“出土石制品5263件”，石器制品中“种类有刮削器、尖状器、雕刻器、锥、钻和砍砸器等，其中各种式样的刮削器占一半以上”[18]。在考古专家的眼中，那些石器已经展现了一幅远古时生活在太湖边的先民们劳作与生活的场景。有些工具用于采摘、狩猎、捕鱼，有些工具可用于缝纫、雕刻和工具制作。人们现在还无法了解，那时三山岛的人群，从哪里来，后来又到了哪里去，只能从他们留下的工作场所和工具、骨骸等遗存物中，凭借考古经验与理论推断出那群远古的苏州先民，为能够更好地获得食物，制造了各种大小、厚薄的“利刃”。原始的工具总是与人们的生存劳作、饮食生活联系在一起。“凹刃刮削器的形状很适合于加工木质或骨质的鱼钩渔叉。根据石器器形分析，三山先民的经济生活应以渔猎为主。”[19]“三山文化居民的经济形式以渔猎生产为主，采集经济似乎不占重要地位。在渔猎经济中，似乎以渔业为主、狩猎为副。因为在其石器组合中缺少类似华北地区以猎取草原动物为主的旧石器遗址中常见的一些杀伤力较大的狩猎工具，如箭镞、石球、投射尖状器等。”[20]苏州远古的自然地理和生态环境，提供了可以维持人们生存所需

17　《吴地文化一万年》，潘力行、邹志一主编，中华书局，1994年9月，第24页。

18　《苏州史纲》，王国平主编，古吴轩出版社，2009年12月，第4页。

19　《苏州史纲》，王国平主编，古吴轩出版社，2009年12月，第4页。

20　《中国太湖史（上）》：宗菊如、周解清主编，中华书局，1999年5月，第22—23页。

的食物资源，这是渔猎生活方式形成的基础。远古时代，那些工具还只能是敲打、砸击出来的。石头破碎后形成的锋利的边、角可以用来切割、刮削，进行工具的制作，方便食物的获取。山地、水域、平原中所出的动物、水产和花果植物，都是远古先人生存所依赖的重要食物来源。而食物资源种类的增加，促使渔猎、加工等工具变得丰富。这群依靠渔猎生活的苏州先人，在沧海桑田的环境变化中，映出太湖渔家的远古身影。

（二）稻作文化时期的渔家

司马迁在《史记》里说，苏州是一个“饭稻羹鱼”[21]的地方。这样的标签，反映了苏州饮食特征已具有相对的稳定性。饮食特征的形成需要以环境提供稳定的物质保障为基础，它不是随时随地就能形成的，而是需要经长期积淀、聚合才能产生的。它需要由一定的群体长期地选择与提炼，在寻求生存的发展过程中，凝聚成相似的思维方式与行为方式，进而形成具有稳定特性的生活方式。所以，“饭稻羹鱼”这样的生活特性，需要有悠长的时间一步步形成。

稻作文化的源头在哪里？太湖流域肯定是其中一个。从苏州地区考古出土的相关情况看，大约在六七千年前，稻作文化已在苏州出现。此时已进入新石器时代，马家浜文化、崧泽文化、良渚文化等历史时期一个接一个而来。苏州草鞋山、苏州越城、车坊摇城等遗址中，先后考古出土了原始的水稻田、灌溉设施（水构建筑），以及炭化了的籼稻、粳稻谷粒。这些有规划的水田构建中，有种植的生产设施，有谷物的产品成果，可以说，苏州的“饭稻”在数千年前已经开始了。

那么，“羹鱼”呢？那群一万年前过着渔猎生活的人群，有没有留下他们的足迹？“惹人注目的马家浜文化，是太湖地区新石器时代早期文化的

21　《史记·货殖列传》：“楚越之地，地广人稀，饭稻羹鱼。”春秋时吴国灭国后，其疆域先后为越、楚所有。

代表。先民们此时已逐步完成了由渔猎向农耕定居的过渡。但从遗址出土的大量骨鱼鳔、骨鱼叉、鱼镖、石网坠、陶网坠等渔猎工具表明，此时期太湖地区的渔猎经济仍然异常发达，是人们重要的生活手段之一，与农耕相辅相成，互为补充。”[22]看来，耕种、狩猎、捕鱼这“三驾马车”，由于产出数量的限制，在漫长的时间内，依然是太湖地区重要的劳作方式。“愈是人类文化发展的初期，对自然界的依赖程度愈高”[23]，因为食物有了保障，人们才能过上稳定的安居生活。而人们生活在一起，就会凝成合力，能做个人、小群落不能做到的事，实现个人、小群落不能实现的目标。在傍水的地区，必定会有靠水吃水的人群，形成靠水吃水的生活方式，在社会发展的进程中形成渔者这一职业。渔业与“羹鱼”分别是生活在太湖边的人们重要的劳作内容和饮食内容。

文明的脚步，将苏州推进到了5000多年前的良渚文化时期。原始的农耕生产方式，催促着原始农业、原始渔业和手工业不断发展，也给人们带来稳定而富裕的生活。太湖地区的渔业，也在这样的脚步声中，有了新的回响。苏州吴江梅堰龙南村落遗址出土的文物，“其中有石网坠、黑陶网坠、红陶网坠、骨鱼鳔，还有鼋、龟的骨骼和很多鱼骨，鱼的脊椎骨直径达4—5厘米，可见此时人们已经能在宽阔的水面捕捉大鱼”[24]。这是距今5300多年前，太湖地区渔业生产涌出的一波浪花。湖州钱山漾遗址，“也出土了网坠、木桨和捕鱼用的丝、麻线、石镞、骨镞、木千部等古渔具，以

22　《灿烂的吴地鱼稻文化》，杨晓东著，当代中国出版社，1993年12月，第4页。

23　《吴地文化通史（上）》，高燮初主编，中国文史出版社，2006年1月，第144页。

24　《吴地文化通史（下）》，高燮初主编，中国文史出版社，2006年1月，第758页。

及设有‘倒梢’的竹编鱼笼”[25]。这是4700多年前，太湖地区远古渔业的又一斑斓景象。捕鱼工具的不断创新与丰富，满足了远古渔业的生产需求，捕鱼方法、捕鱼经验等的积淀，推进了渔业的发展，也为专业渔民、渔家的出现奠定了基础。

（三）震泽底定时的渔家

大约在4200年前，有一次大范围的洪水。苏州南部有一座尧峰山，传说是因尧让人们在此山上躲避洪水，后来人们感其恩德而得名的。明《吴邑志》载：“尧峰山，在西麓，尧时人民避水登此故名。下临太湖最高也。”尧峰山一名免水山，因山高而免受水侵得名。可以想象，多少次沧海桑田，太湖这一区域浮浮沉沉，曾多次受到内涝外潮的共同影响，在那远古时期汪洋一片。后来，好在来了个大禹，率众治水，而潮水也好像有了畏惧心，不再巨浪涛天。大禹疏浚河道，最终使太湖流域水患平息，《尚书·禹贡》记为“三江既入，震泽底定”。这一记载，标志着大禹多年来经营治水事业的圆满成功。

不知这一次次的洪水给太湖地区带来了多少泥沙，长江与钱塘江似两条手臂，将泥沙挽住，反反复复，太湖平原渐渐露出今天的模样。在天目山余脉边，铺展出广袤的陆地；星罗的湖泊里，有了岛屿；太湖、小泊、河道、江海，丰富的水形态构成了太湖地区的亮丽水景。

太湖地区水患平息了，之后，太湖即便有风有浪，也是日月湖光的明媚性情。在往后的岁月里，生活在太湖边的渔家，便把大禹作为他们的一尊守护神。直到今天，太湖渔家祭祀敬奉大禹的香火依然不熄。

震泽底定之后，太湖成了苏州的“母亲湖”。太湖渔家有了一方平静的水面，渔家手中的渔获跃上苏州人的餐桌。

25　《吴地文化通史（下）》，高燮初主编，中国文史出版社，2006年1月，第758页。

二、春秋吴国的几味鱼

在历史画卷里留下痕迹的，都可称为大事件。即便是淡淡的一笔一画，也是史家的“春秋笔法”。春秋吴国的盛宴里有几条鱼，在苏州历史长河的波澜中游动，给苏城的“鱼”增添了人文的风味。

（一）勾吴初始

西部岐山下的周原[26]，生活着一支周部落。商朝末年，周部落首领古公亶父的长子泰伯、次子仲雍，为了让贤，来到长江下游、太湖之滨，与太湖边土著居民共同建立了带有部落性质的“勾吴”之国。于是，太湖一带，有了“吴文化”的形成与发展。苏州泰伯庙前柱上有一联“第一初开吴世家”，是表彰泰伯对吴地的开创与对后世的影响。

泰伯、仲雍来到太湖边，依着当地族群的样子也“断发文身，裸以为饰”起来。这样做一方面是入乡随俗，求得文化上的融合，减少对抗摩擦。他们在皮肤上刺出花纹，装饰裸露的身体，让人感到的是一种“顺从”，从而加快了本地族群对他们的接受与认同。另一方面，“示不可用”，以蛮夷的习俗与周部族的文化相区别，表示自己不再回周原的决心。《春秋谷梁传》载：“吴，夷狄之国也，祝发文身，欲因鲁之礼，用晋之权，而请冠、端而袭。其借于成周，以尊天王。”可见，处在东部吴地的人们，在很长一段时间里，习惯袒露有刺青的身体，只是到后来才遵循中原文化礼仪，与中原一样冠服起来。而这样的习惯，与本地人生存的环境有着极大的关系。《淮南子·原道训》载：“九疑之南，陆事寡而水事众，于是民人被发文身，以像鳞虫。”从这一记载中可见，被发文身原来是因为太湖一带陆地少而水域多，人们在水中觅生活，就会捕鱼捉虾、操棹行舟，衣服穿多了，如果弄湿了，会给行动带来不便。再说湿衣焐在身上，会影响人的健康，而裸体少衣就便于在水中活动。将皮肤刺出“鳞虫”一样的

26　今陕西省宝鸡市扶风、岐山一带。

纹饰，是吴地先民模仿水中的鱼、虾等水族生物形象，将其描刺成纹，既是装饰，也是图腾。当然，在这种习俗形成之初，人们裸体活动时，皮肤容易被外物刺伤，留下斑痕，像图案一样。久而久之，刺身成为一种勇敢与能力的符号，从而得到人们的崇敬。“水事众”，说明吴地这一区域相比其他区域，人们更多地从事着水上作业，由此可推测，有相当一部分吴地的先民是从事渔业劳作的。

泰伯、仲雍在太湖边建立的勾吴国，引出了“吴文化”的源头。那里有一片茫茫的水泽，有一群善渔且生活中离不开“羹鱼”的国人。

（二）几条游鱼

历史记载中，也许没有一个地方如吴地这样，“鱼”一次次地被写入文献典籍，游动在尘封的黄卷中，让人时时回味。

1. 炙鱼助弑吴王僚

无论是聚族成群还是立了国，还是开疆拓土，总之，勾吴在东部的水泽之地站稳了脚跟。只是时间长了，宗族的支脉大了，最高统治者的座位，总会不稳定。春秋时期，吴国第二十三任君主姬僚在位时，这种不稳定便突变成为一场有预谋的弑君。而假之以手的便是一条“炙鱼”。

吴国王族公子姬光让伍子胥召来了勇士专诸，谋划刺杀吴王姬僚的事。汉代赵晔所撰的《吴越春秋》中记载了公子光与专诸的一段对话：“专诸曰：‘凡欲杀人君，必前求其所好。吴王何好？’光曰：‘好味。’专诸曰：‘何味所甘？’光曰：‘好嗜鱼之炙也。’专诸乃去，从太湖学炙鱼，三月得其味，安坐待公子命之。”过了几年，公子光找机会举办了一场盛宴，宴请吴国君主姬僚。宴会上，专诸将锋利而细短的“鱼肠剑”藏在鱼腹中，瞒过吴王卫士一路的“安检”，捧着鱼盘来到吴王僚面前。在献上炙鱼的时候，专诸抽出隐藏于鱼身的利剑，将吴王僚刺毙于宴案前。之后，公子姬光便自立为吴国的君王，史称吴王阖闾。此后，吴国在春秋晚期的政治舞台上，演绎了一场场金戈铁马的争霸大戏。太湖边的胥口镇[27]上，有一座“炙鱼桥”，在历史的烟雨里记录着专诸在太湖边学烧鱼的事。有道是：“捕鱼食鱼本寻常，拾柴燃薪炙有方。难得王民同嗜好，怎奈君臣不同堂。鱼肠助肴成大业，王僚应宴弑身亡。学来太湖三月艺，流落桥边千年觞。”一条炙鱼翻开了吴国历史新的一页。

2. 黄鱼鲞鱼纷呈至

一次，吴王阖闾在海上作战，双方对垒僵持了一段时日，军粮供给都将告罄。又遇风暴，军粮难以送达，吴国军队被困于一座海岛上。某日，正为军粮犯愁的吴军，忽见远处一道金光，绕着驻扎的小岛不停地转动。吴军捕来一看，原来是海鱼。吴军捞起鱼来烹食，由此解饥。敌方看到吴军解决了粮食问题，以为是天助，亦求好依附，吴军因此也取得了最终的胜利。捕获的海鱼体色金黄，被称为黄鱼；因头部有两粒白色的“小石子”，俗名石首鱼。自此以后，苏州有了“楝树花开石首来”的吃黄鱼习俗。其实，那时正值黄鱼汛期，黄鱼绕岛游动是它们在特定水域产子。这其中有偶然也有必然。

有天宴会时，吴王忽然想起那次海上吃鱼的事，一下被勾起馋劲。《吴郡志》载：“吴王回军，会群臣，思海中所食鱼，问所余何在。所司奏云：并曝干。吴王索之，其味美，因书美下着鱼，是为‘鲞’字。”因味道鲜美，吴王创了个代表美味鱼干的字——“鲞”（音xiǎng）。“鲞”字读音与“想”音同，估计与“思海中所食鱼”有关。

3. 蒸鱼羞煞吴公主

吴王阖闾有女名滕玉，与吴王一样也喜欢吃鱼。因为喜食鱼，在苏州还筑有鱼城，专门蓄养鱼鲜，便于随时能够吃到新鲜活鱼。一日家宴，阖闾与家人们聊着攻伐的事，不知不觉将送上来的一条蒸鱼吃了一半，猛然想

27 胥口，位于太湖东岸，胥口镇行政隶属苏州市吴中区。

到女儿也喜欢吃啊，便将余下半条鱼翻了个身，让给滕玉吃。没想到公主脾气暴烈，认为父亲将吃剩的鱼给她，是对她的羞辱，竟回到房中自刎而亡。阖闾痛失爱女，厚葬公主的同时，还安排隆重的葬仪。他让人扮成白鹤的模样，在街市上翩翩起舞，象征着女儿的亡灵随鹤升天。当送葬的队伍来到墓室门前时，阖闾让军士用弓箭将围观送葬的居民射杀。《吴越春秋》中说："俱入羡门，因发机以掩之，杀生以送死，国人非之。"滕玉因鱼"羞"亡，是家庭的悲痛，阖闾却"杀生以送死"，而"国人非之"。这一落墨真是朝堂之哀、国家之痛，故成为封建王朝治国理政的一面史镜。

4. 鱼脍残脍胜与乐

伍子胥伐楚凯旋，吴王阖闾便制作了精致的鱼脍菜，设宴犒赏子胥。所谓精致，是要去除鱼的骨刺，只用鱼肉为食材，再仔细切片。好在吴国有干将等冶金名匠，能冶炼出锋利的吴戈剑戟，做一把利刃，切鱼肉当然不成问题。对为吴国开疆拓土、得胜归来的功臣，吴王这样精心准备一道鱼肴来犒赏，既满足了人们的食鱼之好，又慰藉了艰苦远征的将士，远比从酒窖里拿出一壶美酒赏赐要来得情真意切。吴国在春秋争霸的烽烟里擎起一帜，其中应有如此"脍""炙"人口的鱼肴美食一功吧。

吴地有着饮食"刺身"的习惯。《礼记·王制》载："东方曰夷，被发文身，有不火食者矣。"所谓"不火食者"，即食生者。鱼虾肉质较嫩，便于生食，且水泽之中，不便燃薪时，也只能生食。而生食需要最新鲜的食材，及时品食才行，好在吴地不缺新鲜的鱼虾。

西施有着沉鱼之容，虽说吴国之亡多少与她有些关系，但西施是让吴地人恨不起来的人物。她是国与国之间的政治礼品，在越灭吴的过程中，无可奈何地发挥了相应的作用。无论东方还是西方，英雄与美女都是朝代更替或重大历史事件中的必然出场的重要人物。好像缺了这两者，历史便会失色一样。西施就是在春秋争霸中，出现在吴、越间的一位美女。她有自然的千娇百媚，也有历史赋予她的凄凉之美。

吴王夫差与西施在太湖上泛舟设宴，美人、美景、美味，总会让人忘乎所以，作为国王的夫差也不能免俗。传说，宴罢，下人将盘中吃剩的鱼脍倒入太湖中，于是，太湖便有了“鲙残鱼”。那鱼像残剩不吃的鱼脍一样，有细长条的身形、雪白的肉色，如今亦称“银鱼”。西施在献身“误国”的过程中，权力、战争、杀戮、阴谋、背叛、复仇等好像都在她的身外，情爱最终也属于越臣范蠡。看来，夫差丢了吴国，主要怪夫差自己耽溺于“食与色”以及做出了战略误判。

在春秋吴国这几尾鱼的故事中，吴人已能运用炙、蒸、干、脍等烹饪形式，并能烹调出各种美味的鱼肴。因与历史事件联系在一起，这几尾鱼也顺便留在了史籍里。飘着一城“羹鱼”之香的吴国，让饮食中的鱼也有了鱼外之味。

第四节　迢递的太湖渔事鱼味

春秋吴国，在太湖边有从自然水域中捕鱼和人工养鱼两类渔业活动，表示着渔业已成为一种行业。自那之后，渔业用具不断发展，烹鱼技艺不断丰富，鱼肴鱼馔日益丰富。太湖边的鱼滋味，渐渐浓郁起来。

一、渔事迢递

渔事是指与捕鱼相关的一些活动。传说庖牺氏“结绳而为网罟，以佃以渔”，这是最初发明的渔网。明罗欣《物原·器原》载：“轩辕作舟楫……夏禹作舵。加以篷碇帆樯。”这是关于船只、船舵、船桅、船帆的发明的记载。有了这些渔业生产工具，就可以进行更专业、规模更大的渔业活动。

（一）艅艎巨舟

春秋时，吴国的造船技术水平处在当时的领先地位。《越绝书·外传记吴地传》载“楯溪城者，阖庐所置船宫也”，是说楯溪城这个地方，是吴国设置的船坞、造船厂。春秋时期，吴国造船业极为发达，主要是为了称霸战争的需要。大规模、集中化地运兵，运送粮食、辎重等军需，船是最有效的运载工具。吴国地处东南，水网密布，因而造船技术在军事中有了突飞猛进的发展，也有了相当的成就。当时，能建造楼船、戈船、桥船、方舟、艅艎等各种类型的船只。这些船不仅能在太湖等江河中行舟，还可入海远航。《左传》载："徐承率舟师，将自海入齐。齐人败之，吴师乃还。"这是吴国舟师出东海经黄海到齐国，进行海上作战的一次记录。吴地之舟船种类多样，能够满足军事战争的需要，同时，造船技艺的提升，也促进了渔业、运输业的发展。那艅艎巨舟，常被后人写入诗文。如晋朝郭璞《江赋》有"漂飞云，运艅艎"句，描绘的是长江中大船云集的情景。唐代苏州陆龟蒙（号甫里先生）的《自遣诗》写道："甫里先生未白头，酒旗犹可战高楼。长鲸好鲙无因得，乞取艅艎作钓舟。"陆龟蒙上了年纪，美食情结依然不减，没有大鱼来做鱼鲙，想象着要乘一艘艅艎去钓鱼。

所以，在如今的太湖边，看到六桅、七桅的太湖罛舟，亦不要诧异。这样的大渔船，在2500年前，苏州就能造了。"宋代，苏州的造船场便能制造八橹海船，已成为全国三大造船中心之一。到明代，苏州已能制造载重几万斛、载人上千的大海船，为郑和船队提供了部分船只。"[28]清朝时期，苏州太湖边较大规模的造船集中地，有西山东村、五龙桥蠡墅、光福铜坑等处[29]。关于太湖中的这些大渔船，清金友理《太湖备考·杂记》载："其最大者曰罛船，亦名六桅船。""罛船之制，不知其所自始。其船形身长八丈四五尺，面梁阔一丈五六尺，落舱深丈许；中立三大桅，五丈高才一，四丈五尺者二；提头桅一，三丈许；梢桅二，各二丈许。"清吴庄《六桅渔船竹枝词》称："少伯功成早见几，杜圻洲上竟忘归。遗将六扇[30]移家

28 《吴地文化一万年》，潘力行、邹志一主编，中华书局，1994年9月，第283页。

29 同上。

30 扇，此指船帆。有六道船帆称六扇子，有七道船帆称七扇子。

具，尽与渔郎觅食衣。”[31]少伯是范蠡的字，这是诗人借传说讲六桅船是范蠡预见功成而提前制作的，用来运送家具。之后，范蠡便将六桅船送给了渔民。虽是传说附会，但太湖中六桅、七桅的渔舟帆影，有着悠远的历史，这是客观的事实。明代唐寅《泛太湖》诗中亦有范蠡的身影：“具区浩荡波无极，万顷湖光净凝碧。青山点点望中微，寒空倒浸连天白。鸱夷一去经千年，至今高韵人犹传。吴越兴亡付流水，空留月照洞庭船。”诗中的“鸱夷”指范蠡。

（二）挖池养鱼

吴国不仅从江海湖等自然水域捕鱼，而且还进行人工养鱼。宋范成大《吴郡志》载：“鱼城，在越来溪西，吴王游姑苏，筑此城以养鱼。”唐代陆广微所著《吴地记》载，苏州胥门外向南“十五里有鱼城，越王养鱼处”。越灭吴后，那个鱼城依然养着鱼。范蠡是春秋时吴越的名人，携了美女西施误了吴国。这个让吴地人至今都恨不起来的范蠡，被后人称为陶朱公。他不仅善于政治谋略，还擅长经商，而且还精于养鱼。范蠡写过《陶朱公养鱼经》，虽只有数百字，但这是最早见诸文字的人工养鱼经验总结。太湖边，留有许多与范蠡相关的地名，如蠡墅、蠡口、蠡墩等。明代苏州杨循吉在《吴邑志》中记道：“齐门外有蠡口者，一名蠡湖，相传为范蠡隐迹处，养鱼种竹，犹少伯之遗风也。”不管范蠡是否真的在蠡口挖池养鱼，从这些历史中的记载里，多少可以看出早在春秋吴国时期，太湖边就有了人工养鱼这样的渔业活动。

唐代诗人皮日休在太湖边生活的一段时间也喜与渔打交道。他看到了人工养鱼的事，写下了《种鱼》诗：“移土湖岸边，一半和鱼子。池中得春雨，点点活如蚁。一月便翠鳞，终年必赪尾。借问两绶人，谁知种鱼利？”明代，苏州有一位学者名叫黄省曾，在农学方面很有研究。他著有

31　《太湖备考》，[清]金友理撰，江苏古籍出版社，1998年12月，第669页。

《稻品》《养蚕经》《养鱼经》《菊谱》，此四书合称为《农圃四书》。他还著有《芋经》《兽经》等。在《养鱼经》中，黄省曾从"种""法""江海诸品"等方面，介绍了苏州地区的养鱼技艺及渔业情况。

从在自然界捕鱼到人工养鱼，在长期的渔业实践中，苏州积累了较多养鱼经验，总结了一定的养鱼知识，才能在人工环境下保证鱼的存活与生长。羹鱼，是吴地苏州不分贵贱的饮食习俗；养鱼，无非是为了保证稳定的食材供给。

（三）鱼鲜传播

"鱼，我所欲也。"《孟子》中的这一句话，常与熊掌连在一起，这是平凡性与珍贵性的对比。《孟子》进而引出"生，亦我所欲也；义，亦我所欲也。二者不可得兼，舍生而取义者也。生亦我所欲，所欲有甚于生者，故不为苟得也"，从而说明，生命虽美好，还有比生命更贵重的东西，这是儒家对"义"的认识。只是作为引子的"鱼"，虽很普通，却也有其意义。

自然环境的不同，会影响到物产的品质。好的种质资源，借助遗传的特性，在一定的时段内依然会保持其天生优势。太湖所处的地理位置，以其良好的自然条件，让许多物产有了独特的品质，从而使风味有了保障。为了获得这些风味，引种迁徙成为一项重要的渔业生产技术探索活动。《吴郡志》载："白鱼种子，隋大业六年，吴郡贡入洛京。敕付西苑内海内……故洛苑有白鱼。"这是隋朝时，苏州一次远距离地将太湖白鱼鱼种投放于外地的人工养鱼事件，太湖中的白鱼因此味飘洛城。这件事，在《大业杂志》中也有记载："白鱼种子，隋大业六年吴郡贡入洛京，敕付西苑内海中，以草把别迁，著水边，十数日即生小鱼。取鱼子法：候夏至前三五日，日暮时，白鱼长四五尺者，群集湖畔浅水中有菰蒋处产子，著菰蒋上。三更产竟，散去。渔人刈取草之有鱼子著上者，曝干为把。故洛苑有白鱼。”[32]可能隋炀帝吃了几道吴郡送去的菜后，对这些太湖中美妙的食材也有点放不下。

（四）渔具诗纪

苏州人陆龟蒙，是晚唐时的一位诗人，也是位农学家。他写的《耒耜经》深受英国的中国科技史专家白馥兰赞誉：“《耒耜经》是一本成为中国农学著作中的‘里程碑’的著作，欧洲一直到这本书出现六个世纪后才有类似著作。”（《中国壁犁的演讲》）唐代另一位诗人皮日休，在苏州与陆龟蒙成为好友，两人常常以诗文往来，人称“皮陆”。由于他们的诗文关注民生，反映民间生活，接着现实生活的地气，体现出苏州当时的生活面貌与社会状况，被鲁迅赞誉为“一塌糊涂的泥塘里的光彩和锋芒”（《小品文的危机》）。

陆龟蒙是一位关注农业生产的诗人，他的诗句自然会与一些渔事有联系。陆龟蒙喜欢垂钓，并在钓鱼的过程中观察、了解吴地渔业生产情况，为此他写了15首《渔具诗》。在序文中陆龟蒙写道：“天随子于海山之颜有年矣。矢鱼之具，莫不穷极其趣。……今择其任咏者，作十五题以讽。”天随子是陆龟蒙的号，他写的这些渔具诗，反映了苏州渔业生产中，所用的一些捕鱼工具，以及相应的捕鱼方法和当时的一些渔事情况。这15首《渔具诗》分别是《叉鱼》《钓车》《钓筒》《丛》《沪》《罱》《笭箵》《鸣桹》《射鱼》《网》《药鱼》《鱼梁》《舴艋》《罩》《种鱼》。现选摘3首如下：

网

大罟纲目繁，空江波浪黑。沈沈到波底，恰共波同色。

牵时万鬐入，已有千钧力。尚悔不横流，恐他人更得。

32　转引自《渔史文集》，顾端著，中国老教授协会海洋分会江苏专家委员会、江苏省老科协工作者协会水产分会，2006年8月，第123页。另《太湖备考·杂记》中，亦有相似引文。

钓筒

短短截筠光，悠悠卧江色。蓬差橹相应，雨慢烟交织。

须臾中芳饵，迅疾如飞翼。彼竭我还浮，君看不争得。

鸣榔

水浅藻荇涩，钓罩无所及。铿如木铎音，势若金钲急。

驱之就深处，用以资俯拾。搜罗尔甚微，遁去将何入？

陆龟蒙的《渔具诗》中有一首《药鱼》，对用毒药来捕鱼的方式提出批评，他说："盈川是毒流，细大同时死。"这种药鱼的方式，就像现在的"电捕鱼"一样，一定区域内无论大鱼小鱼，都会遭到杀害。这种唯利是图的不良渔风，超越伦理的底线，必被社会良知所恶。

苏州水域广大，各地都有捕鱼的人。太湖、小泊、大河、细流，乃至江海等各类水形态，不同的水域就会有不同的水产、不同的捕鱼方法、不同的渔具。这些关于渔具的诗句，从侧面反映了苏州渔业生产的专业性。

（五）蟹有谱记

蟹入肴早已有之，《周礼·庖人》里就有"青州之蟹胥"的记载。蟹的种类多，大致有海水与淡水之别，淡水之中也因蟹之生长地域不同，有江蟹、河（湖）蟹、溪（石）蟹之别。《圣宋掇遗》中说："陶谷奉使吴越，因食蝤蛑，询其族类，忠懿命自蝤蛑至蟹凡十余种以进。谷曰：'真所谓一代不如一代也。'"大大小小的蟹，在不知蟹品种的人眼里，也只能按大小来区分了。

蟹生长成熟的季节性很强。虽有南北、河海之别，但总归有一个稳定的成熟阶段。太湖地区食用的淡水蟹，以大闸蟹（中华绒螯蟹）为主。溪蟹小不可食，蟛蜞也不大，寻常人家会用来做面拖蟹。海中的梭子蟹不常食，大龙虾则是现代的新食材。苏州人的饮食传统中最受宠爱的还是大闸蟹。大闸蟹的成熟季，总是在秋天到来之际。按照大闸蟹的自然秉性，每逢秋来，成熟的大闸蟹便要从淡水中回归到江海相汇处产卵繁衍，因而有了“秋风起，蟹脚痒”的俗语。而蟹脚一痒，人们的手也痒，嘴也痒。在秋风里，享受自然的赐予。大闸蟹味道鲜美，肉质细嫩，黄膏腴美，风味性显著。故而，秋风起吃大闸蟹的习俗，一直流传在苏州。吃着吃着，人们积累了经验，有了认识，还有了许多的故事，一时兴起还会吟诗撰文。于是，好事者便编纂出了关于蟹的书。

写蟹的书，大致有北宋傅肱的《蟹谱》、南宋高似孙的《蟹略》、清代孙之騄的《晴川蟹录》，还有清代苏州人褚人获的《续蟹谱》等。除了这些汇成册的，林林总总散落的关于蟹的文字，亦有不少。如唐代苏州诗人、农学家陆龟蒙，就有过一篇《蟹志》，其文如下：

蟹，水族之微者。其为虫也，有籍见于《礼》经，载于《国语》、扬雄《太玄》辞、《晋春秋》《劝学》等篇。考于《易·象》，为介类，与龟与鳖，刚其外者，皆乾之属也。周公所谓旁行者欤？参于药录食疏，蔓延乎小说，其智则未闻也。惟左氏纪其为灾，子云讥其躁，以为郭索后蚓而已。蟹始窟穴于沮洳中，秋冬交，必大出。江东人云：稻之登也，率执一穗以朝其魁，然后从其所之，蚤夜觱沸，指江而奔。渔者纬萧承其流而障之，曰蟹断，断其江之道焉尔，然后扳援越轶，遁而去者十六七。既入于江，则形质浸大于旧。自江复趋于海，如江之状。渔者又断而求之，其越轶遁去者又加多焉。既入于海，形质益大，海人亦异其称谓矣。

呜呼！穗而朝其魁，不近于义耶？舍沮洳而之江海，自微而务著，不近于智耶？今之学者，始得百家小说而不知孟轲、荀、扬氏之道。或知之，又不汲汲于圣人之言，求大中之要，何也？百家小说，沮洳也；孟轲、荀、扬氏，圣人之渎也；六籍者，圣人之海也。苟不能舍沮洳而求渎，由渎以至于海，是人之智反出水虫下，能不悲夫？吾是以志其蟹。

苏州这样的江南水乡，泽薮水暖，北枕长江，东临大海，有着大闸蟹生长与繁衍的优良条件，所出的蟹品质自然高。于是，对那只春来秋往的大闸蟹，也就多看了几眼；对在秋风中膏红脂白的大闸蟹，也就多品了几只；趁着食兴，对由古而今的那些蟹事、蟹趣，也就会多说几句。

二、鱼味如缕

“羹鱼”的饮食所好，让苏州的鱼味氤氲在历史的餐桌上，缱绻在美食的长卷里。

（一）莼鲈之思

西晋时，苏州人张翰在洛阳任齐王司马冏的属官。一天，一阵冷风吹来，他的皮肤被激起一层鸡皮疙瘩。秋风萧瑟，落叶满地，总是会引起人们对于人生的思考与感慨，乡思也会趁机而来。在乡思里，美味像一个引子，引出一腔情不自禁。张翰想起苏州的莼菜羹、鲈鱼脍等佳肴美味，便说：“人生贵在适志，何能羁宦数千里以要名爵乎！”遂命驾而归。（《世说新语·说鉴》）于是，为了美味，张翰弃官而去，在小事与大局之间，让人说不出个所以然来。后来，齐王司马冏谋反被杀，他的属下中好些人因受牵连而丢掉了性命，而张翰幸免祸患。之后，人们对张翰借思乡之味、挂冠而去的“反常行为”，予以了具有政治眼光、处事智慧的叹服。历史中的故事，多少隐含着春秋笔法。太湖边的鲈鱼、莼菜，借着张翰的故事，便有了更多的味道。那条鲈鱼，那叶莼菜，都变得文化起来，有了莼鲈之思、莼羹鲈脍、莼鲈秋风等不一而足的表达。

（二）金齑玉脍

大运河通航的便利，让临幸江都的隋炀帝吃到了吴地的风味。唐朝刘餗《隋唐嘉话》记：“吴郡献松江鲈，炀帝曰：‘所谓金齑玉脍，东南佳味也。’”懂得美食的隋炀帝，发出这样的赞叹，好像有点大惊小怪。唐代颜师古撰写的《大业拾遗记》记有：“收鲈鱼三尺以下者作干鲙，浸渍讫，布裹沥水令尽，散置盘内，取香柔花叶，相间细切，和鲙拨令调匀，霜后鲈鱼，肉白如雪，不腥，所谓金齑玉鲙，东南之佳味也。”金齑玉脍是吴郡烹饪色、香、味、形的统一。苏州水产的美味和样式，吸引着帝王的味蕾。

（三）鲤鱼鲞

《大业拾遗记》载："十二年六月，吴郡献太湖鲤鱼腴鲞，四十坩，纯以鲤腴为之。计一坩用鲤鱼三百头，肥美之极，冠于鳣鲔。"这段记载以"肥腴"为特色呈现吴地美食。鱼什么部位最为肥腴？鱼腹是也（"腴"有腹下肥肉之意）。这里的"鲞"是指腌鱼，或略风干后的腌制鱼。苏州人每到冬季，常要腌制一些咸鱼，以备春、夏时食用。鱼一般选用青鱼、草鱼等大型淡水鱼，亦有用大鲤鱼做醉鲤片的。"太湖鲤鱼腴鲞"应是用太湖鲤鱼的肚腹腌制而成的。《大业拾遗记》落下的这一笔，大致反映了关于这道美食的这样几个方面：一是保存之难。肥腴的鱼腹到了初夏，因含油脂量多而易氧化，肉呈黄色，有哈喇味且齁喉咙，因而可食性就差了。北魏贾思勰撰的《齐民要术》中指出："肥者虽美，而不耐久。"指的就是这种氧化情况。二是夏时难得。人们在6月就难以品尝到肥美的鲞鱼腹了，因而，当吴郡献给隋炀帝后，以其品质、风味的缘故，就少不得有"肥美之极"的评价。三是技艺之高。以肥腴的鲤鱼腹做成美食，还能保存到夏季六月而不变质，显现出苏州具有较高的鱼肴烹饪制作和储存保质技艺。

（四）糟蟹糖蟹

五代末北宋初的《清异录》载："炀帝幸江都，吴中贡糟蟹、糖蟹。每进御，则上旋洁拭壳面，以金镂龙凤花云贴其上。"宋沈括《梦溪笔谈》中提到："大业中，吴郡贡蜜蟹二千头、蜜拥剑四瓮，又何胤嗜糖蟹。大抵南人嗜咸，北人嗜甘，鱼、蟹加糖蜜，盖便于北俗也。"这是吴地苏州又进贡了一款美味的记录。从这条记录中可知，一是卤制工艺成熟。最起码苏州在隋朝时，卤制技艺得到了较多的应用，糟蟹、糖蟹都是由卤制烹调工艺形成，以糟露、糖蜜等为原料来卤制食物，利于储存食物，亦能让食物呈现出美好的风味特色。二是风味南北有别。从当时的饮食习惯看，南方人的饮食口味偏咸，而北方人饮食口味喜甜。所以，现在人们说苏州菜偏甜，应是在历史过程中由各地文化融合、转变而形成的，隋朝时苏州应还是嗜咸偏多些。用糖蜜卤制，是为了满足“北俗”之甜食所需。三是卤制工艺保证了食材的完整性。“进御”时，还能拭去卤汁，再贴上云状花纹，只有食材保持完整——不失其形，才能在蟹面上进行贴花，使菜肴具有视觉美感。

（五）玲珑牡丹鲊

《清异录》中又记：“吴越有一种玲珑牡丹鲊，以鱼叶斗成牡丹状，既熟，出盎中，微红，如初开牡丹。”“鲊”是指用盐腌制的鱼。腌制，是吴地人常用的加工烹制方法。宋代苏轼在《仇池笔记》记有：“江南人好作盘游饭，鲊、脯、鲙、炙无不有，埋在饭中。里谚曰‘掘得窖子’。”将咸鱼等菜肴埋在饭里，然后掘出，以讨得口彩，意为挖掘到一个富藏的窖子。如真这样掘到宝藏，必定有惊喜，也能发财，由此使生活富足，这真是一个美好的梦想。苏州做鲊还有更有趣的方式，如民国《吴县志》转录《蔡宽夫时话》云：“吴中作鲊，多就溪池中莲叶包为之，后数日取食，比瓶中者气味特妙。”又引前志：“乡间取大鱼切作片，用米屑、荷叶三数重包之，谓之荷包。”宋代宋伯仁写有《荷包鲊》诗：“买得荷包酒旋沽，荷包惜不是鲈鱼。鲈鱼不见张翰辈，自向沧波隐处居。”

“玲珑牡丹鲊”是用盐和红曲腌就的鱼。从记载中可知，“鱼叶”是将鱼肉切成薄片，似花瓣，“斗成”是将鱼片层层叠起（呈斗状），状似盛开的牡丹花，“微红”是指鱼片微红如花容，这种红色是因腌制时和入红曲而成，“既熟”应是采用蒸制的方法，如此才能不失其形，这样将鱼鲊放在盛器中，犹如一朵盛开的红牡丹，花形具有逼真的艺术效果。这也意味着苏州“象形菜”的出现。

羞、鲊、糟、糖等制作方式，反映了苏州在加工、烹调水产类菜肴时，用到了酒、红曲、糖、盐、酱等原料，进行了腌、卤、晒、封等加工工艺，展现了刀工、造型、色彩、装盘等艺术呈现方式，从而使食物具有独特的风味、美好的外形、腴美的口感。这是苏州对鱼味的追求与实践。

"渔业民俗是鱼文化的主要内容。其经济和文化价值在人类的文化发展史上居于特殊的重要地位。"[33]岁月如文火一般，将渔事、鱼味、鱼诗熬成一镬老汤，它们紧紧地联系在一起，成为苏州渔文化不可或缺的内容。从远古而来的"鱼"走过春秋，唐宋元明清，朝代相续，无数的"鱼羹"随着悠悠岁月，丰富着苏州的灶头和餐桌，洋溢着苏州饮食文化的"湖滋鱼味"。它们在苏州的山水自然、历史烟波里，凝聚成一道太湖渔家风味——具有太湖渔家饮食特色与饮食文化的太湖船菜餐饮。太湖真的是苏州的母亲湖，它孕育了苏州一方土地，它涵养了太湖渔家，又诞生了太湖船菜。太湖船菜与时光里的"鱼羹"一起，成为苏州鱼味里的兄弟姐妹。

33 《民俗学概论》，钟敬文主编，上海文艺出版社，1998年12月，第52页。

第二章　太湖渔家和太湖船菜

太湖船菜是在罛舟帆影里诞生的渔家风味。太湖渔家漂泊于水上，得风而渔，追逐着季节变化中的鱼汛。江南苏州虽说早已是渔歌唱晚的地方，但人们对泊居于水泽中的太湖渔家，又有多少真切的了解呢？大多数人认为渔民都是以捕鱼为业的人，这样的笼而统之，使太湖渔家成为一个有别于其他居民的独特群体。其实，太湖渔家亦是水城苏州的原住民，是他们用最原始的渔具，为苏州提供了“羹鱼”的风味，让苏州有了鱼米之乡的美誉，渔文化也成为苏州人文历史里重要的文化内容。

一方水土，必有一方可人儿，太湖渔家在太湖中是重要的存在。

第一节　太湖渔家群落

清代徐崧、张大纯纂辑的《百城烟水》中，在写太湖中一个小水域金鼎湖时记道：“昔吴王泛舟五湖，金鼎沉此，命渔人簇三舟连网漉之不得，因名。”如此说来，春秋时太湖渔家已不只有一两家了。他们连网而渔，这种结对合伙（现称“舍”“带”）的方式，亦是如今太湖大船渔家常用的作业方式。太湖渔家数千年生生不息，不断壮大，“笑说渔家多聚族，不须银汉泛槎归（范广宪《太湖渔唱》）”。太湖渔家泊居太湖及湖周，各有群落，或聚或散，血脉相连。在时代变迁中，逐渐形成如今的太湖渔家村落。

渔家看上去大致一样，最多是捕鱼船的大小有差异，或者是卖虾还是卖鱼之别。而对于渔家自身来说，渔民还是可以加以细分的。可以从血缘上的联系，来分别渔民的来源地；可以从生活区域的构成，判断他们是居于湖中还是居于岸边；可以从捕鱼时的作业方式，来确定其所属的群体。互相联系的渔家，都有相似的生产方式，这是为了协同完成捕渔作业，也是受捕鱼工具、捕鱼区域的限制。

一、太湖渔家群体组成

（一）太湖乡（镇）与渔村[1]

太湖渔家泊居水上，渔船就是生活的家，是可移动的家。太湖渔民自古分散于太湖沿湖各地，按照血缘关系，以及相似的捕鱼作业方式等集聚在一定的区域。历史上，太湖渔民没有专门的管理机构——即便太湖设有一定的管理机构，亦主要从事如兵防、太湖治理、水利、防匪防盗等职能。渔民的一些事务，由所属地的官府管辖。旧时建制，郡、县以下设都、图。民国时有区、乡、闾、邻等分级管理制度。新中国成立前后，对太湖渔民的管理逐步明确，现在有县（区）、镇、村、组等分级管理制度，这是行政方面的管理。渔业发展方面，还有农业农村部门进行专业规划和指导。渔业发展过程中，还有渔政维护渔业资源和生产秩序。有海事部门进行风情预报，防灾护渔。有环保部门进行水域监测，维护渔业生态环境。

1949年4月27日，苏州解放，太湖周边也迎来了新的时代。1949年7月

1　本节参考《太湖镇志》，《太湖镇志》编纂委员会编，广陵书社，2014年8月；《光福镇志》，江苏省苏州市吴中区光福镇志编纂委员会编，方志出版社，2018年11月；《吴县水产志》，《吴县水产志》编纂委员会编，陈俊才、唐继权主纂，上海人民出版社，1989年10月。

到1951年6月，成立了“太湖区行政办事处”，“东山、西山及太湖中的渔民和大小岛屿，归其管辖”[2]。对太湖渔民采取了分区管理的办法，即按照渔船规模和捕鱼方式的不同，分为5个水上区。1952年7月，成立了“苏南行政公署太湖行政办事处”，将整个太湖划分为7个管辖区，各区设有区政府。其中第三区管辖太湖大船渔民，区政府驻地设在潭东（时隶属光福）。

1953年5月，苏南行署太湖行政办事处撤销，成立震泽县（县政府设于东山镇）。震泽县下设7个区，即东山区（原一区）、西山区（原二区）、马山区、横泾区、太湖湖中区（原三区、五区）、湖东区（原六区、七区）、湖西区（原四区）。

1957年，撤区并乡。其中太湖湖中区分为湖中乡、洞庭乡。湖中乡管辖大、中船渔民和光福渔民；洞庭乡管辖杨湾、庙港、义皋、大钱等地渔民。年底，两乡再合并为湖中乡。

1958年10月，湖东、湖中、湖西三乡合并成立“太湖人民公社”（公社驻地首设于东山镇陆巷），全太湖所有捕捞渔船均属太湖人民公社。同时，公社替代乡，政社合一。公社下设有大队、生产队。

下面分两个方面介绍行政区与渔民组织的变化。

行政区辖方面。1959年4月，震泽县并入吴县，太湖人民公社隶属吴县，工作范围、职能不变。公社社址驻地先后在东山陆巷（1959年4月）、东山渡桥（1961年1月）、东山杨湾（1968年6月），1969年3月，由杨湾迁往太湖中的白浮岛（临近光福）。1970年元月，太湖人民公社决定在白浮山、长浮山之间进行围湖造田。1971年3月，围垦大圩、大堤合拢，白浮山、长浮山、冲山岛连成一体，成为伸入太湖的半岛，也成为后来太湖乡（镇）的主要陆地区域。1972年，太湖人民公社机关由白浮山迁往长浮山。

---

2 《吴县水产志》，《吴县水产志》编纂委员会编，陈俊才、唐继权主纂，上海人民出版社，1989年10月，第60页。

1983年6月，实行政社分设，建立太湖乡，机关驻地设在长浮街。乡政府下，设有村民委员会、村民小组三级管理组织。1995年6月，吴县撤县建市，太湖乡属吴县市管辖。1995年11月23日，太湖乡撤乡建镇，机关驻地设于长浮街。2001年2月，撤吴县市，分设吴中区、相城区，太湖镇属吴中区。2001年8月，太湖镇建制撤销，辖区并入光福镇。

渔民组织方面。1958年10月，太湖人民公社成立后，按照渔具类型，以军事化形式组成5个营，其中一营管理大中船渔民，二营管理背网船渔民，三营管理大钩船渔民，四营管理杂工具渔民，五营管理冲山、漫山的农民和白浮山的养殖渔民。1959年5月，从五营中划出部分渔民为六营，到西山消夏湾围垦养鱼。1959年下半年，撤销军事化的营、连建制，改为大队、生产队，即有6个大队。

1960年底，将6个大队划分为10个大队，即一大队改为太湖大队，二大队改为湖光大队，三大队改为新光、火箭、宪光、东风4个大队，四大队改为光明、红光2个大队，五大队改为冲山、漫山2个大队，六大队撤销回原大队。此时，太湖人民公社共有2398户12548人，10个大队71个生产队。

1961年10月，为加强各地渔业领导，减少渔、农矛盾，太湖人民公社将湖光、新光、宪光、东风4个大队和太湖大队部分渔船计644条、捕捞渔民3259名分别划归无锡、常州、湖州3市管辖。这样，原来由太湖人民公社统一管理的太湖渔民，有一部分再一次回归他们原来的常驻地，成为某一行政属地的太湖渔民。此后，太湖人民公社所辖渔民均为苏州市所属。

同时，太湖人民公社将余下的6个大队再划小，建成16个大队。即撤销原太湖大队，划分出湖中、湖胜、湖丰3个大队；光明大队分出荣星、渡桥、湖荣3个大队；红光大队分出红旗、新联2个大队；火箭大队分出湖新、震荣2个大队；冲山大队分出漫山大队；公社运输队改为运输大队。这些太湖公社的渔业大队名称、驻地、主要特征等见《1961年10月太湖人民公社所辖大队名及主要特征一览表》[3]。

1961年10月太湖人民公社所辖大队名及主要特征一览表

序号	大队名称	驻　地	主要特征
1	湖中大队	白浮山	管理大船
2	湖胜大队	白浮山	管理中船
3	湖丰大队	白浮山	管理中船
4	湖新大队	东山杨湾	以大钩为主
5	荣星大队	吴江庙港	以张簖为主
6	火箭大队	吴江七都	以横拖虾、抄虾为主
7	红光大队	吴江松陵	以杂工具为主，包括小钓、小猛狩、抄鳜鱼、抄虾
8	红旗大队	吴县越溪	以杠网、大捻、小捻挖黄鳝为主
9	震荣大队	西山镇夏	以抄鲚鱼、抄虾浮、丝网为主
10	光明大队	东山席家湖	以横拖、抄鲚鱼、抄虾、竹簖为主
11	渡桥大队	东山渡桥	以丝网、小钓、小捻、老水鸦及小杂工具为主
12	新联大队	吴县横泾	以丝网、小钓、麦钓、绷钓、抄虾、竹簖为主
13	湖荣大队	光福	以丝网、抄虾、抄鲚鱼、竹簖、养家畜（鸭、鹅）为主
14	冲山大队	冲山	以农业为主
15	漫山大队	漫山	以农业为主
16	运输大队	白浮山	专业运输

从1961年10月划归无锡、常州、湖州的几个渔业大队的作业特征看，湖光大队（原二营、原二大队）为背网船渔民。新光、宪光、东风等（原三营、原三大队）为大钩船渔民。因而，太湖渔业中的大渔船、中渔船，主要集中于白浮山处，即后来的太湖镇，现并入苏州市吴中区光福镇。

1969年1月，苏州地区军管会批准，太湖公社所辖16个大队中划出8

3　《太湖镇志》，《太湖镇志》编纂委员会编，广陵书社，2014年8月，第24页。

个大队，分别划入其他公社：荣星大队划归吴江县庙港公社，红光大队划归吴江县湖滨公社，红旗大队划归吴县越溪公社，新联大队划归吴县横泾公社，震荣大队划归吴县金庭公社，光明、湖新、渡桥3个大队划归吴县洞庭公社（东山）。划入苏渔公社一大队的，共有6个生产队，其中3个是内河渔业队，划归吴县黄埭公社；3个太湖捕捞生产队，组成湖东大队。这样，太湖人民公社所辖渔业大队，集中于白浮、冲山、光福等地，还有吴江的火箭大队。1977年1月，光福公社潭东大队划归太湖公社管辖，潭东大队以花果、苗木生产为主。1978年3月，吴县郭巷公社渔业队划归太湖公社湖荣大队管理。

据《吴县水产志》载："1979年，太湖中的渔港（无锡）、太滆（常州）、太湖（吴县）等三个渔业乡渔产量占全湖总渔产的63.14%，吴县太湖乡所占比例最大，为全湖渔产量的40.42%。"[4]

1983年6月，实行政社分设，太湖乡成立。1984年1月，火箭大队划归吴江县七都乡管辖。自此，太湖乡渔业大队（除郭巷渔业队外）都集中在太湖边这个新形成的半岛处。1991年，各渔（农）业大队改为渔（农）业村，行政上设村民委员会，党内设村党支部，经济上设村经济合作社。生产队改为村民小组。是年，太湖乡从事渔业人员3061人，捕捞船692条。2000年，太湖镇有9个行政村，其中5个行政村以渔业捕捞为主（湖中村、湖胜村、湖丰村、湖东村、湖荣村），3个村以农林业为主（漫山村、冲山村、潭东村），1个村以运输业为主（长浮村）。

湖中村集中着太湖大部分大渔船，以大队为单位的时期俗称"大船队"。1999年时，湖中村有船只574条，可载重28250吨。其中，可载重60　70吨的大渔船有116条。湖胜村、湖丰村两个捕捞渔村，主要是可

4　《吴县水产志》，《吴县水产志》编纂委员会编，陈俊才、唐继权主纂，上海人民出版社，1989年10月，第179页。

载重20—50吨的中型渔船。这些大中型渔船都要在太湖西部的敞水区作业。

2001年8月，太湖镇撤销，并入光福镇，有其地理与历史因素。地理方面，两镇相邻；太湖镇镇区地域过小，又因太湖镇是伸入太湖的一个半岛，陆路到太湖镇须经过光福。历史方面，两地都位于太湖东岸，原太湖镇的区域也属光福镇，清徐傅《光福志》载“泽居者以捕鱼为生”，并在注中写道：“吴固泽国，光福又滨太湖，渔者十有三四。”可见光福自古就是一个渔业镇，两镇合并有着地域和历史的必然关系。

因而，太湖镇以及现在的光福镇，是太湖捕捞渔民最集中的地区。1949年以来，政府对太湖湖区的管理和对渔民的管理演变，与渔民传统作业方式的特点，是目前太湖水域四分之三由苏州市管辖的历史因素。

（二）太湖渔家的来源组成

20世纪50年代初，到太湖捕鱼的有来自江、浙、皖3省17个县的渔民。60年代始，入湖捕鱼要凭捕捞证，从而缩减了一些流动的外来渔民。常年生活在太湖的渔民的来源大致如下：

其一是世居渔民，即在太湖地区世代相袭的太湖渔家。世居渔民源头茫茫，真不知从何时说起。不过从第一章中可知，太湖地区远古就有过着渔猎生活的族群。春秋吴国之时，从苏州在造船、冶炼等方面的技术水平和建造能力，以及出海作战、内河运兵等情况看，民用渔船的建造已不成问题。加上养鱼业已在吴国兴起，可以推想，与“渔”相关的生产生活，必定是同时进行的。

清吴庄《六桅渔船竹枝词》中说：“十叶相传渔世业，故家乔木又何多。”渔家世代相传，只因“事业只知渔利息，功名世上等浮沤。”丰富的太湖水产资源，给予太湖渔家生息的基础。就姓氏看，世居的太湖渔家具有集中性，其中蒋、张、金三姓占吴县太湖大、中船渔民的73.3%[5]。蒋姓最多，约占渔家的38.7%，金姓占12.8%。这些数据反映了太湖渔家群体中，具有较强的血缘传承关系。这些渔家都认为自己是太湖本地世居渔民。

其二是海洋渔民演变而成的。这些渔民原在长江口外的沿海捕鱼，应着鱼汛来到太湖，进行季节性的内湖渔业作业。一般时间不长，汛期结束他们就会离去，奔赴其他渔场。还有躲避战乱等原因，一些海洋渔民避祸来到太湖，也会回到原来的生活地。清末，因交通建设、水利和桥梁建设越来越多，海船（俗称“北洋造”）出入内湖与海洋越来越困难——“大船桅杆不易倒伏，进出不便”。因而有一部分海洋渔民留泊在太湖，成为太湖渔民。其中以薛姓渔民居多，“占全县大船渔民总户数的3.1%”[6]。

其三是外来渔民。据20世纪50年代的统计，每逢太湖鱼汛，苏、浙、皖等地区的渔民，亦来太湖捕鱼。有部分定居下来，成为太湖渔民。“如以东太湖和内港为作业区的大罱帮和小罱帮都来自苏北。芦簖帮于解放前夕来自山东。”[7]

其四是由农民转为渔民，或是在太湖边居住的农民从事渔业，成为亦农亦渔的渔民。苏南农家“田事稍闲，男则捕鱼灌园，女则擗绩纺织，谋生之方，不专仰田亩”。湖边农民将捕鱼作为耕种以外的一种副业，以增加收入。

从以上太湖渔家的来源可知，世居大船渔民占有较大比例。这部分渔民的生活方式、风俗习惯，也最能代表苏州太湖渔家的文化特征。外来渔民、农渔结合的渔民，虽有太湖渔家文化特征，但毕竟还带有原来的某些文化特征。不同来源的渔家群落，在太湖中长期地相互交融，亦会出现

5 《吴县水产志》，《吴县水产志》编纂委员会编，陈俊才、唐继权主纂，上海人民出版社，1989年10月，第299页。

6 同上，第300页。

7 同上，第300页。

文化的融合，具有共性亦有个性，有显性亦有隐性。

（三）太湖渔家因作业组成群体

渔家群落并不完全是由渔家的来源地决定的，还有凭渔业作业方式、渔具等形成的。他们各自组成相应的"帮""舍""带"[8]，从而形成较为稳定的生产性渔民聚落。渔具、渔法相同的渔民聚集泊居在一起，便于协同作业。而且大多捕鱼的方法都是世代相传的，各类渔民沿袭的渔业作业地点、生产要求也不一样。如载重达60—70吨的大渔船，船上有7道樯桅篷帆（俗称"七扇子"），这样的大船渔家常聚居在一起作业；20—50吨左右的中型船渔家聚集一起。这两类大、中型渔船，须行驶到西太湖"敞水区"进行捕鱼作业。而一些小型渔船，如钩船等，则聚集在太湖地区的沿湖一带作业。《吴县水产志》载：各类"帮"使用的渔具渔法多样。

1949年全国解放后，按照渔民的历史停泊港口和作业性质，逐步组织起来。现有的渔业村，仍有以作业性质组村的特征。如全国最大的淡水捕捞船，载重量六七十吨的"七扇子"大船，全部在太湖乡湖中村。载重30吨左右的中船，则集中在太湖乡湖胜、湖丰渔业村；这部分渔船，主要在太湖敞水域捕捞。钩船分布在吴县西部沿太湖的渔业村内，拖网则在东部阳澄湖边的渔业村较多。簖类集中在东太湖浅水作业的渔业村，拖网、小钓则以内河渔业村居多。[9]

从捕捞量来看，"据1986年底统计……其中太湖乡湖中、湖胜、湖丰、湖荣、湖东5个渔业村的捕捞产量为全湖捕捞产量的40.42%。尤其是湖中村所占比例最大，为全湖总产的20%左右"[10]。可见，太湖乡（现属光

---

8 如有南湖帮、北湖帮、苏州帮等。还有如太湖渔家捕鱼时由两艘大渔船组对联合捕鱼称"一舍"，四艘大渔船联合捕鱼称"一带"。

9 《吴县水产志》，《吴县水产志》编纂委员会编，陈俊才、唐继权主纂，上海人民出版社，1989年10月，第305页。

10 《吴县水产志》，《吴县水产志》编纂委员会编，陈俊才、唐继权主纂，上海人民出版社，1989年10月，第305—306页。

福镇）集居着太湖大部分世居大、中船渔民，其渔业产量也占太湖渔业总量的较大比例。而湖中村“是太湖乡规模最大的渔业村，……其中载重60—70吨的大渔船116条，是全国淡水捕捞中最大的捕捞船。”[11]

二、太湖渔家的水陆生活

太湖渔民世居太湖水域，特别是大船渔民，以船为家，一家的男女老少都过着水泊的生活。这样的太湖渔民，称“连家船渔民”。《太湖备考》载：“大概以船为家，父子相承，妻女同载。”旧时，太湖连家船渔民在陆地上没有房屋居处，他们散聚于太湖沿湖各处。客观上，罛船等大型渔船，因船大吃水深，不能靠岸进港，只能泊居湖中。

新中国成立后，太湖渔家的生产生活，伴随着国家经济社会发展与变革，经过民船民主改革、互助组、初级合作社、高级合作社和人民公社化等过程，太湖渔民的新型组织化工作和集体意识得到了提高。太湖渔家从血缘性联系、生产性联合的族群，逐渐成为以公社、生产队为组织形式的渔业生产组织。只是，渔民长期处于以“渔”为主导的单一经济，渔业经济基础薄弱，保障生活、生产的收入会因自然变化等因素影响而不稳定。1966年开始，政府在太湖渔民中进行了“加速连家渔船的社会主义改造”工作。其中有“打破连家渔船，落实生产生活基地，实行陆上定居”的变革要求。加上人民公社、生产队等具有地域性的归属，20世纪70年代，太湖渔民逐渐由湖上泊居，开始移居陆地。到2000年，太湖全部渔民都有了陆地居所。[12]在行政区划的调整和渔民陆居变迁的过程中，依水而居的渔家有了固定的泊岸。因为在陆地有了房屋居所，太湖渔家的生活也更加便利，教育、医疗、采购和就业等方面的条件大为改善，太湖渔

11　《吴县水产志》，《吴县水产志》编纂委员会编，陈俊才、唐继权主纂，上海人民出版社，1989年10月，第94页。

12　《太湖镇志》，《太湖镇志》编纂委员会编，广陵书社，2014年8月，第98页。

家的生活品质得到不断提高。

渔业生产作业的特殊性，使太湖渔家在许多方面延续着渔家的生活轨迹，形成了湖上作业、岸上生活的新形式。因而，对许多人来说，太湖渔家的生活依然是陌生的、新奇的。隔行如隔山，隔着太湖水，陆上生活的人们也不能完全了解太湖渔家生活中的那一抹水色。

悠远的历史、变革的社会。苏州市吴中区光福镇成为太湖最大的渔村聚集地，有着众多著名的内湖渔村。由此积淀和形成的独特的太湖渔家风俗和渔家文化，与太湖渔家的饮食一起，将在经济社会的发展中激荡出新的浪花。

第二节　太湖船菜的出现

陆地生活的便利条件、丰富的生活内容，优化了太湖渔家的生活，引入的新的生产用品与作业方法，提高了渔业作业的能力。更为重要的是新的观念，新的生产、生活方式，扩展了太湖渔家对生产生活的认识与选择。改革开放的春风激励了太湖渔家创新发展的意愿与步伐，苏州太湖边的渔村，闯出了渔家的第三产业——太湖船菜餐饮。

一、改革催发展

一种特色餐饮的形成与兴起，必有其产生的条件，太湖船菜餐饮也不例外。中国经济社会的发展，是推动太湖船菜成为苏州特色餐饮的重要条件。

20世纪70年代末，改革开放使中国经济社会走上现代化发展的快速路。中国农村实施了家庭联产承包责任制，在保障粮食种植的基础上，农业现代化、乡村经济、多种经营等也在农村、渔村出现。个私经营、民营经济得到社会认可，农民、渔民也能走出地头船头，有了更多的从业路径。

新中国成立之后，渔业水产供销形成了由国营水产企业、集体水产企业、渔民自产自销，以及带有私营性的渔商鱼贩共存的经营格局。1956年开展了社会主义改造，水产供销体系由国家规定的水产供销企业独家经销，而且完全是依靠派购和计划购销。此阶段渔民只是供销链中的生产者，不能自主销售。改革开放后，水产派购比例得以调整。但在初期，国营、集体的水产公司依然是购销主渠道。之后，太湖渔民有了可以自主进入市场的渠道。1985年，太湖乡在镇区（长浮）建立了70个摊位的简易农贸市场，主要经营水产品。1989年，农贸市场扩建，摊位增至80个。1993年后，随着改革的不断深化，市场不断开放，水产销售形成了多种经济并存的繁荣局面。太湖渔民解放了生产力，在渔业发展的同时，也有富余劳动力从事其他行业。1994年建成的太湖乡农贸市场，设摊位150个。2000年，建成太湖野生水产批发市场。

经济社会活动日益频繁，对服务业也提出了新的要求。民以食为天，人们的需求不断增长，餐饮服务行业开启了发展的新思路。20世纪90年代初，太湖镇渔民开始从渔业走向服务业，从事餐饮经营服务，太湖船菜餐饮在太湖之滨的太湖乡（镇）出现。1997年，太湖镇船菜餐饮市场开始建设。2000年，太湖镇船菜餐饮市场二期工程动工。

二、弄潮立船头

太湖船菜餐饮首先在苏州太湖地区的太湖乡（镇）形成集聚区是有其必然性的。太湖乡（镇）有着最大的太湖渔家集聚村落，有着众多的太湖渔民。当改革的春风吹到渔村、多种经营的发展之路铺展在渔家面前时，必定会从渔民中走出一些弄潮儿站立潮头。《光福镇志》载："1993年，湖中村渔民张林法、张福珍夫妇花8万元从东山洞庭旅游公司购得'香雪海'号铁皮驳船，又花2万元装修。驳船分为上、下两层，设餐厅和包厢，当年5月1日正式开业，成为第一艘太湖水上餐船。"[13]这艘太湖水

13 《光福镇志》，江苏省苏州市吴中区光福镇志编纂委员会编，方志出版社，2018年11月，第146页。

上餐船取名为“湖鲜楼酒家”。第一个吃螃蟹的人，自然会获得第一份惊喜、尝到第一份“湖鲜”。第二年，张林法又从外地购来一艘渔艇，改装成餐厅，与第一艘船并在一起，扩大了餐饮业务。太湖新鲜的水产食材，太湖渔家的风味，自然而然地吸引了消费者。兴隆的生意，引领了太湖船菜餐饮的发展。

自湖鲜楼酒家之后，当地的一些渔家也加入到了太湖船菜餐饮的经营中，也有非渔家的人选择投资加入太湖船菜的经营。相继有湖滨楼、湖仙酒楼、水晶坊、来鹤楼、银河楼、太湖明珠、湖滨酒家、水乡酒家、渔村舫、湖鲜舫、太湖渔舫、佳渔舫酒家、水仙宫等酒店[14]开业经营。自此，一家家经营太湖船菜的饭店酒楼出现在苏州吴县太湖乡（镇）的太湖岸边，凝聚着太湖渔家饮食文化的太湖船菜餐饮，成为苏州餐饮业中的新内容、新形式和新风景。

三、政府助发展[15]

1997年，太湖镇政府进行了规划，为这些经营太湖船菜的餐船量身定做了一条“船餐街”。“从太湖二号桥东侧，伸向太湖建南北向长100米、宽2.5米的水上船餐的码头，码头两侧停靠了12条水上餐船。”“1998年，投资新建了鱼干、虾干交易市场。停车场铺上了柏油路面，78个车位都划上了车位标记。船餐污水处理前期工程建成运行。”成立了专业的市场管理队伍，进行卫生、秩序等日常管理。

1999年，太湖镇政府又进行了二期建设，以更广阔的发展视野，规划和建设了太湖船菜餐饮经营区的功能配套。“从原来餐船码头的北端折向西延伸近100米，再折向南延伸50多米，建全长253米、宽2.5米的水上码头。”停车位扩展到250个。铺设了接通陆上污水管网的餐厨污水排放管

14 这些店名是笔者自2006年起所知的一些店名。

15 本节参考《太湖镇志》，《太湖镇志》编纂委员会编，广陵书社，2014年8月。

线，增大了餐厨垃圾回收站，美化了停泊码头和步行桥、渔副产品销售区等，硬件设施一一到位。加上相应的管理制度，在一定程度上使太湖船菜餐饮经营的管理更好地融入社会管理和服务体系中，保障了太湖船菜餐饮的稳步发展。“至2000年，太湖镇拥有水上餐船18条。鼎盛时期，一次性可容纳6000人就餐，一次性可停车400辆。”这些餐饮服务功能指标，显示出太湖船菜餐饮——一个具有风味特色和市场服务能力的餐饮业态，已经落地生根。这些太湖船菜经营户，还申领了工商营业执照、食品卫生许可证，还有海事部门、环保部门的许可证等，并接受了有关部门的监督管理。

渔家、船菜、餐船凝聚成一条具有太湖渔家特色的饮食街——太湖船菜餐饮市场（简称太湖船餐市场）。苏州城西的这个名叫太湖镇的小镇，每晚渔火闪烁。2000年，“‘太湖船餐一条街’接待食客27.75万人”。渔家风味随一缕炊烟，从太湖的餐船上飘进了苏州城，飘入了苏州的饮食文化之中。这是基于苏州太湖渔家生活的新发展，是源于太湖渔家文化的创新表达。

自太湖镇开创太湖船菜餐饮之后，其他乡镇也纷纷效仿。太湖边的东山镇也发展起了太湖船菜餐饮，在东山镇沙滩山前，形成了太湖船菜餐饮集聚街区。根据笔者2006年走访统计，东山沙滩山处经营太湖船菜餐饮的水上餐船有浮翠舫、水上人家、万顷楼、水缘、金龙舫、太湖之舟、新东山、三宝舫、灵源舫等。随后，苏州其他沿太湖乡镇也有太湖船菜餐饮的零散分布。

湖光山影，鱼虾鲜美，人们在进餐时能够获得更多的关于太湖的感受。感受绿色、感受自然；亲近太湖，感受太湖。

“2008年，随着国家对太湖环境治理力度的加大，船餐市场列入水环境整治项目，……2010年，船餐市场被取缔，而富有特色的船菜移至陆上延续。”[16]太湖船菜如何在陆地发展，正成为新的发展课题。

第三节　从渔家灶头迈入餐饮市场

太湖渔家从传统的第一产业中的渔业，进入第三产业中的餐饮服务业。这是渔家趁着改革的浪潮，站立船头面向不同行业的一次顺风航行。只是如何操作这艘餐饮的航船，撒惯渔网、调惯风帆的太湖渔家，在入行之初还是颇费周折。

太湖渔家的饮食，或者说渔家的日常菜肴，在不自觉中形成了丰富的渔家饮食内涵，包括饮食习俗、烹饪方法、食物内容、认识观点等，在太湖船菜餐饮的发展中，都成为太湖船菜的底色，成为太湖船菜的源头活水。然而，这些内容与形式都是太湖渔家的生活日常，只在渔业生产、渔家生活的各类活动中展现。餐饮行业的菜肴烹饪，毕竟不是家庭烧菜做饭。家庭中可以随意一些，有则食之，无则免之，还可依着食材随意做些家常菜。而进入餐饮业后，做菜就大不一样，它需要一定的数量、一定的菜肴结构、一定的品质要求，而且，食材需要保证持续的供应，还要有相当的规格标准。经济上，收购价与销售价之间也要考虑，成本核算也要纳入思考范围。从不熟悉到熟悉的过程，有喜悦，有茫然，还有许多说不上的纠结。

一、一声招呼从头学

跨行，由一个与自然打交道的捕捞渔业，跨入要与消费者打交道的服务业，喊惯了渔家号子的喉咙，要张口招呼一声来客，有时还不知如何说出口。最纯朴、最亲切的一声“哎”用来招呼客人似乎不太妥当。可很多时

16　《光福镇志》，江苏省苏州市吴中区光福镇志编纂委员会编，方志出版社，2018年11月，第147页。

候，渔家们还真省了主语或者“招呼词”，直接询问：“阿要吃点啥格？”那种怯怯的样子，让说出来的吴侬软语也显得有些生硬。好在，消费者听得懂这样纯朴的话语。无论有没有称谓，那都是店家（渔家）的热情招呼，应了便是。随着时间的流淌，经营太湖船菜的渔家也学会了迎宾招呼。同志、师傅、阿姨、小姐、先生、老板、帅哥、美女……称谓紧跟着社会的变化，也在渔家的迎来送往中慢慢地丰富起来。

菜肴的结构，那是不得不考虑的。来了亲戚也得张罗一席好菜，开店经营，当然要满足消费者的需求——吃好！好吃！太湖水产，是免不了的；荤素搭配，也是必需的；自家做的虾干、鱼干，都说很有风味……渔家学着城市、乡镇餐馆酒店的样子，将冷菜、热菜、汤和点心等，翻出些新的花样，也算有了一点餐饮的意思。犹如火苗，燃起了之后太湖船菜餐饮便有了发展之火。

近水楼台，鱼虾总是新鲜的。鲜活的水产有着天然品质，自会在烹饪后形成淡水水产独有的质地与美味，唐代杜荀鹤有“就船买得鱼偏美”的诗句。当初，太湖渔家经营者还真不能完全、正确地进行表述，统而称为“好吃”“鲜”，烹饪方式也是实在的红烧、清蒸、盐水等，形成了“天生丽质+纯朴烹饪=好吃”的介绍公式。当然，现在对于“好吃”的表述丰富多样起来，只是当初真没有把时令之切、质地之美、烹饪之纯、风味之殊、营养之丰富等，一一确切地表达出来。不过再来想想，那个简朴的“好吃”公式，实是太湖船菜的美味真谛，是太湖船菜吸引人的基础。

二、食材供应牵线连

初始之时还有个方面需要考虑，用现在的说辞可称“产业链”“供应链”。食材供给不充足，常会出现短缺情况，不像如今，打几个电话，预订的食材就会按时送到门口。那时，市场还没有完全开放，许多食材还分“计划内”“计划外”。新出现的太湖船菜餐饮，自然就属于“计划外”一类。没有充足的食材供给，作为经营者的太湖渔家就要亲自去跑，跑农贸市场，跑农家田地，跑渔家船头，跑他乡渔村。只有这样，才能采购到相似规格、相似品质的食材。下面，以“收鱼”为例，简述一点太湖船菜餐饮形成之初，太湖渔民经营者的那份敬业和闯劲。

这里所说的“收鱼”，是指太湖渔家在餐饮经营初期，对水产食材原料的采买事务，而且，这个“鱼”是指太湖船菜餐饮经营者——太湖渔民看得上的各类太湖水产。

（一）寻找食材与渠道

1. 面对的情况

太湖船菜餐饮，是伴随着中国改革开放的步伐，在经济体制变革过程中逐渐形成的。在改革的过程中，社会主义市场经济逐步确立。这一时期就百姓生活而言，一方面，居民购买生活物品还有票证进行计划保障；再一方面，市场调节的议价商品逐渐增多，计划外的商品供给满足着人们不断增长的消费需求。太湖渔家进入餐饮服务行业时，也正处在计划经济与市场经济的交替时期。市场供给与餐饮经营需求之间，还没有形成市场化的产业链。并且，太湖渔家从事餐饮经营初期，还不能如城市餐饮业那样，有相应的水产、蔬菜、禽肉等供应部门的计划供给支撑，还没有较为成熟的供应渠道。因而，一切都得从头开始。

特别是餐饮经营时的食材，要有品种、数量的保障，此外，还须有品质、规格的标准要求。有质量、合规格且数量充分的食材供应，就可形成稳定的菜肴品种，制定稳定的销售价格，如此，才能保证餐饮的持续经营。也许你会说，太湖渔家在太湖边，本身又是渔民，鱼、虾等食材应是可以保证的吧？其实不然，因为有了规格、品质、数量等要求，有了公开、公平、公正的消费要求，当时的太湖乡、光福镇等处，不能完全保证有充分的、品质规格符合要求的食材供给，从而会出现食材相对短缺的情况。随着太湖船餐消费量的增加，符合经营要求的食材捉襟见肘，船菜餐饮经营者就必须未雨绸缪，外出采购。由此，采购、储存、烹饪、消费似一个闭合的圆环，成了太湖渔家经营活动的日常事务。

2. 艰辛的收鱼

收鱼不只在太湖乡、光福镇等地区，因为即便两地水产品相对丰富，也依然不能满足餐饮经营对食材的供应需求。那些勇于拼搏的太湖渔民沿着太湖到他乡的渔家、渔村采购鱼虾。

大多数时候，他们仅凭着一辆自行车就出去采购了。自行车一般是28寸永久牌、长征牌的加重自行车。如长征牌ZA69型载重平车，可载150千克的重量。太湖渔家将自行车自制成适合水产运输的工具，即在自行车后座两侧，安上两只铁丝编成的网箱（粗铁筋与细铁丝编成的网箱），网箱内各放一只加仑桶，将桶的上部都截去，便于放鱼。收到水产后，先在桶内盛半桶水，再把水产放入。铁丝网箱有盖，盖上后既可通风，鱼也跳不出来。风吹日晒，长途奔波，对太湖渔家来说还是小事，困难的是那时还没有增氧泵，采购的水产如不能及时送回，养在店内的水箱里（水箱一般设在太湖中），水产则会因缺氧而死亡。既造成损失，也影响品质，还不能保障供应。出去采购的太湖船菜经营者是否能够采买到水产还是一个未知数，并不是每次都能如愿以偿。出门时期待着，等采买到了，又归心似箭，期待水产品能成活。劳心费力，寒暑无阻，走（渔）村访（渔）船，风雨兼程。

也有划着渔船出去采购的，到泊在太湖中的其他渔家船上询问有没有合适的鱼。他们查看渔家吊在船侧网兜里的鱼虾，或暂养在水箱中、放在船舱下的水产。还有乘坐公交车前往各处的。湖鲜楼渔家的女主人张福珍曾对笔者说："那时挑两个水桶，到西山去收鱼。西山公交车班次少，末班车又早，过了辰光就没有车了。水产收得晚的话，赶末班车是最心焦格。还要坐渡船回太湖（乡）。"那些大小统一、品质优良的水产品，就是这样揪着太湖船菜经营者的心，款款地来到桌上的。辛苦是辛苦，可这第一手的原生态食材，着实地迷煞了前来品尝太湖船菜的消费者。看着人们品尝到鲜美的太湖水产后满意的样子，也是太湖船菜经营者最能满足的时候。可以说，太湖船菜餐饮的美味与经营成就，就是这样在太湖渔家艰辛创业中铸就的。

第一个吃螃蟹的人，是值得尊重的。太湖渔家借着改革开放的发展春风，收获了第一网“鱼”。用于采购的交通工具和设施，也有了很大的提升，采购车辆由自行车改为汽车（一般是面包车，便于装货），采购用的小舢舨也改为小快艇，这样缩短了往来时间，减轻了劳动强度。增氧泵等设施的广泛运用，改善了鱼虾保鲜的硬件设施。更为可喜的是，经过多年的沟通联系，太湖船菜餐饮店基本都形成了稳定的供应渠道。借助电信业的发展，从获得食材信息，到购买运输、储存保鲜等，采购环节不断地关联起来，并构建起了太湖船菜餐饮产业链。

（二）构建供应链与基地

随着太湖船菜餐饮的兴盛，食材供应也逐步形成了稳定的供销渠道，即船菜经营户与捕鱼的渔民建立起了协作关系，并以契约的形式加以固定。每个太湖船菜经营户一般都会与几家渔民建立稳定的供应关系，这些渔民的渔获由船菜经营户统收，民间称为“包船”。这样一来，船菜经营户就不用每天远途采购了，而是由这些渔民（或收鱼人）将水产食材送到船菜经营户处。大致上，每一户太湖船菜经营户都会与10多条渔船结成购销合作关系。

这样的购销合作关系中，也会出现供与需在数量上的不均衡。有时，食材供给较多，餐饮上一下用不完，就要将这些新鲜的鱼虾暂养起来。因而，船菜经营户的餐船后面，都有一个收货、储存的平台。那里建有储存网箱，所有的网箱都放在太湖中。收货时，按照品质、规格等要求，分类存放。太湖水是活水，鱼虾没有离开太湖，故而能够保持鲜活的状态。这样的平台一般有200平方米，好像一个小型的养殖场。

渐渐地，太湖船菜吸引着各地越来越多的消费者前来品尝。消费者不仅在餐船上品尝太湖船菜，进餐过后，还会带上一些太湖特产回去。这些太湖特产除了一部分新鲜的鱼虾之外，还有太湖水产的干货、腌制品，如白虾干、腌制白鱼等。一位渔家透露："清明前，有辰光螺蛳一天也会被带走一百多斤。"清明前一段时间，螺蛳经冬后初醒，肉质嫩且还没孕育小螺，一些寄生物也较少出现，所以，小小的螺蛳会成为清明前苏州的一道时令风味。苏州有句俗语称："清明螺，赛过鹅。"也就是说，清明前的螺蛳肉质堪比鹅肉。消费者饮食后再带一些太湖螺蛳回去，或再次回味，或与亲朋分享，如此就多了一分尝鲜的乐趣与情谊。

这样的消费乐趣是人们愿意接受的。伴随着旅游业的发展，游客消费的需求量大增。既有餐饮消费，又有太湖食材等土特产的消费。一些太湖船菜经营者便与当地农家、渔家联系，建起了种植、养殖基地。水仙宫大酒店便是其中之一，经营者在光福漫山岛上租地养鸡。新鲜的鸡蛋、出栏的土鸡，成为又一个消费亮点。

就这样，转行的太湖渔家们慢慢地有了更多商路（食材采购地、购买渠道和市场），有了供应商（日常的食材供应联系人）。当然，这些渠道都是连着地头、船头的。不得不说，太湖船菜兴盛的背后，与这些太湖边的食材有关，毕竟，美食之本离不开食材这一基础要素。

市场主体在市场中是最有活力的。太湖渔家艰辛地创业，奋发拼搏的过程，体现了其适应市场的能力与活力。太湖船菜经营者自离"渔"入"餐"创建饭店酒楼后，从四处奔波寻找食材，到签约包船稳定供应，再到租赁场所种植养殖，每一阶段都有效地突破了制约太湖船菜餐饮发展的瓶颈，从而有效地推动了太湖船菜餐饮的蓬勃发展。同时，也将农、商、旅等相关产业联动起来，发挥了杠杆作用，服务于地方经济。

第四节 太湖船菜餐饮的定位

日常的话语中，无论是说太湖船餐，还是讲太湖船菜，听者都能理解是什么意思。而且，还知道到什么地方去吃。最多会问一句："去光福（船餐街），还是东山（沙滩山）？"因为这两个地方都有太湖船菜品尝，是太湖船菜餐饮的集聚区。

改革开放的大潮中，时代的新风在太湖的水里激起了一道太湖渔家风味的美食浪花，在苏州餐饮发展和饮食文化中留下了一笔浓墨。只是，船餐、船菜，到底应该怎样定名，还有必要探讨一番。

一、太湖船菜餐饮的定名

太湖船菜餐饮本无所谓定名之事，只因有了简称、有了俗语，所以定名之事还得说一说。"太湖船餐"只是俗称，是简称，全称即"太湖船菜餐饮"。"太湖船菜"也是简称、俗称，全称也是"太湖船菜餐饮"。简化称谓可以方便人们口语表达，久而久之就成为约定俗成的说法。无论选哪一个名称说，大家都能知道、理解。然而用书面文字来定义、叙述太湖船菜餐饮，似乎还得更加清晰地说个所以然来。

（一）船餐船菜似有别

太湖船餐与太湖船菜有没有区别？细究起来还是有一些的。

1. 太湖船餐

太湖船菜餐饮经营的场所是定制的大铁船，烹饪加工、饮食消费都在这样的大铁船上进行。因而，太湖船餐是以特殊的餐饮载体，或者说是一种经营业态，来展现具有太湖渔家菜肴风味的独特的餐饮样式。大致可从这样几个方面来说明：

一是餐船位置。这些餐船都停泊在太湖岸边固定的位置，因为太湖亦有风浪，须用钢绳索将餐船固定在船周的木柱上，保证餐船的稳定性，所以餐船是不能行驶的，只能泊在水中，人们在水中的餐船上用餐。

二是餐饮场所。以特制的大铁船为饮食场所，不算船的底舱（一般设有厨房）部分，船上舱区有两层、三层。与陆地餐厅一样，设有相应的餐饮服务功能区，如候客区、吧台、大堂、包厢、盥洗区等。餐船一般可同时接待200—500人用餐；有的餐船大厅可放二三十席圆桌面，很气派。

三是用餐感受。用餐的时候，可以观赏太湖风光。人们可以通过餐船的窗口，或站在船的甲板平台上，临水眺望水波荡漾、浩渺广阔的太湖水面，观赏树木葱茏、花果飘香的山峦岛屿。进餐的时候，人们会感受到太湖水浪轻轻拍打着船身，吹来的风里，透着一股太湖的水味，较陆地餐饮场所，就多了一份体验太湖山水的切身感受。

四是菜肴风味。食材为太湖周边的鱼虾、禽畜、果蔬等物产，以太湖渔家菜肴为主要风味，也具有苏州菜的风味特征。

综合起来，太湖船餐是由位置、场所、感受、风味等聚合形成的一种餐饮样式。太湖船餐最独特的是它的用餐环境——餐船这一载体。虽然这样的业态离不开具有太湖渔家风味特色的渔家菜肴，但由于餐船的直观性，给人的直接认知是在太湖边依山傍水的餐船上，品尝渔家菜肴的一种餐饮活动——船上餐饮具有形式的典型性和独特性。

2. 太湖船菜

简称太湖船菜，更多的是突出具有太湖渔家风味特色的餐饮类别。它以饮食内涵为表达，以太湖渔家风俗和饮食文化为特征，通过食材、烹饪、风味、文化等体现太湖渔家饮食独特的风味和特色，进而与其他餐饮类别进行区隔，显现太湖船菜餐饮的个性特征。具体可归纳为这样几个方面：

一是饮食文化。太湖船菜餐饮在苏州太湖地区成形，体现太湖渔家这一独特群体的饮食方式，融合着太湖渔家生产、生活和风俗习惯，是太湖渔文化的内容之一。

二是风味特征。太湖船菜是以太湖渔家饮食为基础，并在餐饮发展过程中，扩展成具有太湖渔家风味特征、融入苏州菜体系的特色菜宴。每一种特色餐饮，都受到所在环境的影响。由太湖渔家生产、生活衍生而来的菜宴，必然带有太湖渔家的饮食偏好，其风味的表达方面，有依托太湖渔家对太湖物产的认识优势，亦有烹饪加工中崇尚原汁原味的纯朴方式，最终通过菜宴展现。

三是地缘食材。太湖船菜所用的食材原料，大都来自苏州太湖沿岸、水泽与周边的陆地、山峦。有水产、水生蔬菜、旱生蔬菜、禽畜、花果、山野菌笋等，它们随着四季的变化应时而出，具有地域性、自然性的特点。太湖淡水水产品、蔬菜果品等都具有优良的品质特性。太湖船菜与当地食材具有很强的相关性与依赖性。这些食材是形成太湖船菜美食及风味的物质基础。

四是“苏帮”技艺。太湖船菜有着苏帮菜烹制技艺的特点，又具有太湖渔家传统烹调方式的特点。发展到后来，还吸收了外来烹饪技艺并将其融入太湖船菜的烹饪中。对某些水产品“鲜货”与“干货”的制作，又保留着太湖渔家非常传统的方式，显现出太湖渔家烹饪技艺的个性特色，这些都助推了太湖船菜特色的形成。

五是餐饮场所。太湖船菜可以在不同的场所出现。可以在餐船上，也可到陆地的酒店饭馆，也能在自己家的庭院里，享受一席具有渔家风味的太湖船菜。

3. 相同与区别

太湖船餐与太湖船菜两者相同之处是都依托太湖及周边所产的物产，以太湖渔家饮食文化为内涵，烹调太湖渔家饮食风味的菜宴，是苏州菜体系中的新秀。不同点是太湖船餐是以餐饮业态的形式来展现的，通过所处的区域、环境与经营载体，使顾客在现场感受并认识太湖特色餐饮。而太湖船菜没有过于强调经营的载体（餐船），经营的区域、环境，有较大的弹性，并不局限于太湖岸边或太湖渔村，作为具有渔家风味特色、文化属性的餐饮，太湖船菜可以向外发展形成饮食品牌。

从宴饮的具体内容而言，太湖船餐与太湖船菜具有一致性，“吃什么”是相同的。在人们说“太湖船餐”或者“太湖船菜”时，大家都能理解是去品尝渔家菜肴，这是共性。如果考虑用餐场所，那么，说“太湖船餐”就会更直接地告诉人们，这是要去“船上”进餐。进而问到“是光福还是东山”，人们也会寻到光福船餐街、东山沙滩山等地方去。餐船集聚地（船餐市场）取消后，想要品尝太湖船菜，即便不在太湖边、不在餐船上举宴，宴席上也可以有太湖渔家饮食风味的菜肴。由形式转变为内涵，将太湖船菜和渔家风味导入内在消费体验，从而将消费者对“形”的消费认识转化为对“食”的消费认识。通过太湖船菜之名，让消费者通过主观的消费认知，真切地品尝源自太湖、太湖渔家的苏州风味。

所以说，如果“餐船”这种餐饮载体消失了，即便太湖渔家风味的菜宴依然存在，“太湖船餐”之名也将无所依靠。而太湖船菜则无须仅存在于“餐船”这样的餐饮载体上，太湖渔家的风味特色可以在更广泛的经营场所展现出来。

（二）太湖船菜餐饮定名

因保护太湖生态环境，太湖船菜餐饮集聚街区在2010年已被取缔，那些停泊在太湖岸边的餐船，已全部拆解。而太湖船菜还依然存在，那些从事太湖船菜餐饮经营的渔家，很多从船上来到陆上开店。从小的方面看，用餐的场所发生了改变，消费者不在餐船上进餐，似乎少了一点亲湖的体验，但太湖船菜饮食文化的大环境仍然存在。渔村、渔港依然零星分布在太湖沿岸；太湖渔家依然应着风信，驾舟撒网；那些船菜食材，依然应时而来；那些承载着太湖渔家饮食文化的太湖船菜餐饮，一如既往地在渔村烹制着、呈现着。

之前，用“太湖船餐”“太湖船菜”来称谓太湖船菜餐饮，人们已经习惯了这样的称呼。现在因太湖边的餐船已经取缔，如果再以“太湖船餐”来简称，可能就名不副实了。所以，太湖船菜餐饮现在以“太湖船菜”来简称，更符合太湖船菜餐饮经营发展的现实，更具有普适性和长期性。而“太湖船餐”这个称谓，将沉淀在太湖船菜餐饮发展的历史过程中。

称“太湖船菜”，有两个方面的意思，一是它作为餐饮类别的名称，即太湖船菜餐饮的简称，是表达一种特色餐饮类别及其所含的饮食文化。二是作为饮食内容的所指，即具体的一道太湖船菜，也可概称太湖船菜。所以，称“太湖船菜”时，须结合语境所表达的意思进行理解。

船，是渔家的生产用具，太湖中的大渔船是渔民全家生活的场所；船，是代表着太湖渔家及其所特有的渔家文化的标识。船菜，是太湖渔家的饮食，是独特的菜宴样式、风味和烹调方式。太湖船菜，源于太湖的历史渊源，涵盖了太湖渔家群落独特的饮食文化、烹调方式和特色风味。苏州，是太湖船菜的形成地；太湖船菜的形成浸润着苏州的自然山水和人文历史，是苏州文化中的一首渔歌。太湖船菜中有着苏州地域文化的内容表达与形式，有着苏州饮食文化与太湖渔家独特的生产、生活融合而酿成的醇厚风味。太湖船菜餐饮是具有苏州饮食文化内涵、体现太湖自然生态与物产、代表苏州太湖渔家饮食文化和风味特色的餐饮。

“太湖船菜”一词，是苏州餐饮业花园中一枝根深而又含蕾初绽的花朵，她美丽在吴文化、太湖文化、太湖渔文化、苏州水文化、苏州农业文化、苏州饮食文化的百花园里，飘香在苏州的餐饮盛宴上。以太湖船菜为载体，保存并延续太湖渔家的饮食文化，让太湖船菜这一苏州独特的餐饮类别可持续发展，将是太湖“绿色发展”的新课题、新需求。

消失的那些泊在太湖边的餐船，在太湖船菜的发展过程中是有功绩的。它们在太湖船菜餐饮发展的初期，吸引过无数的宾客、食者，助推太湖船菜走入餐饮市场，让太湖船菜站稳脚跟、走向兴旺。如果借以科学技术的创新，设计和建造出符合水上餐饮环保要求的船只，让太湖边多几湾这样的美食渔港，依然会是独特而美妙的风景。好在陆地经营后的太湖船菜餐饮，依然在太湖边的渔村、渔港处飘着炊烟，那些太湖渔家的风味仍能飘逸在太湖的水波之上。

二、苏州菜与太湖船菜

千百年来，苏州的自然环境和形成的习俗、文化、审美等人文因素，铸造了苏州饮食的风味、技艺和表现方式，形成了讲究时令时鲜、注重原汁原味、擅长炖焖煨焐、重视营养搭配、烹调技艺精湛、表现形色美观、讲究盛器装盆、富有人文内涵的烹饪体系。太湖船菜浸润着苏州的饮食文化，是苏州菜体系中的渔家风味。

（一）吴文化里的苏州菜

数千年间，稻作文化唱响在苏州的土地上，“饭稻羹鱼”的饮食习俗流传至今。历史的烽烟里，苏州从尚武的激昂，转身为崇文的矜持。苏州人的味蕾也在嬗变中有了精致的文化追求。在吴文化的土壤里，形成了苏州菜、苏州味道，积淀和发展了苏帮菜烹制技艺，自然和历史赐予了苏州饮食文化的深厚内涵。

1. 苏州的文化个性

苏州，这个建城2500多年的城市，显现出温文尔雅的个性，随着人类活动和历史的发展进程，在苏州这方土地逐渐积淀、形成城市的人文特点。“崇文、融和、创新、致远”是苏州的城市精神，也是苏州的文化特征。有多少人想到，“崇文”的苏州，在它的青葱年代却是“尚武”的。即便在如今文雅的外表下，依然跳动着一颗“猛虎”的心，一直没有停下向前迈进的脚步。

历史的画卷里，偏居东部这一块土地的文化，与中原文化相比，总有落差，“荆蛮”是中原人对吴地人的看法。这一点蛮性，在春秋吴国时涌到了高潮，以偏隅之地而与中原约盟，没有那份威猛的蛮劲是难以在春秋争霸的烽烟中显身的。《越绝书·外传》载："吴王夫差之时，……兵革坚利，其民习于斗战。"乃至在秦末，江东吴地依然有着骁勇的传统，追随着项羽逐鹿中原。《后汉书·马廖传》中说："吴王好剑客，百姓多疮瘢。"岁月悠悠，随着永嘉之乱、安史之乱、靖康之难所造成的3次北方人口的南迁和社会的变迁，地处东南的苏州与中原文化不断融合。在社会巨大的动荡、变迁中，生命如草芥。之后，人心思安思定，和平的环境影响着人们对于生命的思考与心态变化。南方庶族在与北方士族的交融过程中，有了一定的话语权。南方文化得以在与北方文化的交融中获得新的发展。苏州文化个性的转变亦是一种新的发展。另一方面，中央政权管辖力减弱，没有了齐一的政治、社会环境。"然而却是精神史上极自由、极解放，最富于智慧、最浓于热情的一个时代"[17]。这些大族来到江南这一片山温水软、安定富足的地方生活后，在一定程度上抛弃了挥斥方遒的激扬，转而趋于沉潜、安静、内敛。对于人生的认识，多从生活中发掘内涵，并以多种文化形式来倾诉，如"王羲之父子的字，顾恺之和陆探微的画，戴逵和戴颙的雕塑，嵇康的广陵散（琴曲），曹植、阮籍、陶潜、谢灵运、鲍照、谢朓的诗，郦道元、杨衒之的写景文，云冈、龙门壮伟的造像，洛阳和南朝的闳丽的寺院，无不是光芒万丈，前无古人，奠定了后代文学艺术的根基与趋向"[18]。自晋唐以来，诗文、书画、哲学等文化形式多少次从社会变迁中创新而出，在社会动荡后的宁静里浮现。东南一隅的苏州，一次次将这些文化积淀珍藏，"崇文"成为最终的成果。在与中原文化相吸相融的过程中，苏州逐渐转变了尚武的个性，变得温文尔雅，变得精益求精，可谓脱胎换骨。"宋代以来，由于文化和社会的发展，吴人思想每每求其精细周密。其用心之深之细，尤为他人所难以企及。若苏州园林、苏州丝绸、苏

17　《心若静　风奈何：以单纯心过生活》，宗白华著，江西人民出版社，2019年7月，第187页。

18　同上。

州刺绣、苏州雕刻、苏州乐器、苏州饮食、苏州服饰、苏州戏曲、苏州书画等，皆精雕细琢，极为讲究，可谓匠心独运，美艳绝伦。”[19]今天，崇文是苏州的文化趋向，在崇文意识的指引下，苏州转变并形成了对美的鉴赏力与创造力，养成了对美的认知能力与行为方式。

苏州的饮食也在历史进程中日益风雅起来。明代叶梦珠的《阅世编》载：“肆筵设席，吴下向来丰盛。缙绅之家，或宴官长，一席之间，水陆珍羞，多至数十品。即士庶及中人之家，新亲严席，有多至二三十品者，若十余品则是寻常之会矣。然品必用木漆果山如浮屠样，蔬用小磁碟添案，小品用攒盒。俱以木漆架架高，取其适观而已。即食前方丈，盘中之餐，为物有限。崇祯初始废果山碟架，用高装水果，严席则列五色，以饭盂盛之。相知之会则一大瓯而兼间数色，蔬用大铙碗，制渐大矣。”笔者在《苏州菜，珍贵的吴地饮食文化》一文中指出：“这些记载反映出苏州饮食之盛，宴席的设计，包括菜肴结构、数量要求、盛装器皿、立体展示、整体效果等，从单一菜肴烹饪技艺转变为对宴席的整体把握，这是苏州菜饮食文化体系发展的又一重要展现。”苏州饮食所呈现的丰富性、体系性、艺术性，已在生活中不自觉地体现着文化内涵。

2. 饮食的文化积淀

“不同的地理环境与气候，提供不同的饮食资料，形成不同的饮食习惯与文化。”[20]苏州菜的形成，有其历史渊源。从远古的渔猎生活到六七千年前的稻作文化，逐现“饭稻羹鱼”的端倪。在漫长的岁月里，伴随着人们的生存、生活所需，苏州的饮食不断发展，形成了丰富的文化内涵、独特的烹饪技艺和饮食风味。

从文献记载看，有众多的典籍文章，将苏州的“味道”娓娓道来。

19　《简析吴文化的基本特点与当代价值》，杨余春、朱蓉蓉。《苏州大学学报（哲学社会科学版）》，2008年02期。

20　《中国烹饪概论》，邵万宽著，旅游教育出版社，2013年3月，第98页。

《楚辞》《吕氏春秋》《吴越春秋》《越绝书》《吴都赋》《清异录》《岁时广记》《吴郡志》《姑苏志》《梦溪笔谈》《清稗类钞》《食宪鸿秘》《调鼎集》《随园食单》等，都有关于苏州饮食、苏州菜的记载。“炙鱼”“残脍”“石首”“吴羹”“具区之菁”，那是2000多年前的事了；“莼羹鲈脍”“金齑玉脍”“玲珑牡丹鲊”，其风味其精致，也有1000多年的记载了。生活在苏州的人们，也在历史的光阴里时不时地写上一两笔，《云林堂饮食制度集》《易牙遗意》《续易牙遗意》《江南鱼鲜品》《农圃四书》《续蟹谱》《汝南辅史》《食品集》《吴蕈谱》《吴郡岁华纪丽》《桐桥依棹录》《醇华馆饮食脞志》《吴中食谱》等，以及苏州各朝、各地的志书，在对食材记载、饮食经验总结与美食品鉴中，沉淀为苏州菜饮食文化、苏州菜的烹饪理论。

1983年，《收获》杂志刊登了陆文夫先生的小说《美食家》。小说借助苏州的饮食故事，将饮食文化与烹饪技艺展现在新时代的人们眼前，刻画了人类对饮食之美的认识与追求，并将其提升到社会文化层面、人文精神层面。苏州烹饪界、餐饮业界、文化界人士和美食崇尚者，在苏州菜的传承、创新与品鉴中不断总结、积累。例如，自改革开放之后，苏州在技艺总结与文化认识方面，先后出版有《教学菜谱》（1984）、《苏州糕团》（1985）、《苏州传统食品》（1988）、《苏州教学菜谱》（1990）、《苏式船点制作》（1990）、《中国苏州菜》（1991）、《新潮苏式菜点三百例》（1992）、《飘香美味茶肴》（1994）、《美味茶肴》（1995）、《苏州家常菜点》（1999）、《姑苏美食节展示菜点精选》（2000）、《厨艺小窍门》（2000）、《料理加工妙方》（2001）、《姑苏食话》（2004）、《中国苏州菜》（2006）、《藏书羊肉》（2008）、《吃在苏州》（2011）、《常熟蒸菜》（2012）、《藏书羊肉寻迹》（2013）、《历史典籍中的苏州菜》（2014）、《苏帮菜》（2015）、《食鲜录——老苏州的味道》（2015）、《甲午集》（2015）、《絮说吴地“时新”》（2015）、《小吃记》（2016）、《〈桐桥倚棹录〉菜点注释》(2017)、《寻找美食家》(2018)等。一些企业也自发投入到苏州菜的研发创新与实践总结中，如苏州胥城大厦有限公司编有《胥城美食谱》，苏州市善正鑫木餐饮管理有限公司编有《江南雅厨》等。苏州美食园地(餐饮市场)、苏州烹饪餐饮界的园丁(业者、厨师)、苏州饮食文化的研究者、爱好者，为苏州菜的传承、创新和持续发展，浇灌不息。

3. 苏州文化对外影响

苏州菜烹调技艺感受着吴文化的氤氲，在数千年物质生产与文化中凝聚形成，成为苏州味道。但要扬名立万，还须在市场环境中与其他饮食文化体系共存、进行比较。要呈现出自身独特而美好的风味，人们才会对某一风味菜肴投以青眼，说一句“某某菜”的名头。“苏州菜”“苏帮菜”的呈现，或者说被世人认同，是在市场环境中实现的。苏州的菜肴很早就已走出苏州，从苏州走出去的那些菜肴，以美妙的风味、精美的菜品闻名于世。

春秋时，屈原《楚辞·招魂》有：“和酸若苦，陈吴羹些。”王逸注：“言吴人工作羹，和调甘酸，味若苦而复甘也。”“吴羹”中，那种调和之味，被当时的人们奉为甘旨。隋朝时，吴郡的菜肴，常常出现在隋炀帝的美食谱中。明清以来，苏州地区文化昌盛，多有才子入仕为官。苏州的读书人遍布全国，苏州的风味、厨师也相随而去。经济上，“苏湖熟，天下足”“衣被天下”“中央财赋，仰给东南”的经济输出，使苏州商贸繁盛，商人流布全国，成了当时精美物质的输出地。苏州的建筑、服饰、医药、书籍等等均对外有所影响。苏州的昆曲、织造、刺绣、园林、奇石、书画……这些苏州的文化符号，成为品质与时尚的代表，在当时引领着国内消费风尚。张瀚《松窗梦语》中说：“自昔吴俗习奢华，乐奇异，人情皆观赴焉。吴制服而华，以为非是弗文也；吴制器而美，以为非是弗珍也。四方重吴服，而吴益工于服；四方贵吴器，而吴益工于器。是吴俗之侈者愈侈，而四方之观赴于吴者，又安能挽而之俭也。”

经济、文化昌盛的同时，苏州的生活形式与品质也在不断提升。明代归有光描述苏州："美衣鲜食，嫁娶葬埋，时节馈遗，饮酒燕会，竭力以饰观美。"对美观精致的生活追求，推动了技术的创新和提升，并在苏州的人文环境里形成"苏州样式"。"苏作""苏工""苏造""苏式""吴门"，以"苏"冠名的门类、物件，无不代表着其具有独特的精美形式与品质。饮食方面，苏州小吃、苏式糖果、苏式糕团、苏式糕饼、苏式蜜饯、苏式酱品……无一不是丰富多样，风味殊胜。形成了"苏帮菜烹制技艺""苏式汤面制作技艺""常熟蒸菜烹制技艺""藏书羊肉烹制技艺"等，如今10多项苏州烹饪技艺，列入省、市级非物质文化遗产保护名录。

4. 苏厨立帜"苏帮菜"

饮食、餐饮发展，离不开厨师队伍，苏州培育了一批善于烹饪的厨师。春秋吴国，专诸学烹炙鱼。明清以来，苏州良厨大师常被引入皇宫、官府、宦第、绅院、商宅，成为御厨、官厨、家厨。

皇家生活里，也有苏州厨师的身影，如苏州厨师张东官，随侍乾隆皇帝近20年。皇宫中，烹制的场所专门设有"苏造铺"，其菜单形成了"苏造底档"。钦点的"苏宴"常被帝皇赏赐给大臣，以示皇恩。[21]明清以来，苏州文人科举入仕，游宦各地，常有家厨随行。《一斑录》记载了苏州常熟名厨毛荣随宦为厨，遗有记其制菜的《食谱》一册。明时，苏州工匠蒯祥领衔建筑北京皇宫，随苏州工匠北上的苏州厨师亦留在了京城。苏州菜宴和烹饪影响着他乡的饮食与烹饪。史玄在《旧京遗事》中说："京师筵席，以苏州厨人包办者为尚。"在与其他饮食文化的交流中，苏州饮食展现了独特的地域风味烹制技艺。因而，那些传得苏州菜烹制技艺的厨师队伍，人们则以"苏厨""苏帮"称之，他们烹制的具有苏州饮食风味的菜宴，则

21　据《历史典籍中的苏州菜》：余同元、何伟编著，天津古籍出版社，2014年1月。

都被归为“苏帮菜”。

交流，是文化传播的方式之一。苏帮菜经过历史的酝酿、积淀，以及传播、交流，才得以拥有悠远的饮食文化、美好的区域风味和技术体系，出落成中国饮食文化中的隽永之味。《清稗类钞》记有：“肴馔之各有特色者，如京师、山东、四川、广东、福建、江宁，苏州、镇江、扬州、淮安。”苏帮菜得到了市场的认可，有了自己的旗帜。

5. 生活中的美食家

农商经济发达，宦、绅、士、商共存并发，使苏州成为繁荣之地，人们的生活安定富足。《管子·牧民》说：“仓廪实而知礼节，衣食足而知荣辱。”小康小富之后，苏州对饮食之美也有了更高更新的追求。《清稗类钞》说：“苏人以讲究饮食闻于时，凡中流以上之人家，正餐小食无不力求精美。”苏州养成了崇尚自然、好食时新、注重养生、讲究形式等饮食追求。这些不自觉的饮食追求，养成了苏州的雅食之俗，成就了无数的美食家，他们接地气，对着每天的饮食谈论不休。如此的消费群体，又反哺了餐饮的发展。苏州菜做得越来越有意味，苏州菜的味道越来越和雅。

（二）太湖船菜与苏州菜

苏州太湖船菜餐饮是源于苏州太湖渔民的饮食，因而，太湖船菜离不开苏州深厚的美食土壤，它显现着苏州菜的特点，它的风味与苏州菜一脉相承。同时，太湖船菜又有着太湖渔家生活饮食的基础，蕴含着太湖渔家的生产、生活习俗，带着太湖渔家饮食文化“渔味”“水色”的特点。改革开放之后，太湖渔家闯出新的餐饮发展之路，将太湖渔家的家常菜转变成为具有太湖渔家风味特色的太湖船菜餐饮，其技艺的基因，依然是“苏帮菜烹制技艺”。可以说，太湖船菜的个性，显现着苏州菜、苏州饮食文化的共性。大致可从这几方面来认识：

“时新”“时鲜”在太湖船菜中得到表达。“好食时新”“不时不食”是苏州人骨子里的饮食文化。这是由太湖山水中的物产，由苏州独特的自然生态所决定的。太湖渔家因常年生活在太湖之中，特别是大船渔家，常年在太湖水上生活，日常生活中所取用的食材，大部分是随着苏州的季节时令而得的。自从开始经营太湖船菜餐饮后，餐船泊停岸边，就可以时常采购时鲜、时新，踩着苏州饮食的节拍选购食材、烹制菜肴。

“精致”“多样”在太湖船菜中得到体现。太湖渔家对饮食、烹制有自己的习惯与方法。相对于在悠久的历史长河中形成的苏州菜、苏帮菜烹制技艺而言，不可避免地带着粗放、原始的印记。然而，基于对太湖水产的品质、特点与风味的认识，太湖渔家又具有更多的实际经验。在挑选水产食材，表现水产食材天然风味时，太湖渔家有着不一般的精致之处。随着太湖船菜餐饮的发展，苏帮菜烹制技艺与太湖渔家传统烹调方法结合，融合成为太湖船菜的主要烹制形式，注重菜肴的色、香、味、型、意、养等多方面的综合表现。发展中，还吸收其他饮食文化中的可取元素，加上渔家对家常菜的改进改良，太湖船菜有着源于太湖渔家菜又高于太湖渔家菜的精致。

“菜宴”“体系”在太湖船菜中逐步形成。从太湖渔家的家常菜、渔家菜，到具有渔家风味的特色餐饮，从初创时追求食材新鲜质美的朴实方式，到产业链的构建，太湖船菜在发展中形成了体系。就菜宴而言，有冷菜、热菜、汤菜、点心等，不仅种类丰富，而且具备了宴席所需的完整结构。就具体太湖船菜经营者而言，除了大众化的菜肴，如清蒸白鱼、酱爆螺蛳之外，每家还有自己独特的当家菜、风味菜，组合成丰盛的太湖船菜（宴）。《中国江苏名菜大典》《中国苏州菜》（画册）中，收录了以太湖渔家文化和太湖船菜为内涵的“太湖渔家宴”。这是对太湖船菜餐饮的肯定以及对太湖渔家饮食文化的记录。

“技艺”“文化”在太湖船菜发展中积淀。太湖渔家饮食浸润着苏帮菜烹制技艺和苏州饮食文化，而苏州菜亦在不断地吸收新的技艺与文化，并在吸收消化中传承、创新。故而，太湖船菜的发展也同样是开放的、具有活力的，它能自主地结合渔家传统的习惯与苏帮菜烹饪方法，结合太湖渔家饮食文化和苏州菜餐饮特色，发展新的烹饪技艺和饮食文化。太湖船菜经营者通过参加“中国美食节”“中国（苏州）太湖美食展”“吴中太湖金秋美食节”等活动，在展示一道道船菜、一席席太湖渔家宴的同时，进行广泛的交流和学习，开拓餐饮发展视野，了解餐饮发展新成果，丰富和完善太湖船菜的技艺内核，为太湖船菜的技艺和文化不断注入新的营养。现代烹饪技术和餐饮标准等也不断被引入太湖船菜中。

太湖船菜餐饮成为一个了解苏州太湖、了解太湖渔家的窗口。这个窗口所展示的不仅是渔家的饮食，还有渔家的生产、生活背景，有苏州的人文情怀，有太湖的山水自然。太湖船菜出现的时间虽短，但渊源很长。渔家风味一旦飘出，便会随湖风水韵进入人们的梦乡，成为人们的牵挂。

第三章　太湖船菜餐饮的特征

“民以食为天”，人类离不开“吃”这档子事。各地所吃的、所做的都有着不同的风味与特色，因而饮食文化、餐饮样式、烹饪技艺等方面，就有了“帮口”之别、流派之论、东西方之异。中国有着丰富多样的饮食文化与表达方式，一样食材可衍生出千变万化的菜肴来。相同相似的风味与烹饪方式归属于同一饮食文化圈，而圈内又有许多地方风味。这些地方风味是同种饮食文化源流中的支脉，也有自己的文化内涵与源远流长的演变过程，有自己的特色。

太湖船菜餐饮源于吴文化，源于太湖，源于苏州。在苏州自然环境与人文因素的影响下，以太湖渔家独有的生产和生活方式为依托，在改革开放的发展大潮中，由太湖渔民创新推出，成为特色餐饮。太湖船菜与苏州菜在饮食文化、烹饪技艺等方面有共性，也有自己的特性，太湖船菜是苏州饮食文化与太湖渔家饮食文化交融的结果。

第一节　太湖船菜餐饮的特性

一种餐饮特性离不开所在地的天时、地利与人和，太湖船菜餐饮亦然。太湖船菜餐饮的特性是指太湖船菜由成因、技术、体系、市场等相关因素综合影响而形成的固有属性。自然与人文是彰显地域性的两个重要因素，地域性又是餐饮特性形成的要素。诞生于苏州的太湖船菜，它的餐饮特性必然受到苏州的自然与人文因素的影响。

一、船菜食材的地域性和丰富性

食材是饮食与烹饪的物质基础。太湖周边的食材是太湖渔民的物质依靠，影响着当地的饮食内容、饮食习惯和饮食偏好。食材的地域性能够显现出餐饮的内在特性。太湖船菜的食材与传统苏州菜一样，以本地食材为主，水陆纷呈，四季变化。

（一）船菜食材的地域性

船菜食材具有鲜明的地域性。太湖船菜烹饪所用的食材，主要以太湖及周边的自然产出为主，较少用到区域外的食材。这是源于太湖渔家生活背景及其生活中的饮食，离不开太湖这一生存之地。再者太湖水产、地产食材均有地方特性，可以呈现独特的风味。

1. 青山绿水助风物

地理位置、气候条件、地形地貌、山川组合、植被类型、生物物产等，都是自然的要素。人的生存很难脱离所在地域的自然条件。因而，有了逐草而牧、临泽而渔、居山而樵等不同的生存方式。太湖船菜形成于江南苏州太湖边的乡镇渔村，必然会受到苏州、太湖地区自然生态的影响。

苏州处于北亚热带湿润性季风气候地区，具有良好的光热条件，能保证生物生长所需的温度和降水。同时，苏州四季分明，形成了气候的多样性，配合着良好的季节条件，物候应时而来。

太湖水域湖泊大都呈浅碟形，河道也不太深，阳光可以照入湖底，为水生植物带来良好的光热条件，保障了水生植物的生长。太湖的生态体系串起了太湖的生物链——水藻、水草、小虾、小鱼、大鱼、水禽，在自然条件下物竞天择、欣欣向荣。如《苏州市吴中区志》载："据《苏州野生动物资源》（2000年10月，中国环境科学出版社）记载，境内脊椎动物共346种，其中鱼类107种、两栖类9种，爬行类24种、鸟类173种、兽类33种。"[1]还记载了对吴中区太湖湿地植物的调查，计有161种[2]。天时、地利，使苏州有了丰富的生物种类。

2. 优良生态育美材

太湖周边良好的气候条件，再加上长期的人工选育与生产，获得了适合苏州地区种植、培育，符合苏州饮食习惯、审美的优良食材品种。《吴郡志》载"白鱼出太湖者胜,民得采之,隋时入贡洛阳"，自然因素造就了太湖白鱼优良的品质，有了输出的先例。闻名于世的苏州大闸蟹（学名中华绒螯蟹），也因苏州滨江、临太湖等区位优势和优良的生长环境，而成为金秋的一道美食风景。"水八鲜"有江南苏州的灵气，"南芡""南荠"、太湖莼菜、九孔藕……皆因质优而享誉古今。一棵香青菜生长在太湖边的沃土里，与太湖萝卜相望。苏州的餐桌上，一粒青蚕豆也要分是"客豆"还是"本地豆"。"大佛手"银杏有软糯的质地，太湖边东山、西山、光福的栗子水分大，香鲜可口。苏州"三大黄焖菜"中的黄焖栗子鸡，正是在太湖栗子的香韵中成为太湖船菜经典菜肴的。

（二）船菜食材的丰富性

太湖船菜使用的太湖周边所出的食材，应着季节纷至沓来，使每一时节太湖船菜餐饮都会有新的风味呈现。苏州"好吃时新"的饮食要求，

1　《苏州市吴中区志（1988—2005）》，苏州市吴中区地方志编纂委员会编，上海社会科学院出版社，2012年4月，第181—182页。

2　同上，第190—192页。

也在太湖船菜餐饮中得到满足。

1. 水陆各纷呈

苏州古城之西，有太湖、有岛屿、有湿地、有山峦、有田园。这里不仅风光秀美，还有产自山水的各类物产。春华秋实，气候与地理的结合，又使苏州各地的物产形成了相应的风味特色：四叶菜肯定来自西山岛上；莼菜长在东山杨湾南面的那片太湖水域；太湖、阳澄湖的大闸蟹，多少会让人想要持螯赏菊，再喝点黄酒助雅兴；太湖、澄湖的鳗鲡，身体肥腴；山中松树下长出了松蕈；河塘里，菱、藕绽花；湿地间，茭、芹、慈姑争荣；秋天，白果、栗子、橘子熟了，山果入肴，便有了一年的新意；太湖白鹅悠闲地在水中拨着红掌……苏州山水间的好风物，只要拾掇一下，便成丰盛的宴席。

2. 四时换花样

一开春，荠菜、马兰头、金花菜、枸杞、香椿头，菜薹、香青菜、鸡毛菜，春笋、韭菜……这些蔬菜，记载在苏州人的春季菜谱上。什么时候，就要供应什么应时的食材。明朝王鏊在《姑苏志》中记有“率五日而更一品”之句，说的就是苏州这些“时鲜”变更的频率。赵筠《吴门竹枝词》也说“佳品尽为吴地有，一年四季卖时新”，描绘的是苏州应季“时新”的丰富性。游客来到太湖边，太湖船菜中这样的“鲜”“新”是必定要品尝的。苏州《十二月鱼谚》就像吃鱼的食单：正月塘鳢肉头细，二月桃花鳜鱼肥，三月甲鱼补身体，四月鲥鱼加葱须，五月白鱼吃肚皮，六月鳊鱼鲜如鸡，七月鳗鱼酱油焖，八月鲃鱼要吃肺，九月鲫鱼红塞肉，十月草鱼打牙祭，十一月鲢鱼汤吃头，十二月青鱼只吃尾。太湖渔家也有自己的“食鱼经”，两者搭配起来，苏州的“鱼羹”就蛮有吃头了。大热了炖上童子鸡，稻熟了可“笃笃”芦花母鸡……太湖边山水田园之间的物产，在四季里换着花样，转化成太湖船菜餐饮的食材与菜肴。

二、烹饪技艺的原始性与发展性

太湖船菜餐饮是从渔家灶头走出的餐饮，势必留有太湖渔家的做菜方法。虽说在烹饪上没有专业理论的教导，却在实践上流传着太湖渔家的饮食脉络。当传统的渔家烹饪进入太湖船菜餐饮时，现代餐饮经营要求太湖船菜与市场对接，要符合各项餐饮经营管理规定，要满足消费者不断发展的需求。

（一）烹饪技艺的原始性

太湖船菜餐饮源自太湖渔家的生产、生活，因而，太湖渔家所处的生活环境，成为影响太湖船菜餐饮的固有因素。这些因素影响到渔家的饮食习俗，并决定着太湖渔家的做菜方式。

1. 生存环境的影响

太湖渔家常年生活在水泽中，以舟为家，以渔为业。因而，“亲水”是渔家的生活特性。这样的特性制约着渔家的生活。与陆地居民的生活相比，太湖渔家在人际交往、学习交流以及采购物品等方面，都有很大的局限，没有陆地居民那样便利。特别是太湖中的大渔船，船大，吃水深，无法靠近太湖水岸边，只能临近湖岸停泊。可以说，太湖渔家所说的靠岸，实则是临近陆地一些。渔舟与陆地的这段距离，就用拖在大船后的小舢舨往来。如果在捕鱼繁忙的时段，渔船都在太湖中作业，根本就不会来到岸边，这就大大限制了渔家采购的频率。造成了渔家对食物的采购间隔时间相对延长，每次采购数量必定会较大，还要选择耐保存的品种，要为不能上岸时做储备。

由于储备量的限制，渔家生活的饮食结构中，太湖水产就会占有很大的比重。鱼虾因为可常年获得，故而成为渔家日常生活的重要食材。因常与鱼虾等水产打交道，渔家对水产在不同时间段的性状的认识会比陆地居民多得多。虽说太湖渔家没有经过专业的烹饪训练，但在长期的饮食实践中，太湖渔家会对如何加工、烹制这些水产，有独特的认识并形成自己的一些烹调方法。

太湖渔家“靠水吃水”，他们的渔业生产与生活紧密地联系在一起，即便是上岸定居后，有些生活习俗还会延续，成为太湖渔家文化所固有的基因。

2. 家庭生活的因素

太湖渔家的传统烹饪是以渔家对食材的认识与烧菜的习惯为依据进行的。有些烹调方法与酒店饭馆不同，与陆地居民也有所不同。旧时，渔家船上的灶头，仅是将两只陶质的行灶放在船尾的伙艄内，在灶口架上铁锅便是灶具。船上用的燃柴都是从陆上买回来的，每次购买都有一定量的限制，因为船舱容量有限，不能多放，日常用柴也就会节俭着用。所以，太湖渔家在烹制时，对火头大小、烧菜多少、时间长短等的控制，都取决于实际生活的需要。一次点火，常要综合着运用炉中之火，烧饭可同时蒸菜，炉中余温可用来焖、焐、熯。

太湖渔家曾有被称为“衣粗食恶”的历史，这是渔家辛劳生活的写照。“衣粗”，可以理解且在意料之中。渔业作业要与风浪打交道，要靠体力进行操作，劳动强度大，衣服破损与缝补造成的“衣粗”是客观的现实。而“食恶”则可能是人们的误解。从原料与技术层面看，太湖渔家食材结构中，水产占有很大的比例，而其他食材相对少些。烹饪方式也不多，以家常烧制为主。因而人们感到渔家的饮食不如陆地居民或者饭馆酒店那样，菜肴丰富多样，味道变化多端。在湖鲜水产方面，渔家有着得天独厚的条件。其一，近水楼台先得“鱼”，在水产品的获得方面，太湖渔家有着优越的条件，有挑选的便利。其二，烹饪方式的朴素，可以品尝水产品的自然之味。对在自然生长中形成的原始风味的细微差异，太湖渔家会更有体会。譬如说，捕了一条花鲢来烧鱼汤，渔家在剖肚去腮后，用布一抹鱼身，抹去鱼鳞、血水就能入锅烹烧。而陆地居民、饭馆酒店，必定会在宰剖后，一遍遍用水洗，直到认为洗“净”为止。太湖渔家会说：“鲜味都被洗掉了。”因而两者相较，人们就会觉得太湖渔家的烹饪方式不够精致，那么菜也必定是“恶食”了。然而，又有多少人品尝过太湖渔家这么一“抹”后烹调出来的鱼汤呢——汤鲜肉嫩，有鱼香而无腥味，那是一种更贴近自然的味道。

（二）烹饪技艺的发展性

太湖船菜餐饮形成之后，势必要与餐饮市场、消费需求对接，按照餐饮业经营的一般规律，组织与开展各项餐饮活动。烹调方面也会在太湖渔家传统方式的基础上，引入新的烹调方法，丰富太湖船菜的技艺、形式与内容。

1. 吸收与融合

仅靠渔家一代代传承的家常菜烹饪方法，还远远不能支撑起一个具有特色的餐饮类别的发展。太湖船菜餐饮的入市，还要吸收、提升、融合、发展新的烹饪技术。

太湖渔家的烹饪方法保留多少，“新”的烹饪技术融入多少，是由太湖船菜的经营者——太湖渔家来决定的。太湖渔家的饮食文化，决定了太湖船菜是一种与太湖自然生态、太湖人文环境有机结合的特色餐饮。它离不开太湖渔家的血脉，浸润着太湖渔家的生活。渔家的传统菜肴与餐饮的专业技术有机结合，成就了太湖船菜餐饮的现代样式。而且，这个样式既有稳定的渔家根基，又有开放的吸收新技术、新菜品的窗口，能够随着餐饮市场与消费者的消费需求而不断提升、丰富。譬如，太湖渔家引进了苏州名菜“松鼠鳜鱼”的烹饪技术，但不会将其作为太湖船菜的当家菜、招牌菜。对鳜鱼食材，太湖渔家有自己的认识与理解。而做松鼠鳜鱼时运用的剞刀、拍粉、油炸、兑卤等技艺，渔家则通过学习，运用到太湖船菜的其他烹饪中，从而提高和丰富了太湖船菜的烹制技艺。在新的视野里，太湖船菜的烹饪方式，就会在融合中有新的内容、新的突破。

2. 学习与选择

对烹饪技艺的学习与选择是伴随着太湖船菜餐饮的发展而一直进

行的。发展之初，太湖船菜餐饮的厨师，常常是太湖渔家自己兼任的（现在还有许多渔家厨师），发展起来之后，则由太湖渔家与外聘厨师共同掌勺。掌勺的太湖渔家也会主动地走出去，了解餐饮市场，品尝和感受都市菜肴、外帮菜系的风味特色，学习装盘表现样式。前厅后厨，服务员的着装、仪容要求，都从市场走入太湖渔村，融入太湖船菜餐饮的经营中，由此，太湖船菜餐饮也更加适应并满足着日益扩大和变化的餐饮消费需求。正如王国维先生所说："入乎其内，故有生气；出乎其外，故有高致。"在太湖渔家的努力下，太湖船菜增添了些华丽色彩。色、香、味、形、质、意、养等，都在太湖船菜中有了主观的表达。烹饪方法的选择与运用，对于立足太湖渔家饮食文化，在发展中彰显太湖船菜的独特与美好，是十分必要和重要的。

三、船菜风味的本色性与独特性

太湖船菜餐饮属于苏州菜体系，是苏州味道中的一脉。因而，太湖船菜的风味里，飘着浓浓的苏州味道；同时，太湖船菜也会在苏州味道里，展现自己的风味特色。

（一）船菜风味的本色性

太湖船菜风味的本色性是指太湖船菜有着苏州味道的风味特点。虽然太湖船菜由太湖渔民饮食发展而来，具有太湖渔家风味，但这群渔家世居于苏州的太湖之滨，受着苏州饮食文化的影响，如此，渔家的饮食风味必然具有和雅的苏州味道。

东汉王逸在注《楚辞》"吴羹"时写道："言吴人工作羹，和调甘酸，味若苦而复甘也。""和"是"调"的要求与结果，要做到五味协调统一，不能偏颇突兀。明代苏州人韩奕在《易牙遗意·序》中主张："浓不鞔胃，淡不槁舌。"这是对苏州味道的概括。味道浓郁，但不能引起胃部的闷胀、滞堵感（鞔胃）。清淡而不能枯槁无味，不能没有一点脂润、腴柔与滋味。

“浓”“淡”之间的“和”，是用舌尖来度量的，这把尺由苏州饮食历史铸成，是这一方区域里共同推崇的风味标准。

苏州菜崇尚本味，即食材的原汁原味，即便烹调过后，也要体现出食材的天生丽质。鱼有腥、羊有膻、禽有臊、菌有异香、蔬有草味、豆亦有腥，芝麻、辣椒、葱、姜等各有其气味，在苏州菜的烹饪过程中，对于这些“气味”都须把控适度。在拿捏时，不能掩隐食材自然之气息，亦不能让食材中的不良之味出现而影响到菜肴的适口性。当这些腥、膻、臊等异味转变成体现食材本质的独特香气时，食客吃鱼是鱼、吃鸡是鸡、食羊是羊、食蔬是蔬，能吃到四季的时令之味。

苏州菜的口味以清淡柔和为主导，以醇厚程度来调节。这是受几个方面的共同影响：

一是由生理特点所决定。长时间吃得过于肥腻，人的脾胃就会难受，会出现身体不适。

二是为养身需求所要求。苏州有四季变化，如夏季暑湿较重，因而清淡的口味，是在这样的气候环境下生理和保健的需求。

三是风味要求。苏州的饮食文化认为，在清淡柔和中，食材之本味才能得到彻底表达。

四是文化的沉积。崇文的苏州人内心追求着一份容天地山水于胸中的宽博之境，在淡雅、意境、回味中品评着生活。落在饮食中，苏州菜的口味在清淡之中以咸鲜为基础，以甘醇为美。咸助鲜出，甘融味腴，所谓“甜出头，咸收口”。苏州菜对于质感的要求很多，如柔而不软、酥而不烂、肥而不腻、脆而不硬、劲而不韧、糯而不黏、凝而不滞、淡而不寡、嫩而有质……这些质的标准，充满辩证的美食认知，是千百年来苏州菜在历史和文化进程中漂洗而出的金砂。这种对“和”的追求需要用一份文化的心态与性情去拿捏，才能领略。

苏州菜之味有点挑剔，它影响着在苏州这一方土地上生活的人们，包括太湖渔家。太湖船菜中还有太湖渔家关于和雅的认识与表达。

（二）渔家风味的独特性

1. 渔家的生活之味

大禹治水，“震泽底定”之后，太湖渔家便有了一泊平静的水泽，渔家船头的渔获日渐丰盛，羹鱼成为苏州的一道鲜美风味。即便经历过许多次的南北文化交融，鱼还是苏州的拿手好菜。应了季节，无论大鱼小鱼，都带有苏州人的一份热情，这让好多外地客有些诧异——这么小的鱼也能拿来招待宾客？还别说，“菜花塘鳢鱼”可是一道会让苏州人神魂颠倒的菜啊！

范成大《田园杂兴》写道：“海雨江风浪作堆，时新鱼菜逐春回。荻芽抽笋河鲀上，楝子开花石首来。”“鱼”随着春雨而来，诗中没有一字写到渔家渔民，却有满满的渔获。

饮食之味与人们的生活的状态，特别是工作的方式有着较为直接的关系。太湖渔家常年生活在水域中，水产食物在饮食中占有很大的比例。进行捕鱼作业时，渔民的体力消耗极大，流汗是不可避免的。渔民说：“以前牵网的绳缆是用竹篾编成的，既粗又重，吸了水更加沉重。旧时，船帆也是竹篾制的。”可见，撒网、收网、扬帆等工作，无不消耗体力。加上太湖罛舟船大网大帆大，要收起大渔网时，船上的劳动力都要加入。在风浪涌动的太湖中捕鱼，太湖渔家流出的汗水，自然会使身体消耗许多的盐分。

太湖渔家的风味中，“咸”是一味。由盐而来的咸味，是中国菜最基本的味道，缺少食盐，会影响人的健康。风味中，盐可以增鲜，可以增加食物的适口性。只是赋味所用的盐，每个地方都会有一个阈值，在这个范围内，口味才会适当。各地的阈值不同，所以，咸味也会有淡与浓的差异。咸味过重，不仅会给身体带来不良的影响，也会使菜肴变苦，没法入口。咸味过淡，鲜味又不能呈现，有的食物还需配上酱料蘸着吃。相对而言，太湖渔家因为流汗而在饮食中需要补充更多盐分，日常菜肴中咸味就会重一些。再加上渔家常会腌制一些鱼虾、蔬菜等，虽在做菜时会清洗浸泡，但总会留下一定的盐分，所以也不可避免地让渔家的菜肴咸味会更重一点。这一偏咸是相对于苏州菜的整体而言的。

“鲜”没有列入五味之中，但仍是一种可感的味，也是美味的基础。特别如苏州以“咸鲜”为饮食主基调，对菜肴中鲜味的感觉，也是判断菜肴品质高低的重要标准之一。太湖船菜中，鲜味是天然存在的。所有的水产都具有丰富的蛋白质，在烹饪过程中会从蛋白质中游离出氨基酸，其中有呈鲜味的，如谷氨酸、天冬氨酸等。这些呈鲜氨基酸在与食盐（氯化钠）结合时，就会形成如谷氨酸钠盐的鲜味成分，这是鲜味的来源。人离不了盐的摄入，食物中或多或少均含有蛋白质。所以，咸与鲜，似乎总是在食物中相伴存在。呈鲜物质有氨基酸类、核苷酸类、有机酸类和小分子肽类等，本书以氨基酸类为代表介绍。

“净”是太湖船菜的又一风味。何为“净”？净是指太湖渔家做菜时不会用过多去腥、调味等佐料，菜肴没有过多的添加物，不会混入其他味道。船菜中一些食材通过清蒸等烹饪方式，保持了食材所具有的天然之味。从清蒸白鱼、清蒸黄尚鱼中，在品味到咸鲜的同时，还有柔和的回甘——这也是因氨基酸而有的风味。当然，这样的回甘必定是新鲜食材才能产生的。所以，“净”也是在感受太湖船菜食材的质地，或者说，是在感受这些太湖食材所呈现的本质之味。

太湖船菜的风味借着咸的助推，便会增加一份鲜味；借着渔家简朴而纯净的烹饪方式，便会保留一份本味。

2. 船菜的市场之味

陆文夫在《美食家》中，借着朱自冶之口，说厨师最重要的技艺是“一把盐”。苏州菜的风味里，盐少了，味就淡，菜就没有鲜味，也就会出现人们常说的“菜没有味道”。盐多了，齁得难以下口。所以对于味，是众口难调的。

特色餐饮的风味是具有一定的饮食倾向的，但总有一个饮食基点。咸味的阈值里，太湖渔家的有些菜可能靠近了苏州味道的顶部，但并没有超越阈值的范围。太湖船菜餐饮在发展中，在具体的经营与烹饪过程中不断调整，不断地在太湖船菜之味与市场消费者之味中寻找平衡，使两者接近。某道菜，以渔家传统口味为标准也许正好，但消费者尝了，觉得偏咸了，那以后就做淡些。但淡也是相对于渔家传统口味而言，有些菜还是要比都市菜肴稍咸一点的。掌握这个度的目的，是要保留一定的咸味，因为唯有如此，才能激发起食材的鲜味和特点。

以往，糖在太湖渔家的生活中是一个奢侈物，故而甜味入肴相对少些。但进入餐饮市场后，就必须要对菜肴进行调和。如今，有些太湖船菜也增加了些甜度。这个甜度，刚好在苏州菜的风味范畴内，也在太湖船菜的风味标准中。当然，风味会随着市场需求而波动，或迎新，或回归。

太湖船菜餐饮还根据如今消费市场普遍好辣的趋势，增加了一些辣味菜。虽说太湖渔家在水上作业生涯中，日常也会用辣味菜来祛寒除湿，然而，作为餐饮行业，就会有风味的要求，如鲜辣是适合苏州口味的，而麻辣在苏州受众就不广。

时代在发展，餐饮的风味与表现样式也随之而丰富。太湖船菜餐饮正走在不断构建与发展的路上。太湖船菜上烙有苏州的印记，锲入苏州饮食文化里，并有了自己的风味特性。

第二节　太湖船菜烹饪技艺特色

烹饪技艺简单说就是做菜的方法。不同的饮食文化就会形成不同的做菜方法，展现出不同的菜肴风味与表现样式。但仅仅说做菜的方法，又不能客观反映相关地区的饮食特征，所以，有必要对做菜方法进一步细分，以便人们对某一餐饮的特征有更多的了解。

太湖船菜餐饮源自太湖渔家的生产、生活。因而，太湖渔家的做菜方法是太湖船菜餐饮烹饪技艺的基础，是太湖船菜风味的重要保障。对我们体会太湖船菜的风味特色与把握太湖船菜餐饮的特点，具有重要意义。

以下所讲述的是一些具有显著特征的太湖船菜餐饮烹饪技术，而烹饪中普遍运用的烹饪技艺，在此不做介绍和说明。

一、关于烹饪技艺

烹饪技艺由烹饪工艺流程与烹饪技术方法两个方面组成。烹饪工艺流程（简称“烹饪工艺”）内容主要有：“选择和清理工艺、分解工艺、混合工艺、优化工艺、组配工艺、熟制工艺、成品造型工艺以及新工艺的开发等要素。”[3]烹饪技术方法（简称“烹饪技法”）是指在每一个烹饪工艺中，通过针对性的技术方法与运用工具、手段，完成烹饪工艺流程的要求，最终实现烹饪目标。烹饪技法作用于每一个烹饪工艺的环节上，综合影响着烹饪目标的实现。如在熟制工艺阶段，根据烹饪目标和要求，厨师会选用如炒、烧、焖、炸、烤等不同的烹饪技法。

太湖船菜的烹饪技艺，既具有烹饪的一般工艺流程、烹饪技法，也有太湖渔家独特的烹饪方法。这些太湖渔家传统的烹饪方法，促进了太湖船菜风味特色的形成与表达。光福蒋胜元将这些方法总结为：“老烧、红炖、活炝、跑腌、油氽、熏熯、煮煠等。”

二、渔家的烹饪技艺

每一个烹饪体系和特色餐饮，都会有自己的烹饪技艺，太湖船菜亦是如此。这里所说的“自己的”，是指在中国烹饪技艺的共性中显现出的具有个性化的烹饪技艺，即“比较特征”或“优势特征”。太湖船菜烹饪技艺可从具有相对优势特征的一些烹饪技法来体现其独特性。下面就太

3 《中国烹饪概论》，邵万宽著，旅游教育出版社，2013年3月，第2页。

湖渔家在食材的选择和清理工艺、分解工艺、组配工艺、熟制工艺、食用方式等方面，来说明一些渔家的烹饪技艺特色。

（一）食材来源

太湖船菜的食材以本地的土宜为主，亦有一些外地的食材。历史上，太湖渔家中，有来自海洋的渔民，因而，在这部分渔民的生活习俗中，有运用海洋食材的传统。随着他们泊居太湖、定居在太湖沿岸渔村，饮食中的海洋食材在一定程度上受到交通、市场等的影响而逐渐减少。因而，从普遍的情况看，太湖渔家的饮食与太湖船菜所用食材，大都取自太湖及周边陆地、山峦。

1. 鲜与丰

从烹饪工艺流程上说，选择食材是第一个环节。食材是菜肴的主要内容，又是保障菜肴品质的重要因素，是风味的来源之一。对食材的选择，需要凭借经验与技术。这里的“鲜”，不仅指鲜美的味道，还指食材的时鲜、新鲜，这是鲜的时间要素。

时鲜是苏州饮食文化中的属性之一。什么时候吃什么东西，像时间刻度一样，刻在一年四季，刻在每个时节。因为食材都来源于当地，所以太湖船菜的“时鲜”就有了保证。

太湖船菜在新鲜中有着环境优势。太湖船菜的食材主要采用太湖周边山水田园所出的物产，蔬菜沾着露、鱼虾在水中跳，这些晨夕间的物产，自然是最新鲜的。而水产品则更是鲜嫩，许多都是“身在水中央”（渔家、船菜经营者暂养水产的网箱都放在太湖中），随后就跃上了桌头。

时鲜、新鲜是与丰富的食材紧密联系在一起的。太湖船菜有得天独厚的食材来源优势。太湖渔家在丰富的食材中练成专业的选材技术。

2. 腌与干

“腌”是指腌制，太湖渔家有用食盐来腌制食材的习惯。“干”是指风干、晒干。渔家泊居太湖，采购新鲜食材不便，所以对一些捕获的水产或者购买回来的蔬菜会进行腌、干等处理，目的是延长食材的保存时间，保证日常饮食的食材供给。

太湖渔家的饮食中，这类腌制、干制食材占有较大的比重（相对而言）。主要原因：其一，由于渔获丰富，除了售卖大部分之外，还有一部分可留作自用。而这些自用的水产，在短时间内吃不完，就要进行腌制、干制，以便保存更长时间待日后食用。其二，在无风不能捕鱼，或没有时间采购时，腌制、干制食材就是食物保障。这也是由太湖渔家生产、生活的特点所决定的。另外，一些腌制、干制水产品也是渔家特产，可以出售以增加收入。

从烹饪的整个流程看，腌制、干制是对食材进行预制、初加工的步骤，因而可以看成是太湖船菜烹饪过程中的一个环节。腌制时用盐多少，以及食材在盐作用下蛋白质凝固、收缩、脱水等状况，决定着食材的咸淡。咸度不足，往往在保存过程中食材就会变质。风力条件与光照条件，影响着食材的风干状况。风力小、光照少、湿度大等状况，就不利于食材的干制。有时，食材还会因这样的天气而变质。太湖渔家有“天上云头鲤鱼斑，明天晒鱼不用翻”“若要晴，望山青；若要落，望山白”等谚语。生活在太湖中的渔家，在长期的生产活动中，通过观察气象变化的一些征候来判断天气状况。泊居罛舟，与水为伴，自然天气成为太湖渔家生活中必须关注的一件事。

晒的工具，渔民俗称“撬”，是用竹竿撑开长五六米、阔一米半的网布而形成的“晒床”。还可分二层、三层，将水产放在上面日晒风吹。网架可分合，不用时合拢收起，以免占船上地方。

太湖白虾干可按用盐量的多少，分成“咸虾干”（10斤虾半斤盐）、“淡虾干”（10斤虾3两盐）。晒干后的虾干装入麻袋，通过敲打使虾壳与虾肉分离，拣出的干虾肉就是“湖开洋”。捕鱼繁忙时，捕获的梅鲚鱼、白虾来不及分拣，太湖渔民也会将两者混在一起曝晒至干。待鱼汛过后不太忙的时候，再进行分拣。这种与梅鲚鱼合在一起晒干的白虾干，渔民称为“生虾屑”。其风味特色，是白虾中含着鱼香，滋味也是十分的鲜美。笔者在走访中，听渔民说起生虾屑，无不说好吃。

银鱼干中，著名的有“双水银鱼干”，是将银鱼拣净后，拌以适量菜油，再一次性晒干，这样银鱼干“条干挺直，色泽似银，形如玉簪，色、香、味、形经久不变”[4]。如不能一下子晒干，颜色会变黄。如果既在忙季，又非晴天，鲜银鱼来不及处理，会用明矾水浸润保鲜，这样晒出来的银鱼也是泛黄色的，但品质较差，称为“矾银鱼”。梅鲚鱼干的处理方法同银鱼相仿，品质也是白者胜，黄者次。若遇不能及时晒干的情况，渔民会用石灰水将鱼浸润，待天晴后再晒干。浸过石灰水的梅鲚鱼干食用时稍具苦味，质亦较差，称为“灰梅鲚”。选用严冬时的太湖大白鱼，从背部剖开，去肠，不经腌渍，亦不能日晒，只在寒风中吹干，称为“淡风鱼”，可与猪肉等一起红烧。如腌制后再风干，则称“风鱼干”。针口鱼焯水后，放在阳光下晒干，后蒸至熟软，吃时放入调料，称为“焯鱼干”“焯针口”。渔民说炖着吃非常好吃。还有“醉鲤片”等。这些都是太湖渔家腌制、干制的特产，是渔家风味中不可缺少的部分。

太湖渔家的饮食中，咸肉也会用到。一些菜肴中，常会放一些咸肉作为配料，既丰富了食材内容，又增加了新的风味。渔家说：“咸肉可以去腥、增香、吊鲜。”可见太湖渔家对咸肉入肴有自己的认识，他们还说：“考究的人家（渔家），常备有火膧；有些菜肴就会放火膧。”当然，咸肉可以自己腌制吹干，只是数量不多；火膧则是购买获得的。

3. 本地食材

食材是味呈现的基础。苏州的饮食有对“味”的定位与要求。而“本地”食材就是其中之一。所谓本地，就是苏州地区所产的，或苏州附近地

4 《太湖渔俗》，朱年、陈俊才著，苏州大学出版社，2006年6月，第56页。

区，如浙江、宜兴等地的山区、沿湖地区所出的物产。苏州的地理条件影响着物产的生长、物产的品质，经过长期的培育，逐渐形成了一批适口性强、符合苏州口味的食材。太湖周边的城市，因交通便利，出产的有些食材更具风味和品质优势，故而苏州也不拒，如春天苏州吃大档笋，出自宜兴的笋就更胜一筹。这些对于产地的认识与要求，都因美食情结而来。

太湖船菜中，水产出自太湖，蔬菜出自周边的田园，果物来自周边的山峦，船菜的根紧扎在苏州太湖边的这一方水土里。加上太湖渔家对太湖水产的认识，又有着经验与选择技术，所选的食材自当更具本地的特性。

（二）食材处理

"抹"这一个字，有两个意思。一个是添上去，是增加的意思，如涂脂抹粉。再一个是去除，是减少的意思，如要保持厅堂明净，就要求常常抹去灰尘。烹饪中用到的"抹"，这两个意思都有，如食物上抹一点甜酱鲜汁，用来入味；再如将食材上不需要的东西抹去。因而，"抹"可以出现在不同的烹饪工艺流程中。

那么抹算不算烹饪技术？就动作而言，大家都能做，也许说不上技术。太湖水产中，除了太湖银鱼等小型鱼类，只要清洗一下，便可做菜，大部分鱼都要在烹调前进行宰剖、治净操作。将鱼的血水、腹膜、肚肠、鱼鳃、鱼鳞等去除，洗净后备用。一般饭店酒家和家庭都是这样操作的，而且还怕清洗不净，洗了一遍又一遍。太湖渔家的传统习俗不是这样，宰剖之后，不用水洗，只用布巾一抹鱼身，将鱼鳞抹去后，便可入锅烹制了。你也许会觉得这也太简单了，能算是操作技术么？但这"抹"也是将鱼治净的一种手段，这样做是为了保持鱼肉的鲜味，太湖渔家说："汏[5]兹么，鲜味亦汏忒哉，弗好吃格。"故而，"抹"是太湖渔家传统烹饪环节中一个独特的治净方法。

5 汏，音dà，吴语，洗、涮的意思。

渔家认为，去除鱼鳞、鱼肠、鱼鳃等不可食用的东西后，鱼身上的一切都是可食用的，富有营养而且鲜美。所以，宰鱼后舍不得去洗，只要抹去鱼身上的鱼鳞就可以。那些鱼血水怎么办？渔家说，锅中的水一开，鱼的血水和一些杂质，就会结成浮沫，撇去浮沫也就是再一次把不可食的部分去掉。这倒也是，血水中含有胶质，能吸附其他的物质，因而，将初沸时的浮沫撇去，是进一步对汤水进行了过滤处理。加上鱼直接从湖水中来，犹如已经洗过一般，外表是干净的。

笔者有幸品尝过渔家夜捕后的“鱼汤饭”（晚间增餐）。太湖渔家夜捕结束后，便挑几条花鲢，宰剖后用布巾一抹，便直接放入铁锅中，待锅中水沸后，撇去浮沫，加入黄酒、生姜去腥，即加盖大火快烧。一会儿，鱼汤就做好了，放入盐调味即可。看似简单，但鱼汤不腥，汤汁鲜美，鱼肉细嫩。一碗鱼汤鱼肉入肚，鱼香飘逸在唇鼻之间，那鲜香真是非同一般。

一阵大火沸烧，鱼肉蛋白质与鱼脂质分解，在一勺盐的作用下，鱼汤的鲜味就飞速增长，用句苏州的俗话说：眉毛亦鲜忒哉！这样做出来的鱼肉质是软嫩的、肥腴的，莹白如玉且有弹性。冬季的深夜，围着一锅热气腾腾的鱼汤，配着白虾干、贡鱼干、萝卜咸菜，再就一口烧酒，全身都会热腾起来。在热腾腾的鱼汤、热烈的烧酒和欢快的谈笑间，闪烁的渔火也平添了一分热闹。

如今，太湖船菜餐饮经营中，宰剖后的鱼还是要清洗的，入行要守规，一切按照餐饮经营与饮食烹饪的卫生要求来做。渔家介绍，自己家里做鱼菜，特别是年纪大一点的渔民做鱼菜，现在还有保留一“抹”的习惯。

（三）组合搭配

组合搭配菜肴的人在酒店饭馆中，称为配菜员。配菜人员也是大师，是饭店的重要人员，因为他们掌握着菜肴的组合、用料的多少，这都关系到经营者的成本与收益。

配菜员按照菜谱进行切配准备食材，然后交给灶上师傅烹调。菜肴切配涉及速度的快慢、刀功精粗匀整、对食材的充分利用、成本控制等技术要求。所以，生意忙的时候，切配能不能跟得上，菜肴的搭配是不是适当，食材有没有浪费等，都与切配人员有关。在食客提出新的要求时，切配人员能不能也更加“脑洞大开”地配出新奇的菜肴，让食客惊喜，就是其能力与功力。

太湖渔家的日常饮食，由渔家媳妇操办，切配环节也由她一肩挑起。只是太湖渔家的船上生活，也会遇到无菜的情况，弄得巧妇难为无“菜”之炊。渔家媳妇说：“风秧辰光，只有一把银鱼、一把梅鲚，哪亨做菜？”所谓“风秧”，是指风力小。太湖大渔船的行驶主要依靠风力，要启动大渔船，一般要4—5级风，才能升帆行舟。如风力在7—8级，渔家就说可以借风力去捉大鱼了。如果风力只有2—3级或更小，渔家称“风下脚”“风秧”，这样的情况大渔船就难以行驶了。

风力小，大渔船停捕了，备着的食材也出现了紧缺，余下的一些小水产如何能做出让一船老少都能吃的菜来？正在发愁的时候，渔家婆婆讲：“有块咸肉勒嗨，斩斩。”渔家媳妇一下领会了。这是讲，可以将银鱼、咸肉剁成鱼肉酱，然后和起来做成鱼肉丸子，这样，烧开水后将鱼肉丸子一氽，就可以解决食材少做不出菜的难题。渔家婆婆虽不掌厨，但也了解船上的后勤，懂得从宏观上来把握食材、饮食。

你也许会说，银鱼、梅鲚鱼、咸肉，不都能做菜么？然而数量是一个重要考量。大渔船上生活着十几个人，几代同堂，所以做菜要有一定的分量才行。

如上所说的鱼肉丸子，估计酒店饭馆不会有，但太湖渔家生活中，就有许多这样的巧配。太湖渔家饮食有丰盛时，也会遇到困顿的情况，而以食为天的人们，一日三餐都要按时进行。所以，看似不能组合的食材，在太湖渔家的生活中是具有合理性的。

现在大多数情况下，酒店饭馆的菜肴搭配，是由厨头（餐饮经理、行政总厨、厨师长及相关大师、小师等）专门设计研究的，并不断创新变化。现代餐饮经营过程中，“一招鲜”等传统的招牌菜有点吃紧，如何创新不离根，发展有传承，还需在餐饮发展的路上不断探索。

（四）熟制方法

中国有百种以上的烹饪熟制方法，再加上如“分子料理”等外来的新的形式出现，因而太湖船菜的熟制方法也在不断发展与丰富。苏州菜在烹饪时，善用炖、焖、煨、焐等文火方法，也有爆、炒、炸、煸等急火方法，形成了苏州菜酥烂脱骨而不失其形等特点。除常用的苏州菜传统熟制方法外，太湖渔家也有其个性化的熟制方法。在熟制方法中，红烧、白烧（氽、炸）、清蒸等被普遍运用。

1. 红烧的层次

太湖渔家的菜肴中，红烧菜会占较大比例。太湖渔家的红烧菜颇具层次性，有红烧、老烧、熯等不同的烹饪技艺。主要表现在汤汁的多寡、菜肴的质地、滋味的多样上。这里就老烧、熯等烹饪方法做一些介绍。

（1）烧与老烧

烧是最常见的烹饪方法，做菜离不开烧。“烧是经过炸、煎、煸炒或水煮的原料，加适量汤水和调味品，用旺火烧开，移至中、小火烧透入味，旺火稠浓卤汁的一种烹调方法。”[6]可见，“烧”这一烹饪技法分三个阶段，前段是煎、炸、炒、煸、煮、氽等过程，初步处理食材，火候应是急大火。中段变为中小火候，以使食材成熟、入味为目的。后段是旺火，使水分蒸发而汤汁收稠，形成菜肴。而这三个阶段中，每一阶段的时间控制、火候把握、温度值阈，都要考虑食材大小、含水多寡、纤维状态等差异，都要根据具体情况来综合调整（此即烹调技术）。细分的话，烧也有多种，大致依颜色分有红烧、白烧；以烧时水量控制来分还有干烧等；以调味特

---

6 《烹与调》，朱良银主编，人民军医出版社，1991年5月，第78页。

征来分的有葱烧、酱烧、辣烧等。所以，烧这一熟制技法，会衍生出许多具体而独特的方法，从而使菜肴呈现出不同的风味。烧得好与不好，就是经验、技艺的考验。

苏州菜中称“老烧”的菜肴，似只有太湖船菜中有，即便苏州菜里那些烧得浓油赤酱的菜肴很多，也不以“老烧”称之。笔者在苏州东山镇上也吃到过老烧鱼，估计这菜的源头还是渔家传统饮食。其他地方也可能有“老烧”菜肴，但其内容、形式与太湖渔家有所不同。因而“老烧”这一烹饪技法，可作为太湖渔家、太湖船菜独特的烹饪方法之一。

总体上，老烧的方法与红烧相似，只是渔业作业时，渔家常会因繁忙而顾不得照看锅中的菜，只能任由其烧。时间一长，汤汁就会收紧，菜色浓褐，味透咸鲜，是以有了“老烧”之名。

老烧与红烧不同，时间长短、火候把握与适度调味是主要的技术因素。其一，与一般红烧菜相比，太湖渔家的红烧菜不起油锅煎炸，直接放入锅内水中烹烧。其二，老烧的汤汁较紧，而红烧相对较宽。这个紧汤的形成与“旺火稠浓卤汁”又有些不同，那是用文火、余火慢慢地将汤中水分蒸发而成的，是从伙艄的行灶余温中而来的。所以，汤汁紧稠，入味就会更透一些。

有些老烧菜中还会有搭配食材。如“老烧银鱼”，其配料必有虾。虾对太湖渔家来说，就像鸡蛋鸭蛋之于水乡农家，是最日常的食物。在烹制老烧银鱼时，太湖渔家也不忘放上一把鲜虾。于是，菜肴便有了些虾热烈的红色和淡雅的粉白色。虾香融入鱼菜，便呈现出太湖船菜的鲜美。这一点突出了太湖渔家的饮食特点：最易得到的食材、常常储备的食材，都是可配的辅料。

太湖渔家常年生活在太湖中，购物不便，因而需要储备一些食材，咸菜便是其中的一种。太湖渔家会用陶甏盛装咸菜，压实封盖，这样就可保存较长一段时间。需要时，取一些出来，就可制成日常的菜肴。做鱼菜时，有时也会放一些咸菜在鱼里，提鲜吊味。老烧鱼中常会有咸菜相伴。经腌制发酵的咸菜，具有独特的香气和鲜味，使鱼味有了新的风味。

说到“老”，总会有点厚重感，好像能够感受到岁月流过肌肤，有些粗砺，有些沧桑。

初尝老烧菜时，你可能因咸味锐利地直入喉咙，而被它们惊到（现在咸味程度已做调整）。而鲜味，会在咀嚼过后的回味中，慢慢地绽放出来。因为有一定的锐度，这样的咸鲜之味便会刻入人们的美食记忆，成为“鲜味”的一个标杆。也许在生活的某一时刻，你会感叹一声——老烧，那个鲜！

（2）熯

熯，是太湖渔家又一种常见的烹饪方式。而在其他地方，似乎不太用到。“熯”这个字，也消失在许多人的语言里。

“熯”字用在烹饪方面，读hàn音。《易·说卦》载有“燥万物者莫熯乎火”，这是说用火来熯能使物品干燥。《说文》中说的“干貌”，也是干燥的意思。汉代王充的《论衡·谴告》写有“今熯薪燃釜，火猛则汤热，火微则汤冷”，这里的“熯”是燃烧的意思。再有就是“烘烤”的意思，使物干燥、变热乃至成熟。明代苏州的冯梦龙在《山歌·蒸笼》里这样写道：“我曾经九蒸三熯，弗是一窍弗通。”“九蒸三熯”现为一个成语，意思是一会儿经水蒸，一会儿又遇火逼，比喻久经磨炼。人经历了许多的磨难，多少会长点见识，遇事也能懂得一点判断、处理的方式，不会一筹莫展、不知所措。民间歌谣通过通俗的话语，说出的道理也是蛮有意思的。

熯到底是怎样一种烹饪方式？苏州人应是见到过的。因为，春节时期，人们会买春卷皮子包春卷，那个春卷皮子便是用熯的方法制作的。一般在菜场里都会有一个做春卷皮子的摊点，一个小火炉、一块圆铁板、一把铲，做春卷皮子的人手持一团湿面团，在铁板上转着抹一圈，湿面团便会在热铁板上结成一层薄面饼，这就是用熯的方法。徐珂《清稗类钞·饮食·春饼》中记道："春饼，唐已有之。捶面使极薄，熯熟，即置炒肉丝于中，卷而食之。"苏州做春卷（即春饼）会买现成的面皮回来包馅，馅料就丰富多样了，可咸可甜，甜的如豆沙，咸的如荠菜肉糜、韭黄肉丝等。再有，我们日常在家中摊面衣饼（面饼），用文火烧锅，使湿面渐干，最后在锅中两面翻动着烘烤，这也是在熯。面饼常常会熯得焦黄，那股焦香十分诱人，使人胃口大开。人们常说的摊面饼的"摊"是对操作动作的描述，将湿面摊开。下锅后在烹饪方法上应该称为"熯"，借助相应的炊具使食物干燥烹熟。

那么，熯与烤是不是一样的烹饪方式？是不是古与今在说法上的不一致？因为两者都会用到火，都是通过火的热量使食物成熟、变热、干燥。但仔细地看，两者还是不同的。大致上讲，烤会用到明火或者暗火，靠热源直接作用于食材。熯会借助锅具，利用锅壁传导[7]的热量来使食物成熟，热源是与明火隔着一层的热量。太湖船菜中如熯鲫鱼、熯针口鱼等，都是将食材贴着热铁锅来做的。

熯这一烹饪方法在太湖渔家中长久保存的原因，与渔家的生活分不开。太湖渔家生活在湖中，除了鱼、虾、蟹等取自太湖，一些日常用品都要采购。开门七件事"柴米油盐酱醋茶"，这第一件的"柴"，也必须购买。因而，渔家对柴的使用是非常节俭的。在必要的烹饪、烧水之后，柴灶便要停熄。这时，渔家就会充分利用柴灶中的余温来进行一些食物的制作。

用来熯的鱼，一般都是体形较小的，如银鱼、针口鱼、小季郎鱼、小黄尚乃至小鲤鱼等。因为鱼小，不需要多少热量就可烧熟，因而柴灶里的小火、余温便可用来熯食物。如熯针口鱼，可成为渔家儿童的零食，也可成为一道助食小菜，劳作之后伴一口烧酒下肚。现在，太湖船菜中，熯针口鱼是一道风味冷碟。

7　热有三种传导方式，即辐射、传导、对流。

作为红烧的熯，最后的收汁阶段要用文火，慢慢地收汁，让味汁渐渐地吸附在菜肴上。现在太湖船菜烹饪中，熯不再是对灶余热量的利用，而是成为一项专门的太湖船菜烹饪技术。因此，厨师熯菜时常常会一站就是半天，用小火、用耐心，将烧好的鱼慢慢地熯去水分，太湖渔家认为这是一道见功夫的菜。笔者曾品味过“熯银鱼”：银鱼裹着酱色，含水量恰到好处，肉质具有弹性，一条条银鱼的身体呈统一的干挺形状。他们说，如果渔家婆婆有耐心，细细地熯就会达到这个效果。

（3）烧不用油

烧是“经过炸、煎、煸炒或水煮的原料”，再加汤调味，火候调控而成。太湖渔家的传统烧法中，许多菜不经过“炸、煎、煸”这些需用油来烹制的方式，其原因依然是太湖渔家的生活条件具有局限性。泊居生活中，有许多陆地人家经常可做，而太湖渔家难以做到的事，譬如日常的采购。故渔家的日常烹饪中，烧菜不用油是常事。直接将鱼等食材放入锅中烧制、调味，依靠鱼体的脂质、蛋白质，配合适当的火候、时间，烹调出具有太湖渔家风味的烧菜。这种简略的烹饪方法，也是形成太湖船菜风味的一个因素。

2. 蒸

烹饪上对蒸气的运用，有着悠久的历史。从现有的工具来看，有一种称为“甗”（音yǎn）的器具，是利用蒸气烹制食物的炊具。甗一般由两部分组成：上部是用于盛放食物的甑，下部是用来提供蒸气的器具，有鼎、鬲、釜等。甑底有箅可透蒸气，扣于鼎、鬲、釜的口上，借助水烧沸后蒸气的热量，就可使甑内的食物成熟。甗的上下两部分，有些连接在一起，有些可分开。

甗产生于新石器时代晚期，早期为陶制，到了商代便有了青铜器。妇好墓出土的一鬲三甑的甗，就是用青铜做成的灶台，有3个出汽口的鬲，可同时放3个甑，也就同时可蒸上3样食物。可见蒸这个烹饪方法历史悠远，还很受人们的欢迎。

烹饪中，还可利用蒸气的扩散性，借助笼架等炊具层层叠加，一次性可蒸制更多的菜肴。不仅可以增加数量，做到“一气多菜”，节约时间、场地，还可以提高烹饪效率。由于每一样菜都分隔开，能做到不混杂，可以同时烹制出多种菜肴。蒸气不像水，水在沸腾时，会产生水波，直接冲击食物，从而改变食物的外形，而且，烧煮过火易使食物中的营养过多地析出。而蒸的方法可以较好地保持食物的形态，保持食物固有的味道。增加压力可以提高水蒸气的温度。故而，采取一些密封的办法，以此给蒸笼内增加一定的压力，就可以提高笼内温度，使蒸出的菜肴更加酥软。

老子的《道德经》中有句“治大国如烹小鲜”，应是从实践中总结而来的。所谓“小鲜”，是指小鱼之类的食物。因为鱼小且肉质细嫩，在烹制时不能多翻动，多动就容易散架，鱼就不成形了。这是源于老子无为而治的理论，借助烹小鲜的比喻，来阐述国家治理不要多折腾的观点。《毛诗故训传》称“烹鱼烦则碎，治民烦则散，知烹鱼则知治民”，也关注到鱼易碎的特性。烹饪上，将食材放入蒸锅、蒸笼中烹制后，都不能再动，甚至不能打开锅盖或笼盖，为的是保持蒸气的稳定，使食物一气呵成。因而，蒸能够保证食材原形，小鲜依然是完整的，这是饮食中对形的要求。

太湖渔家常年与鱼打交道，捕鱼、吃鱼，蒸这一烹饪方法，便是渔家常用的一种。在太湖渔家店里用餐，问到吃什么菜时，渔家常说“蒸条鱼吃吃”，那种神态，似乎像在自言自语，是问也是答。实际的意思，是渔家建议你选择一款鱼，用蒸的方式烹调。至于是什么鱼，则由消费者决定，但推荐的烹饪方法则是蒸制。

太湖渔家常常建议清蒸，即新鲜的鱼只加盐、黄酒、姜、葱等作料，去腥并赋予一定的底味即可。而风味，则由鱼自身的品质决定。在适度的火候与时间下蒸出的鱼，肉质莹白富有弹性，质柔而腴；跑腌过的鱼肉会有些失水凝固，蒸后则有一定的韧性，鱼肉会分层，俗称“起蒜瓣”。蒸的过程中，鱼肉蛋白会游离出谷氨酸等，与盐相拥成谷氨酸钠，鲜味就一下子体现出来了。还有一部分氨基酸是呈甜味的，所以在鲜味的背后，会隐隐地泛出甘柔之味。因而，只有清蒸，不混杂其他作料，才会有这样丰富的源于优质食材的味觉层次，才能品尝出鱼肉所具有的本质风味。

具体的蒸法，其实还有许多种，而这些方式的变化，均属于蒸这一烹饪方式系列，都是由蒸的烹饪特点决定的。如据食材入味的不同，就会有不同的称谓。如加糟入味，称“糟蒸”。糟蒸是在前期准备阶段，在食材中加香糟入味预制。因中间不宜再开笼调味，所以，将这种给食材赋味后再蒸的方法，以味的特点来命名。又如太湖船菜中有“花椒鱼”，即在蒸制白鱼干时加入花椒，借助花椒的香气赋予鱼独特的风味。再如，在食材上加扣一只碗或盆，则形成了“扣蒸”，也称“干蒸”。扣蒸是因为蒸气有发散性，食物在较大的笼架内可能聚热不足，因而，在食物上加扣一只碗或盆。这样，笼内空间相对缩小了，水蒸气通过碗或盆的阻挡，在食物四周形成回旋蒸气。这样，既获得了热量，又减少了水蒸气及食材中水分的散发。如甲鱼这类食材，扣蒸能使甲鱼裙胶质稳定涨发，使富含脂质的裙边更加胶稠。蒸的方式方法很多，太湖船菜似乎是有意在回避众多的可能，常常以一种简朴的清蒸方式，让天然的食材展现出它的美与质。

蒸的方法看似简单，但要蒸出好菜，还要技术运用得当才行。蒸气的多少，笼内热量的大小，主要由火候与水的沸腾情况决定。在不密封、无压力的情况下，相同的散热面积，如果火大气多，热量就高，火小气少，热量就低。蒸制时间的长短也影响着食材的受热。如蒸鳜鱼、太湖白鱼，一般要急火沸水速蒸，时间控制在10分钟左右，使鱼快速成熟。蒸湖刀、蒸梅鲚的时间还要短些。而蒸鸡、蒸鸭，因鸡鸭肉质较鱼肉更粗韧，则要急火沸水长蒸，用较长的时间才能使食材成熟。而炖（蒸）蛋则要小火沸水短蒸，如此才能缓慢地使蛋液均匀地凝固。如大火急蒸，会使炖蛋蒸成“松糕”的样子，影响口感与风味。

你也许会说，多蒸一会儿不是更好？烹饪方法虽是可变的，但饮食风味与烹饪技术之间，有着对应均衡的关系。即通过一定的烹饪方式，将成熟条件调控在一定的范围内，促成食物风味得到最佳呈现。这个范围，可以说是临界区间。超过了，就会使食物性状与风味改变。蒸太湖淡水鱼类时，要使鱼肉蛋白质正好凝固成熟，这时，肉质内部水分、油脂没有过多地流失，鱼肉质嫩水灵，富有弹性。同时，也要有部分油脂析出，如此才能显现食材的香气；而游离出的部分呈鲜氨基酸，又可增加鱼的鲜味。如蒸的时间过长，则会使鱼肉内水分过度流失，脂质过度分解，鱼肉就会软烂而无弹性，有时还会返腥，产生不佳的口感。因而，过与不及，都会影响菜肴的风味。

蒸鱼还要一气呵成。某酒店有次出现一个情况就与蒸得不连续有关。一条蒸好的清蒸鳜鱼上桌，却散出一股鱼腥味。鱼肉入口，也总是透出腥味，于是消费者认为鱼不新鲜，责问经营者。经理到场了解情况后，就叫厨师长到场。厨师长来后，拍着胸脯保证，所用的鱼都是新鲜的。但闻了一下，也觉得有较重的鱼腥气，也产生了疑问：“新鲜的鱼一般不会有这样的情况。”笔者当时判断是蒸时出的问题。于是，再叫负责蒸箱的厨师前来。厨师说：“开始时蒸箱还正常，可到时间去拿鱼时，不知什么时候蒸箱（电热蒸箱）线路坏了，鱼也没蒸好。只好换到另一只蒸箱上再蒸。”也就是蒸夹生后再蒸。笔者当时判断没蒸好，是看到鱼肉虽与脊骨脱离了，也就是蒸熟了，但脊骨边血管有散开的洇血，而鱼腥味，应就是由这些洇出的鱼血产生的。一次蒸熟，脊骨边的血管会凝固成一条深紫色的线。二次蒸制时，因血管外周已开始凝结（有一定硬度但失去了弹性、韧性，故易破），但内部血液还是液态的，再受热，血管内血液膨胀，就冲破血管壁造成洇血。

有些食材块形大，或者厚薄不一，就必须要通过改刀、剞刀等方式，使其大小、厚薄均匀，从而保证受热均匀，还要用垫子架空，使正反面受热尽量保持一致。有些要密封蒸，有些会用到压力蒸等等，这些都是烹饪中的“应材施蒸”，而最终目的是呈现菜肴的品质和风味。

太湖渔家生活中，常在船上的灶头铁锅上架蒸笼，笼屉可层叠起来。所以一锅水产生的蒸气，可以蒸制许多菜肴。锅内水少时，水还可沿着锅壁倒入。渔家办喜事时，很多菜就是这样蒸制出来的。寒冷的季节、繁忙的鱼汛期，太湖渔家利用炉中的余温、锅中微热的水蒸气，将菜饭保温，这也是“蒸”在太湖渔家生活中的普遍应用。

3. 氽、煠[8]

氽的意思是将食材放在沸水里稍做煮烧，待食材成熟就起锅的一种烹饪方法。有些质地较嫩的食材，常在水沸后就起锅，称为“一氽头”。如果时间过长，氽出的菜肴就会老韧，适口性就不好。煠，是将食物放在热汤或热油中煮、煠一下，成熟后出锅。煠、氽的要求是食材一成熟即起锅。有些食材质地细嫩，烹饪的时间长了反而会使质地变老；有些食材为保持一定的色泽，也要求成熟即起，烧的时间一长，颜色就会不佳，味、质也会发生变化。故而就需要控制温度及烹调时间。太湖渔家做菜有“咸煠虾、氽汤鱼”之说，由于太湖水质好，鱼肉都较嫩，通过煠与氽的烹调方法既可使食材成熟，又能保持食材质地与风味，还可节省燃料和时间，一举多得。这样的“快餐”非常适合渔家繁忙的生活。

4. 文火

文火，是指使用微弱的小火来烹饪食物。与之对应的是大火（急火）、中火等。太湖渔家传统的灶具是固定在伙艄舱内的两只陶质行灶，既可通过柴草的多少、风门的大小调节火候，还能运用灶中余火、余温来烹调食物。再加上太湖渔家饮食受到苏州饮食文化与习俗的影响，也善用

8　虽然煠有炸的意思，但炸一般以油为热介质，而煠还可用水作热介质，所以，此处用煠。渔民做“咸煠鱼”，就是用水煠一下，成熟即起锅。

“炖、焖、煨、焐”等文火烹饪技艺，所以，文火亦成为太湖渔家烹调中的基本方法。

临近端午节，民间都会包粽子、吃粽子，还会相互间赠送各自包的粽子。一次，有位渔家媳妇在吃粽子时说：“这只粽子是我们船上人做的。”笔者大为不解，便询问原因。她指着手中的粽子说：“你看，这只粽子里的枣肉周边的糯米都熟了。”我听完还是丈二和尚摸不到头。再询问原因，她进一步说：“贴着红枣四周的糯米都软熟了。如果是急火烧成的，红枣周边的糯米大都会‘返生’。”这下明白了。放入粽子的红枣含水量相对较大，在热传导过程中，糯米与含水量大的枣肉受热不均，贴着枣肉的糯米的温度因枣肉含水量大而相对较低，所以，在相同的烹制时间里，其他糯米都已熟了，但贴着枣肉的糯米就会出现未熟透的状况，好像是成熟后又“返生”了。而太湖渔家在灶头上烧，烧到一定程度后不再添柴草，而灶膛中依然有余火、余热，于是就能较长时间地焐着粽子。这样长时间的文火焐烧，使枣肉的温度逐渐升高，与周边糯米的温度一致，从而使枣肉周边的糯米焐透成熟。

从前面说到的“老烧”“熯”等烹饪方法上也可看到，太湖渔家的很多烹制方法中都会用到文火。由此，许多太湖渔家的风味，正是在文火中形成与体现的。

5. 收汁

收汁，又称收稠，即在菜肴即将成熟时，通过对火头的调控，将菜肴中较多的水分蒸发，从而使菜肴汤汁变稠（或称收紧），使菜肴最后的风味得到有效体现，增加口感的醇厚感。

酒楼饭店的许多菜肴中，都可见烹调技法中有“旺火收稠”[9]这一要求。与此有别的是，太湖渔家的传统做菜方法和太湖船菜中的一些菜肴，

9 《中国苏州菜》，王光武主编，轻工业出版社，1991年6月。

并不是旺火收稠，而是用微火乃至余温收稠的。在煨烧或做一些红烧菜时，都有这种微火收汁的情况。还有一种情况是宽汤，同样的菜肴在酒楼饭店烹调时也许会收汁，而在太湖渔家的菜肴里则保留较多的汤汁。这样的情况主要出现在渔家婚宴时。渔民说上菜要成双，要"一菜一汤"。笔者询问那些汤是什么，渔民说有些"汤"其实也是菜，就是汤宽（多）一些，或者说，有些菜肴并没有收汁。

由此可见，渔家生活的独特性形成了太湖渔家独特的收汁方式。渔家节俭的生活习惯落实在日常的用度、方法上，能省则省。因此，小火、余温等充分利用灶中热量的烹饪，在太湖渔家的烹调与菜肴中会多有体现。在渔家有限的厨灶空间，有较多的人员集中饮食，需要较多的菜肴时，对一些菜肴不做或少做"收汁"处理，亦是太湖渔家的生活条件所致。伙艄中的两只陶质行灶，与酒楼饭店，乃至农村居民宽敞的居所、庭院的餐厨空间是不能相比的。太湖渔家船居生活的局限性，客观上影响着太湖渔家的烹调方式与技艺。

小火收汁的情况下，收汁过程是缓慢的，在时间与一定的热力作用下，菜肴的入味就会深一些，或者味透入骨，或者口味稍重一些。这样也就会影响到太湖渔家饮食的风味。

（五）生制方法

太湖船菜中，炝虾是一道风味菜肴。将鲜活的太湖白虾洗净后稍沥水，再放入盆碟中，倒入高度白酒，让虾浸泡在酒液中，随后沥去酒液，配以调味料而成，此即为"炝"。酒的作用是短暂的，有时只在从后厨将盘碟拿到餐桌这个过程中。在这一段时间里，酒浸润着虾体，虾慢慢地饮下了白酒，由清醒而沉醉。倒入酒后，放虾的盘碟必须加盖，否则鲜活的虾忍不住酒后的兴奋，会从盘碟中跳出来，在餐桌上"醉舞"起来。因而，炝虾的虾是鲜活的，是生的。这让人联想到刺身等饮食。经酒炝过之后，佐以调味料便可食鲜了。对于虾而言，真是醉生梦死啊。

炝也有多种方法，分为滑炝、普通炝、特殊炝3种。制作太湖炝虾所运用的是特殊炝法。“特殊炝是选用新鲜或活的动物性原料不经高温处理，洗净后，直接加入以具有杀菌消毒功能为主的调味品即成。”[10]这个“特殊炝”其实不是一种烹熟方法。因为没有任何热源，也不会让食材成熟。只经过改刀成形使食材变小，或用体型较小的食材，加入高度白酒，以酒杀菌除虫，再调味而成。高度白酒在中国亦称烧酒，人们饮后会感觉到口舌、食道与胃如烧灼般热辣，或许，太湖白虾在喝到酒时也是这样被“烧”了一下。

像这样加入了高度白酒，是不是也属“醉”的加工方法？“醉就是将生鲜的食品原料浸入酒卤中，封好坛口浸渍而成的一种制作方法。……醉制分生醉和熟醉两种，……生醉制品不能立即食用，数天后才能食用。”[11]由此可知，炝虾虽有“醉”的形式，但没有封坛浸渍数天，而是立即食用的；虽然加入了白酒，具有酒味，只是这里的酒是作为“具有杀菌功能为主的调味品”而存在的。因而，从命名来说，还是定以“炝虾”。至于俗称“醉虾”，也无妨，毕竟称“醉”更具有趣味性。

食生是苏州的古风。《礼记·王制》：“东方曰夷，被发文身，有不火食者矣。”“不火食”即不是将食物煮熟后饮食，而是吃未加烹烧的生食。细看苏州的饮食史，发现春秋吴国时的鱼脍，也是生食的。主要依据有两条。

一是《吴越春秋》云：“吴王闻三师将至，治鱼为脍。将到之日过时不至，鱼臭。须臾，子胥至。阖闾出脍而食，不知其臭。王欲复为之，其味如故。吴人作脍者，自阖闾之造也。”因“过时不至”而造成鱼脍变质发臭，之后，阖闾再为伍子胥做了鱼脍。以如今的烹饪经验可知，成熟的鱼肉可

---

10 《烹与调》，朱良银主编，人民军医出版社，1991年5月，第118页。

11 同上，第112页。

放置较长的时间，而未成熟的生鱼，则可放置的时间较短。因为鱼体内的酶活动会分解蛋白质；未经烹饪的食物也更易受到微生物的侵害，从而使鱼肉变味。“治鱼为脍”，书中所记的鱼脍应是生的。

二是“脍残鱼”。传说吴王夫差与西施游宴太湖，将吃剩的脍鱼倒入湖中，于是成为如今的大银鱼——脍残鱼。其实，这位“王”到底是谁，也有争议，如《博物志》曰：“孙权曾以行食脍，有余，因弃之中流，化而为鱼，今有鱼犹名吴余脍者，长数寸，大如箸，尚类脍形也。”这是讲三国时吴国的孙权。但不管怎样，食余之鱼脍弃于水中，之后仍能变化转世，成为“长数寸、大如箸、尚类脍形”的大银鱼。

如果没有裹浆、拍粉等凝结食材的烹饪方法，鱼脍熟制时，会造成鱼肉破碎，脍也难以成形。何况还有“脍不厌细”的要求，作为帝王的膳食，更会“脍”得精细。在“鼎食”的年代，真难以想象古人如何烹调出如此之细的鱼脍。故而推测，无论吴王夫差还是孙权，他们食用的鱼脍都应是生的。

炝虾在太湖船菜中，孑遗了吴地苏州“不火食”这一远古的饮食习俗。

（六）渔家吃法

从饮食的全过程看，“如何吃”应是烹饪技术的延续，只有食法得当，才能体现出烹饪效果与烹饪技艺。北京烤鸭要片100多刀，配上白糖、甜面酱、葱条、黄瓜条、荷叶饼等，如此才有北京烤鸭的风味。苏州的鲃肺汤，在品尝时也有“一个原则四个步骤”的要求，如此才能让人感受到鱼肝的细嫩以及柔和的鱼香、浓郁的脂香。

太湖船菜中，有腌制、干制的食材。这些食材一般都已储存了一定的时间，食用时必须先进行拔淡、泡发、清洗等处理。这一系列处理既是卫生需要，又起到了调整腌制、干制食材的咸淡、质地的作用。腌制鱼时，太湖渔家常常不去鱼鳞；在蒸前清洗时，太湖渔家也只是将鱼外表洗净就放入盛器上笼蒸制，鱼鳞是不去除的。为什么太湖鱼家这么做呢？太湖渔家说："蒸好后再把鱼鳞连鱼皮一起撕掉，露出来的鱼肉干干净净。"这是渔家对腌鱼、鱼干的烹饪法与吃法。你也许会说，这样的"后治净"会连带着撕去鱼肉、鱼皮，也太浪费了。而太湖渔家真不在乎这一点"浪费"。

当然，太湖船菜餐饮经营中，遇到这样的情况必须先征询下消费者的意见，否则，蒸好的鱼上桌前经营者先一撕，消费者肯定会提出异议。而且，必须在上桌后当面撕，否则会被消费者认为已动过，那就有理说不清，闹笑话了。还可以请消费者自己来撕，增加饮食参与度，提升食趣。将太湖渔家饮食文化融入现代饮食消费的过程中。这样一撕，撕出了文化。

三、烹饪技艺的特征

起初，太湖船菜的烹饪技艺有着先天的非专业性特征存在。而在非专业性向专业性转变的过程中，与太湖食材的自然性结合，成就了太湖船菜烹饪技艺具有的自然又朴实的特征。

（一）纯与真

纯，即不杂，太湖船菜的纯可以从味道、组合、烹饪方式等方面来认识。太湖船菜属苏州菜，"纯"是苏州菜中的要求之一。叶圣陶先生在《三种船》一文中写过："拆穿了说，船菜所以好就在于只准备一席，小镬小锅，做一样是一样，汤水不混合，材料不马虎，自然每样有它的真味，叫人吃完了还觉得馋涎欲滴。"这里讲的船菜，是旧时苏州河道里、湖泊中游冶的花船上的船菜，要求"做一样是一样"。太湖餐船虽不如游船那样仅供一桌，但追求的也是要"一菜一味"。也许有人会问，那"红烧小杂鱼"也是一菜一味吗？其实，这道菜虽包含了多种鱼，如小鲫鱼、塘鳢鱼、昂刺鱼、鳘鲦鱼等烩成一锅，但从风味上讲，这"小杂鱼"的味，也是纯净的，就是鱼的本味。

陆文夫先生在《姑苏菜艺》一文中提道："有一次，我陪几位朋友上饭店，服务员对我很客气，问我有什么要求，我说只有一个小小的要求，希望那菜一只只地下去，一只只地上来。……所谓一只只地下去就是不要把几盆虾仁之类的菜一起炒，炒好了每只盆子里分一点，使得小锅菜成了大锅菜。大锅饭好吃，大锅菜并不鲜美，尽管你炒的是虾仁或鲜贝。”[12]可见，烹饪方式会影响到风味，小锅菜就要有小锅菜的风味。太湖船菜从渔家的生活中来，一样样地做，哪怕蒸菜可以同时蒸几样，也都是分隔开来，一样归一样的。

要获得味之真的体验，要求少有其他味质的融入与干扰。过去，太湖渔家所用的调味品只有盐、糖、酱油、香醋、黄酒、葱、姜、蒜、花椒、八角、桂皮等。太湖船菜的味道，以咸鲜为主，没有过多的复合调味。在烹饪时，最重要的调味品，就是一把盐。预制、烹调、成熟时，味的调节都由一把盐而来。酱油增鲜、增色，味也是咸鲜的。其他如黄酒、葱、姜、蒜等，也仅为去腥。糖要用，但不多，只为调和增鲜，不影响菜肴咸鲜的基本味。你也许会说，这不是什么菜都一个味了吗？其实不然，太湖船菜之奥妙就在于此。因为每一种食材，都有属于它的自然之质、天然之味，并由此而形成独特的味道——本味。

真，可从食材的自然质地、独特风味等方面来认识。太湖船菜餐饮中，充分使用新鲜时令食材，经过纯朴的烹饪之后，保持食材的纯真本质，体现食材的自然风味。鳜鱼、白鱼、鳊鱼、鲫鱼……同样清蒸、红烧，但都会呈现各自的风味——味道等皆有不同。太湖边的香青菜、冬天的大青菜、早春的菜薹、之后的鸡毛菜等等，一样都是煸炒，风味、质地也是各异的。太湖渔家纯真的家常菜风味，也是太湖船菜风味的内核。

（二）俭与朴

俭，在这里有两重意思。其一是指太湖渔家生活节俭，生活消费大都

12 《苏州教学菜谱》，张祖根、孟金松、王光武、陈秋生、胡建国编著，天津科学技术出版社，1990年9月，第7—8页。

是以生活所需为出发点，没有奢侈、华贵的生活状态和生活方式，太湖渔家的生活是朴实的。其二是因渔家生产、生活上的相对贫乏。与陆地生活相比，水上生活会受限制，生活必需品的购买、生产用具的获得——如柴米油盐酱醋茶的购买，渔网、帆蓬、绳缆等的采购——都存在着环境的限制。如大船渔民采购，要先将渔船泊近岸边，再用舢舨划靠岸旁，然后再登陆到邻近集镇进行采买。每一次购买数量虽多，但总有一定的限制，因为渔船储存空间只有这么大。因而，需要的物资，无论采购与使用，都得节俭一点，由此影响到渔家的烹饪方式，必定会有节约与充分利用两方面的要求。因而，像松鼠鳜鱼这种须要起大油锅烹饪的菜肴，在传统的太湖渔家生活中是不能想象的。太湖船菜中一些红烧菜不起油锅，亦是因此。当然，如今的太湖船菜餐饮会有一定的变化。

朴，这里取不加修饰、质朴之意。是指太湖渔家在烹饪中没有运用过于繁复的技法，并较好地显现食材的自然本质和本味。《后汉书·马援传》说："汝大才，当晚成。良工不示人以朴，且从所好。""良工不示人以朴"意为真正的匠人，不会把非成品拿给人看。这句话中的"朴"是指没有做好的、没有做完整的、没有做完全的器物或作品。太湖船菜烹饪技艺中有没有这样的"未完成"的半成品状况出现呢？

烹饪时运用技艺对食物进行加工，须有明确的烹调目标和预计达到的效果，如此，不论加工程度的浅深、运用技术的多少，均可做出美食。不能因加工程度浅就认为烹调不良、加工不完全，不能因加工繁复就认为烹调得当。苏州菜以崇尚本味为主旨（关于"本味"的认识见第七章），太湖船菜亦然。如果烹调目标不明晰，加工再精细，也难以尽现食材之本质风味。相对来说，太湖船菜的加工程度大都较浅，但这样的"浅"，已能呈现太湖水域及周边出产食材的自然之质、自然之味，达到这一点就实现了烹饪目标。所以，看似仅略做加工，亦能有美食。如太湖湖鳗，太湖渔家大都会用红烧、清蒸等方式烹饪，很少做鳗排这类菜肴。从加工程度看，做鳗排要比红烧湖鳗、清蒸湖鳗使用的操作步骤多，运用的烹调技艺更繁，但不能说，红烧、清蒸这样朴素的烹调方式，做出来的湖鳗菜肴就不好吃。只要红烧、清蒸运用得当，达到了展现食材特质与风味的要求，也是能很好地展现食材之真与美的。太湖船菜有接近自然的食材优势，没有食材这一份纯真的质地，太湖船菜就会失去源自自然的底色。没有烹调之"朴"，亦会远离太湖渔家的生活和渔家饮食文化。

你也许会问，这样朴素的烹调与做家常菜有什么分别？这是个好问题。太湖船菜源自太湖渔家的生活，是太湖渔家的家常菜。但当家常菜转变为一种特色餐饮后，烹饪技艺也同步在发展。太湖渔家运用的烹调方法也在不断完善、不断丰富，但这些烹饪技法的最终目标，是循着苏州菜烹饪体系，体现食材之本味。各种技艺的融入，须以此为前提。太湖船菜的烹饪技艺，具有广阔的创新和发展空间。毕竟太湖船菜的出现至今，仅30年不到，只是由于太湖渔家的饮食沉寂得太久，一出现便让人觉得是"域外来风"，有风味殊胜之慨。而这些殊胜之味，均源自太湖渔家的烹饪之"朴"。

品味太湖船菜时，时常可以遇到"朴"的菜肴，让人不由自主地产生无数个关于烹调的疑问。如端上一碟太湖白虾干算作冷菜，也许你会在脑中闪现出一串为什么：这个是菜还是小吃？这个干净吗？这就算烧过吗？怎么不处理一下？就用手抓着吃吗？虾头要不要去掉？……反正，都市中的烹饪与菜肴的概念与经验，在太湖船菜中，就可能有对不上号的情况出现。而这些正是太湖船菜所要传达出的太湖渔家的饮食风貌，简单中透出纯真的渔家饮食之味、趣。作为冷菜的白虾干，入口筋道，味咸鲜，有嚼头，还有白虾干特有的香气。这样的渔家冷菜，形粗而质殊，符合餐馆酒店对冷菜的风味要求。而它还多了一份感受太湖、感受太湖渔家的饮食趣味。

饮食世界里，朴也是多姿多彩的。有的地方会以刺身为特色，主张鲜活，只需蘸上调味酱料就可入口品味。有的地方牛排只要两三分熟，带着血就食。这些看似没有完成的简略烹饪，因为有了烹饪的目标，有了实现的要求与标准，其实也是一种精准的烹饪。当然，不同的食者饮食中会有不同的感受，对这样的“朴”，有人习以为常，有人可能不太习惯，有人能获得一份独特的饮食感受，以及对菜肴品质风味的另类体验。

相对而言，太湖渔家的烹饪与城市乡镇酒店饭馆的烹饪技艺相比，还有很大的距离，毕竟，太湖船菜餐饮的烹饪方式是从“非专业”的太湖渔家饮食而来，太湖船菜是在传承中，由船菜经营者自己的“捣鼓”（创新）与吸收变化而来的。本地的食材、纯真的风味、简朴的烹饪，体现着太湖渔家饮食、太湖船菜烹饪纯真质朴的原生态的特征。

（三）传与承

传，即传递；承，即承接。传是自前向后的递交过程，承是由后趋前的获得过程。这两个过程同时发生，却又有着方向性，有着各方对象主动性的不同。

太湖渔家的烹饪技艺与饮食风味是由长期生活在太湖的渔民渔家，在悠远的历史过程中、独特的区域环境中，结合着独特的生活生产过程而形成的。关于风味的形成，“既有自然的因素，也有历史的因素；既有政治的因素，也有文化方面的因素，更有厨师们辛勤创造的因素。……自然地理的不同、气候水土的差异，必然形成物产不同、风俗各异的地域性格局。……很显然，是物产决定食性，并影响烹调，促进菜肴风味特色形成发展的。”[13]太湖渔家的烹饪技艺，并不是简单地学一学、看一看就能掌握的。就说水产食材的选用，如果不是太湖渔家，很难能清晰了解不同的季节中，某一水产的品质特点。太湖渔民的这些经验与选择能力，是长

13　《烹饪学概论》，马健鹰、薛蕴主编，中国纺织出版社，2008年1月，第114—115页。

期在渔家的生产、生活中获得的。

以往，渔家的这些烹饪技艺都在渔民群体内部传递，因为其具有家族的传承因素。这种传与承的过程中，除了技艺的传递，还隐入了太湖渔家的习俗、风俗，太湖渔家的经验、认识，太湖渔家的生产、生活方式，等等。这些都是与太湖渔家相关的文化。所以，这样的传承是稳定的、持续的。

（四）创与新

创，是创造、变化；新，是新颖、合时。创是能力的展现，新是成果的落实。创有时并不一定有新的成果，而新的成果定是由创而来。

从太湖渔家婚宴中的菜肴数量来看，那些多达上百道的渔家菜肴，不能不说是一种盛宴。能够形成这么多的菜品，与太湖渔家在饮食中不断创新是分不开的。在太湖渔家的菜肴中，可以看到其他地方菜肴的影子。如“素肠”，其他地方用豆制品卷裹，如百页（千张），太湖渔家则用蛋皮来做。这是因为渔家不能时常购物，故而使用常备食材来做，改变“素肠”的食材原料，也是因地制宜的变化与创新。千百年来，太湖渔家在与陆地、城镇交往的过程中，不断地吸收、学习，引入新形式、新内容，并结合自身的生产、生活环境，不断丰富着太湖渔家的饮食，也丰富着太湖渔家的烹饪技艺。当然，这种创新与城镇饭店酒楼中的菜肴创新虽意相同，其结果是不同的。毕竟太湖渔家的饮食及烹饪技艺，都源自生产、生活，只是在丰富与改善生活与饮食的过程中，得以提升。所以，这种创新依然呈现着质朴、纯真的天性。

如果以提升、改善太湖渔家生活为目的，就具有小富即安的特性。即使有改变，变中也依然呈现着太湖渔家原有的一点样式、特点与风味。另外，这种微调的新，又实实在在地能够保持太湖渔家的饮食文化的原始性，显现太湖渔家饮食特色、烹饪技艺的个性。从而使传与承，能在一定程度上得以进行并持续。

当然，当太湖渔家饮食成为太湖船菜餐饮时，这种创与新的节奏会大大加快、加大。因为太湖渔家的饮食再不是只在渔家群落中，而是进入了更大的环境。它将在消费需求、市场的要求下，加快与外来的文化对接，在碰撞中不断吸收、融合与创新。这种变化既是太湖船菜餐饮内在的经营需要，也是外在消费需求对太湖船菜的呼声。这种在太湖渔家传统饮食基础上的变化，也将成为太湖船菜餐饮在今后的发展过程中的常态。

所以，太湖船菜餐饮的烹饪技艺要保持相对稳定，能够长时期地显现出太湖渔家饮食的风味与特色，创与新也是一个必须关注的课题。

四、渔家的饮食观念

太湖渔家的饮食观念、烹饪观点主要指其对菜肴风味与烹调技艺的认识、对风味形成的主要因素的认识。这些因素决定着太湖渔家饮食活动中形成的经验、偏好与定位，指导着太湖渔家烹饪时对食材的辨析、对烹饪方式的选择，以及对所做菜肴品质的判断，从而成为太湖渔家对饮食的认识整体。这里所提出的几个方面，仅是笔者初步的认识与总结，还有待进一步的提炼。

（一）鲜

鲜，是指新鲜。太湖渔家认为，只有新鲜、应季的食材，才能保证味的美好。新鲜的食材是风味形成的基础，也是美味的保证。因为新鲜，食材中的一些呈味物质非常充盈，因而具有独特的气息与味道。应季是推崇生物的自然生长规律。植物有萌芽、开花、结果、成熟、枯萎等过程，无论叶、茎、根、花，都会在过程中呈现出相应的状态。有些食材在某一时间还没有成熟就已摘下，其味就可能涩、苦、酸。有些要食用其嫩芽的植物，如果过了时间，叶中的有些成分如氨基酸等的含量可能就会有所下降，食用时清鲜的香味就会消失。动物也是如此，同样是鸡，童子鸡、老母鸡、公鸡会有不同的肉质差别。食材应季、应时的状态在很大程度上决定了风味的呈现。苏州饮食文化中的“好食时新”，就体现着这种烹饪、饮食要求。基于太湖渔家对于水产的认识，新鲜、时鲜是选材的主观要求，渔家会依此来选择合适的食材。

（二）度

度，就是适度。世界上的事物千变万化，“度”可抽象理解成一种对事物的认识或观念。有了这个度，事物与事物之间就会有区别界限，事物也就能保持自己的量。有了这一定的量，质也就具有稳定性，从而显现出其特性。

太湖渔家餐饮很多方面都体现着太湖渔家对“度”的认识与把握。上面说到的新鲜、应季，这中间就有度的把握。某一食材在某一时间段内，具备了最美好的风味与质地，过与不及均不能体现食材的先天之美。

太湖渔家有“咸煠虾、汆汤鱼”之说，太湖中的鱼虾肉质细嫩，因而通过煠、汆等较快的烹调方式就能使食材成熟，如果时间过长，那么鲜味、香味都会发生变化。这就是太湖渔家所说的“不能烧过头”，也是度的把握。

食材从入锅烧、上桌，到最后品吃，其味的变化无时不在。食材从生到断生，从成熟到入味；温度从低到高再降低，火头由大变小，如此这般的变化，烧到什么程度其味最好，都需考量。时间、火候及调味带来的变化，太湖船菜的经营者都要进行判断。如“干锅鳜鱼”上桌后，底部要继续用小火烧着，某一刻，湖鲜楼酒家的张林法说：“现在这条鱼最好吃。”这一刻的判断就是对“度”的把握。这时，鱼的成熟度、味汁、香味都达到峰值。

（三）清

清，是指清汤，太湖渔家用鱼虾做汤时，以咸鲜的清汤为主。汤有浓汤、清汤之别，有些汤还有麻辣味、酱味。清汤的方法大致是水烧沸，鱼虾入锅中一汆，加入调味料，成熟即起锅，起锅时加入一勺熟猪油增香。相对禽畜而言，鱼虾肉质细嫩，因而，“一汆一煠”，汤色依然清澄，却也能游离出部分呈鲜氨基酸，放入食盐即有鲜味。由于烹调迅速，鱼虾蛋白质刚凝固，故而质地就具较好的弹性。

举办宴席时，要增加一些菜汤，也会使用一些高汤。只是渔家的传统饮食中，如用猪筒骨之类吊汤是不经常有的，即便在烧肉菜时会保留一部分肉汤，再加入其他菜肴、菜汤中，如助汁一样，也只是加入一小部分，用来调和味道，点到为止。因而，这样做出来的汤，依然保持着清澄的汤质。太湖渔家传统饮食中，咸肉、火腫等食材在汤菜、蒸菜中，都会经常用到。其作用有去腥、增香、吊鲜等，同时还能保持汤质的清澄。

（四）质

鱼虾的质地要具有弹性，是太湖渔家的又一认识和要求。在弹性这一要求上，隐含着对新鲜、应时、方法、火候、时间等的综合把控。太湖渔家的黄鳝菜，如鳝糊，那条条鳝丝必定是具有弹性的。船菜经营者说，一次划多后可放在冰箱中保鲜，超过8小时的话，也会使本来具有弹性的鳝丝失去弹性，所以，船菜中的鳝丝要求当天现划。进入10月后，有些太湖船菜经营者就不供应鳝糊了，其原因就是在气候影响下，鳝肉弹性就会不如以前。他们认为最佳的时间段已过，“好食”也只能等到来年开春后。太湖渔家对鱼、虾等菜肴的质地，都有着“弹性”的风味要求，也就会影响到船菜的烹饪技艺。

这样的主观饮食认识，落实在具体的烹调中就会成为操作要求。“观念决定行为，行为决定结果”，而结果体现在太湖渔家饮食中，就会转化为太湖船菜餐饮的技艺和风味特色。

第四章　太湖渔家生产生活与饮食

在生存有了保障的基础上，历史才能发展前行，劳作生产“是人们从几千年前直到今天单是为了维持生活就必须每日每时从事的历史活动，是一切历史的基本条件”[1]。依据太湖地区的自然条件，太湖渔家形成了独特的生产、生活方式，写就了太湖渔民、渔家、渔业的历史。“民非水火不生活”（《孟子·尽心上》），民众的饮食及其饮食文化亦在自身的历史发展中有了个性。太湖渔家的饮食与饮食文化是苏州太湖历史文化、太湖渔文化的组成部分，也是由太湖渔家创造的自身的饮食史迹。

太湖渔家的生活里，除了捕鱼、修网等生产活动，还有日常的衣、食、住、行和维持生活必须的生存保障活动，有诞生、婚嫁与亡故的迎来送往，也有学习、社交、休闲与生活中的其他活动。这些不同的生活场景里，饮食始终贯穿在太湖渔家生活的方方面面，形成了太湖渔家的饮食特色与文化底色，并影响且渗透进了太湖船菜。

1　《马克思恩格斯选集》第1卷，《德意志意识形态（节选）》（1845年秋—1846年5月）。人民出版社2012年，第158页。

第一节　太湖渔家的水泊生涯

《太湖备考·杂记》载："太湖渔船，大小不等，大概以船为家，父子相承，妻女同载，衣粗恶食，以水面作生涯，与陆地居民了无争竞。其最大者曰罛船，亦名六桅船。"渔船载着渔民一家，在水中讨生活。一艘渔船便是一个家庭，爷孙同堂，婆媳共舟，兄弟联手，因而有了"连家船"的称谓。如今，在政府的关怀和帮助下，太湖渔家在太湖沿岸建立了渔村，有了陆地的居所。而之前，太湖渔家，特别是那些大渔船上的渔家，只能居住在船上，漂泊在太湖之中。渔船有大有小，渔家"粗衣"者不少，相对而言，罛船渔家的经济状况较好。旧时，政府也曾对太湖罛舟渔家征税。"罛船向征渔税丁钱，一船准以一亩田之赋，一户完一人丁。"[2]太湖渔家的生产、生活里，有搏风斗浪的艰苦辛劳，也有日朗气清的平静自在，太湖渔家的水上生活就是如此的一幅生动画卷。清袁启旭《太湖渔船歌》道："太湖渔船天下无，高桅六道开烟蒲。白浪掀天黑风恶，撇网张帆始快乐。一网张来直万钱，银鳞泼刺高于天。渔妇单衫七寸袖，朱颜云鬟银钗溜。风中梳洗月中眠，儿女满船不记年。今朝卖得鱼多少？为侬买缯制寒襖。"

一、罛舟与棹郎

过着都市紧张生活的人们，常渴望放足苏州太湖沿岸，去领略那太湖碧波、群山岚黛、果树茶园、渔家桅船……随之而来的是对那方水土的日益关注。

棹郎野饭饱青菰，自唱吴歈入太湖。
但得罛船为赘婿，千金不羡陆家姑。

2　《太湖备考》，[清]金友理撰，江苏古籍出版社，1998年12月，第565页。

这是《太湖备考》中所载《罛船竹枝词》中的一段，显现了原汁原味的太湖风情。棹，本义是指长的船桨，亦有舟船的意思。棹郎，就是船夫，是能够操作多种船只的专业人员。对于拥着太湖的江南而言，会持棹行舟的船夫应是一个较为广泛的人群。菰，就是茭白，唐代以前，茭白被当作粮食作物栽培，人们主要收获它的种子，即菰米，或称雕胡，是"六谷"（稌、黍、稷、粱、麦、菰）之一。如今，人们主要采摘茭白膨大如玉的茎，那是苏州太湖水培育出的美味之一，人们把它列在苏州"水八鲜"（茭白、莲藕、水芹、芡实、慈姑、荸荠、莼菜、菱芰）中。吴歈，指传唱在太湖地区的吴歌。屈原的《楚辞·招魂》中有："吴歈蔡讴，奏大吕些。"《文选·左思〈吴都赋〉》："荆艳楚舞，吴愉越吟，翕习容裔，靡靡愔愔。"刘逵注："愉，吴歌也。"

罛船船体高大，不能以船桨作为动力，捕鱼时需乘风而起，张帆借势，纵横湖上。而船上的那些大篷小帆，就是罛船行驶时，让船只按照工作要求徐疾缓停的调节器。风有大小，力有劲柔；舟有航线，捕鱼有区域；水流顺风而动，而船舶则偶有逆水行舟的要求。因此，需要非常高超的驾船技术，才能把如此之大的罛舟调理得当。

再说说竹枝词中的太湖船夫。那船夫在太湖边的旷野中摘了一些新鲜的茭白，野炊吃饱了肚皮后，悠然地唱着吴歌，沿着太湖行走。为什么呢？原来他要找一户拥有罛船的渔家入赘，去当上门女婿。他还在心里想，生活在陆地上的姑娘家，就是有千金，他也不会羡慕。可见，棹郎是一个正想着婚姻美事的小伙子。我们不知道陆地上的姑娘为何让他如此地"不羡"。不过也是，如在陆地上，他的行船技艺就没有用武之地了。他唱着吴歌，行走在苇深水阔的太湖边。棹郎应该还是一个想要自食其力的年轻人，他对未来生活充满着美好的憧憬。

想要找有罛船的渔家入赘当女婿那是有原因的。罛船上用的渔网很大，在浩渺的太湖上捕鱼时，需要两条船甚至四条船一起联合作业。网的一端系在一条船上，网的另一端连着另一条渔船，两船借风力，一起平行行驶在太湖湖面上，那一兜渔网起来，会有千万斤的收获。所以，能够造得起罛船的渔家一定是有经济实力的，自然拥有罛船的渔家生活也会更富足。如此，棹郎他的行舟技术才更有价值。

能不能找到这样的渔家入赘呢？有没有渔家姑娘在那罛船上呢？我们再来看看《罛船竹枝词》的下面一段：

几日湖心起踔风，朝霞初敛雨蒙蒙。
小姑腕露金跳脱，帆脚能收白浪中。

这段中，我们可以看到一个生活在罛船上的渔家姑娘在巨浪滔天的太湖中的场景。词中写道，这几天太湖中吹着很大的风，此时正是罛船捕鱼的好时机。那天清晨，朝霞才露出一抹红晕，天空就变脸转而烟雨蒙蒙。罛船上有一位年轻的姑娘早早地来到船板上，那汹涌的大浪在船身上撞出雪白的浪花，飞溅到了篷帆底下。可见她是一个真正的渔家女，在狂风、大浪中，在颠簸的渔船上，还能如此自在，无声地显露出渔家的胆气与自信。

船在颠簸，风在狂吹，掀起了姑娘的衣袖，露出了手腕上的“金跳脱”。金跳脱是什么？就是现在通常说的金手镯。明朝顾起元在《客座赘语·女饰》中写道：“饰于臂曰手镯……又曰臂钗、曰臂环、曰条脱、曰条达、曰跳脱者是也。”汉朝繁钦有一首《定情诗》，其中有“何以致契阔，绕腕双跳脱”，手上的跳脱便是用来寄托情丝、约定终生的。

回头来看看太湖边的这一幕。一边是一个充满职业理想和爱情期待的小伙子，一边是一位正值青春年华、待字闺中的渔家姑娘，真希望那小伙子的吴歌能传到渔家女的耳中，由此赢得姑娘的芳心。

苏州吴中区光福镇有太湖边最大的渔村。渔村里自然有好些罛舟，他们每年为苏州的餐桌提供丰盛的太湖水产。面对着万顷太湖与林立的桅帆，太湖渔村是不是仍有吴歈飘荡呢？棹郎和渔姑的传奇姻缘，演绎着人间历久弥新的太湖之恋。

妹妹唱歌开个头，一唱就是大半天。

只要哥哥出道题，妹妹唱得勿想停。

……

渔歌落进彩霞里，化着鱼儿三斤三。

哥若有心爱妹妹，网住渔歌把家还。[3]

二、风险与风浪

唐代诗人杜荀鹤在《送人游吴》诗中吟道："君到姑苏见，人家尽枕河。"古城民居依水、傍河，船是重要的交通工具，出行常要坐船行舟。为适应多种水上活动的需要，水城苏州的船种类多样，有载客的行船，有用于载物交易的货船，有用于远航的海船，有用于休闲游赏的花船，有用于捕鱼的渔船，等等，各不相同。这些船因功用不同，在风浪面前就有不一样的反应。而罛舟渔家遇到风起浪涌时，不是停泊避风，而是乘风捕鱼。

（一）识得风浪

常言道"水火无情"。这是因为人们在遇到火与水的侵害时，常常显得无力，甚至会在水火的祸害下损失财产乃至生命。与之对应的则是"救民水火"，那是让人们脱离苦难、重获新生的意思。与水火打交道，风险是不可避免的。

苏州处在太湖平原上，域内河道、湖泊众多，船是必备工具。农家、渔家、商家的船，主要用于生产、商贸活动。大户人家有私船，可用于家庭人员的往来、外出的交通；还有作为游玩的花船，游宴于城郊。这些船的动力旧时都是靠风力、水流，再加上人力（如摇船、拉纤）。后来才有了以机械为动力的轮船。但太湖渔家的罛船，桅高帆多，纵横太湖主要靠风力，并且，只有大风才能拖得起大渔网，所以，有了风浪才是最好的捕鱼

3 《太湖渔俗》，朱年、陈俊才著，苏州大学出版社，2006年6月，第133页。

时机。对船的操作、对风与浪的把握，是太湖渔民的真本事。

叶圣陶先生曾写有散文《三种船》，文中写到苏州城里用于交通的“快船”遇到风浪的情景：

船家一听说要过石湖就抬起头来看天，看有没有起风的意思。到进了石湖的时候，脸色不免紧张起来，说笑都停止了。听得船头略微有汩汩的声音，就轻轻地互相警戒：“浪头！浪头！”有一年我家去上坟，风在十点过后大起来，船家不好说回转去，就坚持着不过石湖。

石湖，是太湖水东流的一支，在苏州古城西南上方山下汇成一个内湾湖泊，距古城约5000米。石湖大约南北长4500米，东西宽2000米，水域面积约256万平方米。与太湖比起来，石湖只能算是一个平静的港湾。用于交通的“快船”在过石湖时遇到风浪，“不免紧张”，可见风浪与危险是并存的。船家在航行时，为了安全起见，重视风的大小、浪的大小是必要的。船还有形制的差异，行船也有工作性质的不同，所以在风浪相对大的时候停航，是保障乘客安全的一种措施。故而船家在出现风浪时，自然会有“紧张起来”“说笑都停止”“互相警戒”等反应，也可说是敬业的体现。

清吴庄在《六桅渔船竹枝词》中赞道：“好风忽发五更时，放脚湖心似马驰。旋折六帆骑浪走，使船事本属吴儿。”与风浪打交道，是太湖渔家生活里的重要内容。特别是太湖罛舟渔家，要在大风大浪中进行捕鱼作业，每日都需要忍受由风浪带来的种种困难。风浪起，太湖中的船就会随着颠簸摇晃，渔业作业时，也会因不可控的因素而风险频出。太湖渔民在风浪中捕鱼的本领，是在不断应对风险中练就的。并且，这身本领还养成了太湖渔家坚毅而强劲的心理。

“风信”是一年中应时而来的大风，是扯帆捕鱼的大好时机。在太湖罛船渔家的眼中，船桅上绳索不平常的晃动或是船头一次轻微的摇摆，都是信号，是先行而到的风的消息。此时，也是太湖渔家直面风浪挑战的开始。

太湖，有风光旖旎、山温水软的时候，也有风起云涌、水跃浪腾的时刻。而能在风浪中平静地从事着渔业作业的，是太湖罛舟渔家，他们是异常中的平常。当人们在赞美细嫩的银鱼、白虾等水产风味时，殊不知背景是一幅太湖渔家突暴着青筋与风浪搏斗的画面。

太湖风浪柔与劲的变化，造就了太湖渔家博大的乐观主义情怀。风浪、风险成为渔家生活中的一口烈酒，回出的那口酒气，正吟唱着太湖渔家的一曲渔歌。

（二）沉默之痛

太湖渔谚："三寸板内是娘床，三寸板外见阎王。"这是对渔家生活充满着风险的形容。渔家用渔谚歌谣的方式，时时提醒着自己不能放松。风浪起时，太湖中其他小型船只都会避险进港，只有太湖罛舟渔家会出湖捕鱼。一旦遇险，很难获得救助。太湖渔家的生存史上，渔船在风浪里遇险遇难的情况并不少见。

"翻""沉"这类词是不能出现在渔家的语言里的。它们是渔家心中灰暗的苦难，是渔家生活艰辛的疼痛。太湖渔家形成了独有的生活禁忌，如"在船上掀锅盖、揭舱板、晒鱼筐、晾竹篮等，均不能翻放。不能在船头、船旁或两人同时大小便，以避'船头土地''左青龙，右白虎'和所谓'两人争坑道，必定有风暴'"等。太湖渔家对于某些情况还有独特的表达方式，如打翻东西称"泼出"，翻身为"调戗"，放下一部分船帆称"小篷"[4]，都是为了避免"下""落""翻"等字眼。这些独特的行为要求与避讳话语，是太湖渔家对于风险之痛的沉默。

"郎是清湖水，妹是水中鱼，情愿水干鱼也死，勿愿水存死子鱼。"

4　此段引自《吴地文化一万年》，潘力行、邹志一主编，中华书局，1994年9月，第338页。

这首渔家情歌将生死写入，心上人儿以生命寄托，生死与共，这是渔家彻骨的爱情。

太湖船菜的饮食中，也有相应的渔家习俗，如吃鱼，一面吃完后不能将鱼身翻转吃另一面，这个行为里含有“翻”这个动作，对渔家来说是要避免的。体验太湖渔家的美味，把渔家习俗看作是一种渔家文化予以尊重，就要对自身行为有一点约束，显现出的是自身的修养。

三、渔火与传说

有渔舟就会有渔火。渔火，是由渔船散发出的光亮。这些光可能是炉膛中的灶火，可能是照亮船甲板的桅灯，抑或是船舱里透出的烛光。

太湖边，渔火亮起之前的一段时光，渔舟沐浴在夕阳的霞色里，渔船的一侧是艳红的，另一侧隐在暗影里。逆着霞光望去，渔舟是一抹墨色的剪影，衬着红毯沉睡。当渔火星星点点亮起时，渔舟隐在夜色的帷幕中，四周湖水不时地闪出波光，渔火、水影，与来自苍穹深处遥远的星辰相呼应。

如果不是在鱼汛期忙着捕鱼，傍晚的这段时间里，男人们还在收拾着最后那点渔具；孩子们会陆续地聚在一起，像倦鸟归林，叽喳说着各自的话题；大些的孩子会在船舱板上，望着夜雾泛起的水面，想着自己的心事。渔家媳妇在陶质的行灶里燃起炊烟，侍弄着晚饭，一会儿就有了饭菜和鱼汤。一家人围着桌子（天热的时候，就摆放在船基板上），享受着团聚、安宁。这时，男人通常会握着一杯酒细品。酒多是白酒，渔家的生活环境需要酒的热烈来舒散体内的寒湿和激昂。共享美食的饭桌也是渔家的课堂，那些古老的传说、捕鱼的技巧、生活的方式……都会在悬着的渔灯下被传授与聆听。夜晚的渔火，是渔家宁静日子里的一段时光，时间虽然不长，却最为恬静温馨。

有趣的是，渔家的故事里没有满天的繁星，大都讲的是“风姑娘”的事。这是因为罛舟必须借助风的动力，才能在太湖中行舟捕鱼。“三天打鱼，两天晒网”是渔业作业的节奏。无风时，补缀渔网和修缮舟船，在起风时则必定会“来之能捕，捕之能获”。星辰，可以告诉陆地生活的人们时间、方位，但对于太湖渔家而言，身处湖中，方位只需看湖周的群山岛屿便可知道。

渔火渐起的这段时间，天际还透着微白、黛青的亮光，那是落日透过大气层的折射，在苍穹映衬中形成的微明的光。如果选一个高一点的位置来俯瞰渔舟、渔港、渔村，就会看到那些矗立的桅樯。有月色的时候，水波会有白亮的光，而隐在光里的深色皱褶，常常是风穿行的线路。这样静谧的夜色里，渔火就会把笑声投映到水中，让太湖之水一起感受渔家的欢欣。

渔火是可以远望的，可以从远处看到点点渔火衬着夜色与星光一起闪烁，在明暗之间有一份旷远的意境。对照着满天星斗，渔火实在是少之又少。天上的繁星透着冷艳的星光，铺展在清冷而高广的夜空中，即便是最明亮的星星，也是冷色调的。而渔火，每一个光点都有着橙柔的光晕，平铺在舱板、水中，映在船边芦苇之上，暖色调的渔火中有渔家生活的温度。

有渔火的渔船旁，湖水也会因此而透亮一些。这份透亮会随水波而动，会让人感到渔船似在移动，其实那是眼睛的错觉。对于这样的错觉，有的人会觉得有些梦幻，便沉醉于这种不确定的恍惚里。也因此，渔火总是诗意的、浪漫的。渔火营造出的夜景总给人一份遐想，或明或暗的光亮似乎带着魅影。

如果，太湖边少了这些星星般的渔火，太湖渔家的生活就如被撕去了一页的书，少了一笔的画那样，就会不完整。那一页是对渔家生活的精彩描绘，那一笔是可一次次地重读与回味的故事，也是可以凝望与神往的地方。

第二节　太湖渔家生活中的饮食活动

因受到船居特点和生活范围的限制，太湖渔家的日常生活方式与陆地居民不一样。

一、太湖渔家船学与饮食[5]

教育，是人类生活中的重要内容。太湖渔家常年生活在湖中船上，远离陆地，缺乏学校、教师等教学资源，因而，渔家孩童读书、接受文化教育，就成为难题，也导致了旧时太湖渔民文化程度普遍较低的状况。

清吴庄有诗称："儿曹识字亦何求，读得毛诗也便休。事业只知渔利息，功名世上等浮沤[6]。"这首诗反映了渔家儿童就学难的客观状况。虽说太湖渔家对文化教育的要求不高，但渔家并不是不愿接受教育。识文断字，是中国文化教育中最基本的要求，太湖渔家也不例外。

为了使渔家儿童读书，太湖渔家创出了独特的文化教育方式——船学——水上学校。即延师入船，组船束脩[7]，聚童授业，学用结合。这样的方式，有明朝孙子度《戈船诗》为证："尝读眉山诗，雅羡鱼蛮子。谁知五湖中，渔乐乃过此。宽如数亩宫，曲房不见水。……亦有童子师，书声到水市……人生老戈船，头白何足耻。""戈船"就是罛船，苏州话中，戈、罛、哥等读音近似。诗中有罛船，有书声，有师、学童。

举办船学的一般都是大船渔家。主观因素是大船渔家的一代代儿女

5　本段参引《吴县水产志》，《吴县水产志》编纂委员会编，上海人民出版社，1989年10月；《太湖渔家船学》，陈俊才、薛胜元著，《江苏地方志》2000年第四期；《太湖渔俗》，朱年、陈俊才著，苏州大学出版社，2006年6月。

6　浮沤，意为水上的泡沫。

7　束脩，原指古代学生与教师初次见面时，奉赠礼物，表示敬意。后指拜师费，此可理解为学费。

需要接受必要的文化教育；再是渔家常居水上，不易与外面接触，社会认识相对较少，因而有接受教育、开阔眼界等需求。客观因素是罛船渔家经济条件相对较好，有一定的延师办学能力；还有罛船上空间较为宽敞，能够聚童开办水上学堂。

渔家要举船学，一般都会有一个“引头人”。这个引头人是具有一定威信的、热心的学童家长，他会召集10多家有学童、愿意参加学堂的渔家，组成一期船学。办学的学船一般由各学童所属的渔家轮流提供。按照学童的人数（有多有少），排定每一期的轮值时间（有长有短），一船轮学时间到了则移往另一船，这样，各渔家轮流承担教学场所与居食费用，就相对公平。渔家以抓阄方式，排定轮学先后次序。民国十九年（1930）《工商半月刊》[8]曾有记载：“湖中六桅大网船，往往数家合一船，人多至一二十，船上设备较完善，亦有请一人专教授子弟者。”据渔家讲，学童人数一般在12—16人。如果人数过多，船上就安排不下。因为除了上课的地方，还要安排十几个人的住宿（师生都住在轮学的渔船上）。人数少了，则增加了渔家摊派的教育费用。每船轮学的时间长短，也会因学生多少而增减。当然，学生是清一色的男童（旧时重男轻女）。学馆（船）有了，学生有了，可聘请教书先生，也是一难。因在船上教学，得适应水上孤寂的生活，得克服晕船，所以，这个教师人选就得“百里挑一”。

延师授课是一件庄重的事，虽在渔船上，依然要按照中国儒家文化的规矩来做。在船舱的“前梁头板”放一张方桌，上供孔子像和“天地君亲师”神位。这是传统教育中的精神象征，“师道尊严”，马虎不得。鲁迅在《且介亭杂文末编·我的第一个师父》中记道：“我家的正屋的中央，供着一块牌位，用金字写着必须绝对尊敬和服从的五位‘天地君亲师’。”可见“师”的地位何其高。可以说，“尊师”的心理，是中华文明数

8 《工商半月刊》，1929年至1936年由国民政府工商部工商访问局编。

千年源远流长的内在因素之一。

船学授课主要以《千字文》《百家姓》、四书等为教材，以识字、读书、写字、珠算为课业，这些基础的课程里，融汇着中国传统文化之基和中国人立身处世之道。识字和算术的知识，对渔家而言有着现实的需要，便于渔民筹算渔利。

开学，船学照例要举办入学仪式。用定胜糕、团子、莲藕、菱、葱等组成的"上学盘"，寄寓着"通灵聪明，一定高升"的祈愿。渔家还会用红枣、莲心、白糖做成"和气汤"，教师与学童就着糕团分而食之，表示学童之间、师生之间、船家与老师之间将"和和气气、团团圆圆、高高兴兴"地度过一段美好的时光。每逢立夏、端午、七月半、中秋、冬至等时节，则要吃"过节酒"，由轮学的渔家提供。一船轮学结束时，则要办"过船酒"。之后，教师、学童就到下一家轮学的渔家船上继续授业、读书。船学在轮转过程中，每逢节庆，都伴随着相应的庆祝活动。

师生在船上的饮食，由渔家的掌勺媳妇承担。因是请先生教学，教的是自己的渔家子弟，饮食必定要选最好的食材。"要不断在水产品上翻花样，腌、醉、糟、炝、红烧、清蒸、汆汤，尽量让师生吃好。也往往会形成各船的暗中竞争，使供船学的伙食越办越好。""翻花样""暗中竞争"，渔家女这些现实的内心活动，透出的是自尊与尊师重道的人性之光。太湖渔家饮食正是在这样的不断追求中丰富起来的。

湖上、船上自有一番天地，渔家子弟除了读书写字，总有办法消耗他们旺盛的精力。而教师在船上难免会有寂寞之感。于是，渔家就会做一些小吃，用这些吃不饱又可以补充能量、聊解孤独的食物，调节师生的身心。他们会给教师做一些角鱼（针口鱼）、虾米、糟鱼、咸鸭蛋等食物，让教师独酌怡情。湖光山色，风波齐动，酌酒一壶，或吟或思，无疑会使人神清气爽，更何况教师这样的斯文之人，便会有更多的雅情诗兴。学生们则有馄饨、面条、汤团之类的点心充实胃肠。这些加餐为他们快乐的船学生活再添了些欢快的能量。

太湖船学里，融入了太湖渔家的美好期望。船学饮食寄予渔民对子女的爱与期待，是太湖渔家最精心的渔家饮食之一，是让那些渔家学童记忆一生的“妈妈菜”。

二、太湖渔家婚俗与饮食

太湖渔家举行婚庆喜事，会有一些特殊做法，久之这些做法也成为太湖渔家婚俗。2013年，太湖渔民婚俗被列入苏州市级非物质文化遗产名录[9]。俗话说“十里不同风，百里不同俗”，水上渔家与陆上人家，习俗当然不全相同，而太湖大船渔民与小船渔民，也会有婚俗的差异。这里，以《太湖镇志》记载的太湖渔家传统婚俗[10]为主要线索，结合笔者走访中了解到的大船渔民的一些婚俗情况为补充，略为介绍太湖渔家婚俗中与饮食相关的一些事情。

（一）吃待媒酒、小盘酒

中国社会传统的婚姻过程中，男婚女嫁，离不开牵线搭桥、介绍说合的媒人。古时，有了媒人，方为正式，所谓“明媒正娶”是少不得的环节。有了媒人的一番说合与男女双方家长的首肯，还须让宗族知晓。宗族接纳这一桩婚事，婚姻也就有了合礼性。中国婚礼，有“六礼”之说，即纳采、问名、纳吉、纳征、请期、亲迎6个环节。太湖渔家传统结婚流程，基本按照这样的礼俗进行，称为：出帖、合婚、请媒、送小盘、送大盘、迎新。

出帖其实是两个阶段。先是男方通过媒人向外打听有没有待嫁的渔家姑娘。如正好有渔家女待嫁，女方则会将女孩的出生年月时，即“生辰八字”的庚帖，交由男方媒人带到男方。然后，太湖渔家有“卜合婚”这一

9　《光福镇志》，江苏省苏州市吴中区光福镇志编纂委员会编，方志出版社，2018年11月，第142页。

10　《太湖镇志》，《太湖镇志》编纂委员会编，广陵书社，2014年8月，第404—411页。

环节，大致是“男家媒人收到女方年庚八字之后，即会送到男家船上，将帖子压在伙舱灶头上的香炉底下（意为今后男女要同灶吃饭），以求‘占卜’。如三日内船上未见死蛇、死鼠等不祥之兆，一切平安，即可请人占卜双方‘八字’，是否‘合婚’”。

合婚也可看作是筛选阶段。男女双方家庭对婚姻信息进行收集、剖析，如姓名、年庚、生肖等，旧时会通过算命等方式看男女双方会不会相冲相克，以及有没有其他不宜结成夫妻的原因，从而预测此桩婚姻是否妥当，是否会给家族带来财运福运、人丁兴旺的良好运势。待一点一点地“合”得差不多了，这门婚事也就有了眉目，双方都有了意愿。在此环节如不能“占应”，则表示不合，庚帖还给女方。男女双方还得继续“寻寻觅觅”，媒人依然要四处奔走。

请媒是指到了双方家长初步同意婚事的时候，要请媒人来，并约亲友前来，公开两家将有婚约的事。此时，女方也要确定一位媒人。可以说，这是“明媒”的确定阶段。来了宾朋就要举宴，于是就有了“吃待媒酒”。“待媒”，应是指款待媒人，明确由谁做媒的意思。

虽说双方有了明媒，但这媒做得是不是成功，这桩婚事会不会向前发展，就进入纳吉的婚俗阶段，太湖渔家称为“送小盘”。送小盘礼是表示从婚约到订婚的礼仪。送小盘要备礼帖、礼物、礼金，放在6只圆盘内。礼物有5斤核桃（意为百年好合）、6斤黑枣（意为早生贵子），还有两条（包）云片糕（意为代代高升），渔家称为“五桃六枣包倧糕（高）”。同时，再要备好两只分别写有“春茗”“玉芽”标签的封袋，袋内装茶叶。（礼金等略）。这些礼品放在盘内，上方有写有“求”字的字签。如女方在经过前期一段时间的接触与考察后，同意这门婚事，就会回盘。女方在回盘中放入桂圆、红色花生以及谢帖，用红纸写上女子的年庚八字（这是正式的允婚证明），再将男方写的“求”字签，换为“允”字签，表明正式允诺之意。至此，男女双方都表明婚姻关系已经确立。此时，主人家也会设宴招待亲友们，称为吃“小盘酒”。酒宴是情感的融合剂，通过亲朋聚宴，应有的礼数有了，常交往的亲朋到了，将娶待嫁的男女有了走动，有了进一步的沟通与了解。此时，男青年还有了“毛脚女婿”的称谓。

送大盘是确定婚期后，在婚前数月（太湖渔家生活在湖面，各方联系、筹备等都要时间），男方准备好聘礼去女方家中告知婚期。男方备贴下聘，除小盘中的一些礼物外，还增有布料、银钱等礼物、礼金。在此不赘述。

（二）搭棚酒、拆棚酒

太湖渔家要举办婚事了，平时在太湖各处忙碌的亲朋好友都会前来贺喜。男女双方都要设宴欢庆，这是隆重而繁忙的事。而让来宾能吃好，方方面面都必须顾及。除了提供丰盛的菜肴之外，还要保证避风挡雨的场所。搭喜棚便是为了这样的目的而操办的一件婚前准备事务。

男方与女方会商议好在太湖边的某个地方停泊，一般相隔不远，但一旦停泊，在婚庆期间就不能再移动了（指居家的大渔船）。女方船只停泊的位置，通常能看到男方家的船只。男方、女方船只的船头，朝向要保持一致。

渔船停泊在太湖边，虽靠近陆地，但因罛舟船身大，吃水深，所以，与陆地还是有一段距离，往返陆地、舟船之间，还要靠随船而行的小舢舨。这样来看，其实大渔船还是停泊在水中央。为避风雨、阻挡阳光曝晒，搭棚是必须要做的准备。

如何搭建，用什么搭建？陆上的人们与太湖渔家想的肯定有所不同。靠水吃水，太湖渔家搭喜棚也是因地制宜。它不像陆地乡厨那样搭个“木院堂”，而是用芦苇编织的苇席盖在棚顶，四周在框架上镶上木板，就成为一个可容纳许多宴席的活动“房子”。太湖渔家搭船棚，框架是用毛竹扎成的，遮盖物则用平时乘风的船帆。渔家说：收篷后将它水平铺展出来，便能成为遮挡风日的材料。在捆扎处还会绑上红色彩带、松枝等，这样的渔家婚庆“礼堂”，简易、喜庆而独特。当然。为了绑扎牢固，还有一番工作要做，这里面也还有许多的技巧在。因为，湖面上的风是不会管你是不是在举办宴席的，想吹就会来一阵。好在太湖渔家的渔船足够宽大，樯多篷大，几条大渔船靠在一起增加稳定性，搭好的棚便有了“广厦”的样子。

为了婚事搭棚，是喜事，是乐事，好多亲朋的船会靠拢来参与，因而，也要在作业之余喝上一喝、吃上一吃，这便是“搭棚酒”。吃搭棚酒的这些亲朋，在整个婚礼期间都不能走开，要帮忙做好各项婚庆事务。婚宴过后，拆棚时还设有“拆棚酒”，为婚礼的圆满举办画上一个句号。

（三）采买

太湖渔家举办婚事，大都在新年期间。因天气寒冷，采买回来的食物就可存放较长一段时间。每一只太湖大船上都有十几个乃至更多的家庭成员生活在一起，加上前来的亲朋好友，必定是济济一堂。所以，食品、食材的准备就是一件重要的工作。

你可能会想，太湖渔家不是有自己捕获的水产么？还需买多少东西呢？对于渔家的婚庆而言，那些食材只是一部分。喜宴的菜肴必须是丰盛的，所以，渔家还是要前往陆地，到邻近的城乡集市去购买所需的食材、用品——柴米油盐酱醋茶，还有各种菜肴食品，真是一个都不能少。

除购买猪肉、鸡鸭、蔬菜、蛋类等新鲜食材外，渔家还会采购许多南北货。说到南北货，年轻人可能会不知所云。因为，现在的南北货商品，都在批发市场、超市、菜场等处销售。而旧时那种专门经营南北货的商店，大都已经消失了。即便在城市的某些地方还有一两家存在，也总不似过去那样，不再是一类专门的食品商店。

南北货大都是干货，即便是腌制品、酱制品、腊制品等食品，也都是“干”的（海蜇除外）。可以想象，在缺少冷藏技术、设施和条件的过去，不能冷冻保鲜，无法通过冷链运送到所需的地方。那些从天南海北汇集来的食品、鲜货肯定无法保存，因而就有了南北货这一行当。南北货商品大致可分为干果类、干菜类、腌腊类、海产类、调料类、其他类。干果类如核桃、桂圆、红枣、乌枣、莲心、芡实、柿饼，干菜类如金筋菜、黑木耳、白木耳、香菇、笋干、扁尖，腌腊类如火腿、腊肉、香肠、板鸭、醉鲤片，海产类如海参、干鲍、鱼翅、鱼肚、开洋、淡菜、海带，调料类如冰糖、茴香、桂皮、椒、香叶，其他类如粉丝、箬叶，等等。这些商品虽来自不同的地方，却都是各地的优质特产。一地一物，行走天涯，汇集在一起，亦成了一个世界——一个美味的世界。

因为要办喜事，太湖渔家的采购便会是一桩大买卖。附近乡镇的商家，面对这样的大客户便会热情相迎。用现在的说法，太湖渔家好像在“扫货”。除了采购食材，还要准备柴薪、油盐酱醋等。好在人多、船大，要购买的东西都能准备好。采购是热闹的，也是辛苦的，更是快乐的。

（四）赕佛、吃花焰羹饭

“赕”（音dǎn）在这里，可理解为“敬”。在大自然面前，人总是渺小的，过去，面对着自然的不可抗力给人们带来的影响，人们只能祈求上苍的护佑，这样的心理，自远古就已经开始。这是人的无奈，也是人们消灾免祸的心愿。相应的仪式与活动可以凝聚人心、汇集力量，使人们联合起来办一件事情，或者树立起与艰难困苦做一番抗争的信心。久之，这样的仪式和活动，便成为一种习俗或者民俗文化。

太湖渔家举办婚事前的祭奠活动，一般分两天[11]。婚礼正日的前两天，举行“赕南北”仪式，即敬神；正日的前一天，举办赕家堂，是祭祀渔家自己的先祖。之后便是迎新、拜堂、成亲的正日。赕南北要在大桅前的“大舨面”设香堂，摆上4只八仙桌（呈田字型），桌上奉有三牲、全鱼（一

11　《太湖渔俗》，朱年、陈俊才著，苏州大学出版社，2006年6月，第92页。

般都为鲤鱼[12])、菜蔬、茶食、糖果、水果、糕点等10样供品。

太湖渔家“赕南北”活动中，敬奉的神灵有两个，“南元帅”敬岳飞岳武穆，“北元帅”尊关羽关云长。无论岳飞，还是关公，在中国文化中，都是“忠”“勇”的代表人物。据传，太湖渔家中，有一部分是宋时“岳家军”水军遗存。因而，太湖渔家“赕南北”，是发自心底地尊崇英雄。这类敬奉的活动仪式，表面上似乎是人与神的对话，内在里，则是人们自己与自己的对话，表达的是自己的心愿与期望。

太湖渔家的信仰，因渔家群体的不同，各有所宗。太湖大船渔家，一般都信佛。在一些节日或重要的活动中，要举行“赕佛”仪式，进行敬奉与祈求。但由于渔家生活环境中的局限与风险，因而，在举行赕南北、赕佛等仪式时，会出现对“多神”的敬奉。如赕南北仪式中，也赕诸神，面面俱到，周边会悬挂如猛将、观音、太母等28位神灵像（“神轴”）。还有赕五老爷、赕三老爷等。赕三老爷还因地方的不同，所用的供品也有异，如赕石埠底三老爷用猪，赕庙山嘴三老爷只用猪前腿等不同习俗。

赕南北由专门的“太保先生”主持，敬神、请神、赕符官、笃筶、排宴、献宝（同时唱献宝词）等一系列仪式结束后，则进入唱神歌阶段。这时，男人们会喝酒，女人、儿童们则吃糖茶。活动有时会延续到凌晨，渔家都会参与进来，和着太保先生的颂辞一起唱，一段唱完再接唱一段。这样，赕南北又演化成为太湖渔家的一种娱乐活动。

活动中的献宝仪式。由未婚新郎在“宝盘”中取“宝”，太保先生则依宝唱诵各样宝物的献词，称“十宝十曲”。宝盘放着檀香、红烛、茶叶、酒、米、耳环、铜钿、如意、豆、馒头十样。现摘录几首献词如下：

献茶词：茶是南山八宝珍，白鹤衔来献师尊。白鹤口小衔不尽，当时失落在山岭。前春分来后清明，时适谷雨便抽生。三月初三茶生日，采茶娘

12 《太湖渔俗》，朱年、陈俊才著，苏州大学出版社，2006年6月，第92页。

子喜盈盈。上等芽茶千儿贯，中等芽茶八百文，三等芽茶三等价，特备头茶敬大神。

献酒词：造酒始祖是杜康，清愁解闷最为高。敬神更尽一杯酒，同解人间万种愁。琼浆玉液满仙台，上界天仙赐福来。上世满船多福寿，倍增百福在后头。

献米词：初夏处处尽浸谷，家家户户种新粮。农夫勤劳多辛苦，暑天烈日更当忙。八月稻花香送寒，高低田内禾苗长。寒露霜降齐收割，万仓装满有余粮。[13]

结婚正日的前一天，太湖渔家会举行祭祖仪式，称“赕家堂”，亦称“做花焰羹饭”“做花宴”。在船头板面（二桅前）或大舱内家堂中举行。依旧会设有供桌，桌上点燃香烛，供奉三牲，还有糕团、馒头，以及桂圆、核桃、枣子、莲心等干果，这些供品都寄寓着美好的祝愿，恭贺新人喜结连理，祝福新人高兴、团圆、长寿、早生贵子等等。血浓于水，养育之恩不能忘，子孙在成家之时举行对先祖的祭奠仪式，是敲开人生的又一扇门。这样的仪式，将中华文化中血脉延续的神圣感，嵌入年轻一代的心灵。

（五）待嫁酒、出门

一旦婚期确定，女子将要成亲，会到长辈亲戚处一一拜访。此时，长辈亲戚就会招待女子吃饭，此为待嫁酒，太湖渔家称“出船板”，意为渔家女儿将要嫁出去了，须要留饭相待，表示期待与祝愿渔家女跨入新的人生阶段。嫁女当天，女方亦会设宴宴请亲朋，也称“待嫁酒”。有些待嫁酒在婚礼正日的前一天已提前举办，因为正日当天的事务多，有可能忙碌不过来，故而先办。

正日那天，新娘要出门了。新娘手中拿着两只“聚宝盆”（铜脚炉），

13　《太湖镇志》，《太湖镇志》编纂委员会编，广陵书社，2014年8月，第406页。

穿着红色的斜襟衣和百褶裙。衣襟上的盘扣像一朵花，衣料为红洋布、也有用织锦缎的。新娘的头发上，有几把红绿梳子插在发间，贴着光滑的头发，梳间插着花，而且数量较多，像有“半头”的花。太湖渔家新娘这头上的花朵，着实喜庆。

太湖渔家嫁女大都简朴，有“两床被头一锁桶”之谓。不过新娘总会有一些陪嫁和新衣裳。走访时，渔家妈妈们说：新娘在开头几天，每天都要换一身“行头”（衣服）。不然，会有人说“衣服也没得穿”这样的闲话。嫁妆不少，好在，有几个小伙抬着嫁妆呢。两个“子孙桶”用红布、绿布包裹着，每个桶里装着一窠染过的红色喜蛋，各有5个，意为“五子登科”。虽说太湖渔家不会去参加科举，但这样美好的祝愿还是不能舍下。“五子”寓意为人丁兴旺，旧时代表着家族的兴盛。出门时，由随新郎前来接亲的妹妹提着。

还有一盘“子孙团”，一盘卷面（干面）。卷面一层层码着，呈屋脊状，隆起在盘中。团子一层层堆起如塔状，外面用染红的丝绵罩着（为了防止船颠簸而团子滚散，丝绵可根据大小拉成网罩）。子孙团的馅料也有讲究，一般都用“百果”做馅，有着丰盛美满、百子百福的寓意。这种团子不能用芝麻做馅料，因苏州话发音“麻”与“骂”相近。所以，在这个举族欢庆的时刻，为避免不适当的意思出现，只能请喷香的芝麻馅团子回避一下。

（六）迎倌酒、摇青龙角

按照婚前的约定，新娘家的渔船会在办喜事的时候，汇聚到约定的地点——多是新郎家渔船的附近。所以，迎亲就可控制在一定的时间内。按照《太湖镇志》记载，婚礼正日那天，接新娘分两个阶段，先有迎聘、再有发迎。

迎聘，即男方准备全猪、全羊、“六衣”（红袄、红裙、夹衫、夹裤、单布衫裤）、喜果、请帖等，放在6只礼盘中，用舢舨送到新娘家船上，故又称“送猪羊”。新娘家在收下聘礼之后，则将盘中的“请”字换成“谢”字，并回赠礼物，由两只舢舨带回。一般男方迎聘的行倌早上八九点钟就会去新娘家迎聘。迎聘船收好回盘，就会回到新郎家船上。此时，男方便可开宴吃“正酒”了。笔者走访中，也了解到其他说法。有渔家说中午吃“散饭”，即较为丰盛的便饭，到晚上接新娘回来后，才是正酒。

散饭从中午开始，男方请的喜宴先生（司仪）一曲一曲地唱着“喜宴神歌”，渔船上的亲朋附和着一起歌唱。黄昏时分，婚礼的又一个程序开始了。

发迎，就是新郎去接新娘。舢舨成双，一条舢舨搭着彩饰的“官棚”，称为“迎船”。船上载着新郎与8位小伙（亦有称6位小伙）[14]——称为“迎倌”[15]，以及新郎的妹妹。随行的另一船有喜宴先生和吹鼓手们。航程中锣鼓、丝竹奏着十番锣鼓[16]、《闹龙舟》等曲目。在男方摇船大伯的带领下，朝着新娘家的渔船，热热闹闹地摇去。

来到新娘家船上后，接亲的行倌小伙们则被邀请来到酒席处。在女方父母、亲朋的盛情接待下，小伙们便开始小酌、吃些面点，这便是“迎倌酒”“下迎面”。渔家说这是男方的亲戚第一次来到女方的亲戚、朋友们面前，与大家见面。平时在浩茫的太湖各处作业的渔民们难得见面，日常的交往也大都在亲朋间，不同族的渔家一般都不熟。所以，此时此刻，

14　此处有两种说法：其一称“六人”，见《太湖渔俗》，朱年、陈俊才著，苏州大学出版社，2006年6月，第95页；其一称“八人”，见《太湖镇志》，《太湖镇志》编纂委员会编，广陵书社，2014年8月，第407页。

15　迎倌，《太湖镇志》称“行官”。因是新郎接亲“发迎”的从员，故以“迎倌”为名。

16　明沈德符《万历野获编》载：“又有所谓《十样景》者，鼓、笛、锣、板、大小钲、钹之属，齐声振响，亦起近年，吴人尤尚之。然不知亦沿正德之归。”清叶梦珠《阅世编》称之为“十不闲”“十番”。

这些小伙们便代表着男方前来“迎新”“认亲”，因而嘴巴要甜，在礼貌的称谓声中，体现出尊重、礼敬与热情。

外面接亲的迎倌在小酌，船舱内，新娘听从长辈的安排，进行着一番出嫁前的准备，在开面、换冠帔、踏米糕、上亲鞋（青底红面）、旺火盆、搬迎嫁等仪式后，在掌礼“三请”新娘的唱喝与乐声中，新娘头兜方巾，由新娘的长兄抱入迎船。此时，迎船上点燃爆竹，点亮桅灯，船头点燃“缆”火把，以声、光向新郎家传递信息——新娘已经接到。新郎、新娘与亲戚，还有迎官等一行，在吹鼓手们热闹的吹吹打打声中，到达新郎家的渔船旁。自新娘从出闺房到进入洞房，太湖大船渔家有“不能见天”的婚俗。此时，随行的新郎妹妹要撑起一把红纸伞，像华盖一样撑在新娘的上方，以此表示没有见到天。也因此，有了姑姑接嫂的说法。

新娘被接到新郎家的航程中，还有一个渔家的习俗，称为“摇青龙角”。大致的意思是接新娘的迎船所走过的水路，去与回不能重复。于是，接亲船从出发到接亲回来的线路，要形成一个圆。接亲船回来，航线要从男家罛船左侧摇到船头。此时，与新郎家渔船靠在一起的亲戚家的大渔船，会与新郎家的船从头部分开，尾部依然靠在一起，似一个“V”字形，亦似龙头从水中冒出，露出头上的两个角。迎船就从分开的船头（龙角）间退入，依靠在男方家船左侧。这一套仪式，便称为“摇青龙角”，简称“摇青龙”。

太湖渔家的这个“摇青龙”婚俗起于何时，由何而来，已很难考证。姑且猜测一下。青龙，是中国古代星宿信仰中天之四灵之一。四灵是指青龙、白虎、朱雀、玄武，它们分别代表着东、西、南、北4个方向。青龙在方位中，代表的是东方，位置在左，因此，迎船要停靠在新郎家渔船的左侧。青龙，在一年四季里，代表的是春季，寓意为欣欣向荣、繁荣昌盛。《淮南子·天文训》记载：“天神之贵者，莫贵于青龙。”所以，以这样的形式来迎接新娘，体现出新郎家对新娘的看重。毕竟新娘将担负起家族血脉延续的重任，以及太湖渔家光宗耀祖的期待。

（七）同罗杯酒与和气汤[17]

在主持人“三请新郎”“三请新娘”的唱喝声中，鞭炮齐放，鼓乐欢奏。新郎抱着新娘从“迎船”登上大渔船。上船后，新娘的脚不能踏在地（船板）上，因而船板上都铺着纱帐。“帐子”谐音“长子”，寓意为好日子才跨出第一步，亦有子孙繁衍的意思。喜堂设在大舱内[18]，供奉着代表天地的纸马（民间亦称“神马”），张挂着大红喜对，4张八仙桌拼成正方形，上置龙凤花烛和干果供品。在掌礼先生的唱呼声中，新郎、新娘参拜天、地、三界神灵；参拜天、地、君、亲、师及和合两圣；恭亲、对拜。然后，掌礼先生唱着、乐队吹奏着，将新人送入洞房。这一路的船板上都铺着麻袋，新人缓缓而行，有人将新人走过的麻袋再传到前面，直到洞房的船舱，总之，不能让新娘脚踩到地。“袋”与“代”谐音，这个传递麻袋的动作还有“传代”的意思。

“新房”设在大艄舱内。发迎船启航后，舅父舅母（必双全，按年序排）开始“铺床”。先要默祷祝福，三揖后开始铺床。将准备的“和合席”“焐床被”、一窝红蛋、24个铺床团子以及甘蔗、糕点、米花糕等一一铺陈。

新娘来到新房，经过“坐床”“挑方巾”等仪式后，要喝“同罗杯酒”（即交杯酒）。掌礼唱：“十二杯中百宝帐，万年福禄永成双。今宵同饮状元红，销金帐内贺新人。”然后递上酒杯献酒，并呼：“敬上状元红，交杯，举眉齐成双杯。”如此，新郎新娘同饮交杯酒。新娘端坐着，脚踏

17　此节参引《太湖镇志·婚嫁习俗》，《太湖镇志》编纂委员会。广陵书社，2014年8月。

18　此处有两种说法：其一称喜堂设于大舱内，见《太湖渔俗》，朱年、陈俊才著，苏州大学出版社，2006年6月，第96页；其一称喜堂设在大板面上，见《太湖镇志》，《太湖镇志》编纂委员会编，广陵书社，2014年8月，第408页。

聚宝盆(铜脚炉)。铜脚炉是冬季暖脚用器物,此时意为“热脚”。苏州话“日子”读音“日脚”,而“热脚”与“日脚”谐音。

然后,喜娘与亲属进行“撒帐”仪式,主要由年长者将核桃、桂圆、枣子、花生、松子、莲子等撒入新床帐中。掌礼唱《撒帐歌》:“撒帐东西南北中,洞房花烛喜相逢。嫦娥今宵良辰夜,学士贵人步蟾宫。一把果子撒上天,发子发孙万万年。一把果子撒落地,恩恩爱爱好夫妻。一把果子撒进帐,孝敬公婆福寿长。一把果子撒上床,白头到老赛鸳鸯。”之后,掌礼拿起红布包裹的核桃、刺子、桂圆、铜甸等8样物品,说着讨彩的吉词抛向新人,新郎、新娘双双兜接。

接着要喝“和气汤”。第一道上的“甜茶”,有和气生财、和顺甜美之意。杯中加入桂圆肉、红枣和红糖,热水泡开,味道甘香。估计新娘此时的心里,要比这道甜茶还要甜些。第二道是上茶叶茶,新娘会轻抿一口。这轻抿的一口茶,是太湖渔家婚俗中茶礼的一部分。男方在婚前下聘礼时,必有茶叶一物,女方收下,则为“受茶”,代表着允纳。待嫁的女子,便是“有了人家了”。现在,在夫家的第一口茶水落肚,代表着新的家庭组成了。

“踩核桃”有点闹新房的意思,只是闹的是新郎。此时,人们在船舱过道、梯阶处放上核桃,船舱面上有两个男青年将新郎向上推,同时,让新郎踩碎核桃。如果新郎不能一下子踩碎,渔家称为“船梢上前”,意思是之后会怕老婆,因为吴语“梢”与“嫂”谐音,且渔业作业时渔家女不能到渔船前部。新郎如果此时脚力不行,踩不碎核桃,就有点“弱势”了。

(八)新房与灶舱

太湖渔家的新房似乎是固定的,都布置在大艄靠“大手面”(右边)的一间,邻近渔船的伙艄(厨房)。太湖渔家的习俗中,新媳妇要为全船人员执勺掌厨,一直要到下一位新娘上船时,前一位媳妇才能将厨事移交。当然,大艄也要让出来,作为新人的新房。所以,渔家姑娘从小就都会做菜做饭。因为一旦出嫁,夫家一大家子的饮食,都要仰仗她的手艺。

新婚“三朝”(3天)后，新娘就要更换下新婚时穿着的红衣袄，换上蓝衣衫，入厨上灶，开始在新的家庭里承担生活的职责。

太湖渔家女必须是能干的。她们生活在渔船上，每天有各种活计要做。想起那句“千金不羡陆家姑”，那位棹郎的心愿很朴实，他所拥有的行舟技艺，需有一位渔家女来协助。将诗句与太湖渔家独特的生活、生产方式联系起来解读，就可以更好地理解诗句里的渔家生活。

好在太湖渔家女自小被培育出许多生活技能，面对一大家子的饮食，没有一点气馁。每逢节庆、喜事，“三个妯娌一席宴”，大渔船上的渔家女，会翻出一道道新花样，不断丰富太湖渔家的饮食。这就是太湖船菜的底气。

（九）正酒、待新舅爷

结婚那天的酒宴称为“正酒”。按理说，应是双方都会办宴席。但现实中，“正酒”一般都以男方举办的酒宴为主。不管如何，成婚当天的喜宴对于男女双方而言，都是需要精心准备和操持的盛宴。

大渔船上正举办着正酒盛宴，飨宴的人们欢聚一堂，因船的特定结构，故而人们围聚在宽敞的船板上(已搭船棚)。大桅(樯)前，坐的是娘舅等宾客；二桅(樯)前，坐的是姑夫等宾客。而桅(樯)下的位置，即背靠大桅、面朝船头的位置，称“大位”，是地位最高的人员的座位，宾客不能随意上座。邀请落座时，都会有一番谦让。

正酒宴席上的菜肴数量，最少的也有36道，多的达百余道。而且，所有的吊角盆子、冷菜、热菜等都是成双的。人们围坐在船基板上，坐的人数也要成双。出菜时“一菜一汤”也是成双作对地出来。这里的“汤”，许多也是菜肴，只是汤汁宽一点，就算作“汤”了。这里的“双”，与太湖渔家的生产生活状况有着密切的联系。现实生产中，罛舟渔家常是两船、四船结对合作捕鱼；生活里，虽说日常各忙各的，但宗族间依然血肉相连，同舟共济。所以“双”在婚庆中透出的是太湖渔家之间和谐、合作的文化内涵。

正酒从“迎聘”回船之后开宴，一直到第二天的黎明时分。掌礼唱诵、宾客欢闹，加上迎亲、闹新房等仪式，这样的渔家婚礼、酒宴是无比热闹的。虽说正酒在结婚的正日，但菜肴却不是最多的一次。太湖渔家说：“最隆重的宴席是‘满月酒’。”

“待新舅爷”的对象是新娘的阿哥。等亲朋送新娘到新郎家后，男方为接待“新阿舅”会特别办置酒席。宴席设于船头的喜棚中，内设两桌（渔家约定俗成），其中一桌可开宴，一桌不能动，称为“看桌”。新阿舅参加完全程的婚礼酒宴，待黎明时分，正酒的仪式即将结束时，将“看桌”及赕家堂的供品等都装在来时的舢舨上带回去。船后，乐手们的舢舨继续跟着，吹奏护送。

写到这里，须要再做一番补充说明。以上太湖渔家婚礼流程是《太湖镇志》里的，故这里按书中顺序进行描述。笔者走访中，发现太湖大船渔家的婚俗与书中所说略有不同。特别是迎聘、发迎等分开进行的婚俗，可能太湖渔家在与当地（光福）居民通婚时，将一些陆地居民婚俗带入了婚礼。如光福居民有“烟囱冒烟，姑娘出门”之俗，即新娘出娘家门，要等到傍晚人们开始做晚饭时才行。由此，婚礼会在晚上进行，婚宴也可能会举办到明晨。

太湖大船渔家在婚礼正日的时间安排及相关婚俗上，也有独特之处。主要表现为：

其一，赕佛。大船渔家一般都信佛，在重大节庆时，会举行赕佛仪式。在称谓上不称“赕南北”而称“赕佛”。

其二，迎聘、发迎一同进行。即新郎与行倌、接亲的妹妹等，都是上午八九点钟去新娘家。送去迎聘礼物的同时接新娘，之后就回到男方船上举行婚庆典礼。不是迎聘、发迎分两个时段来安排。

其三，正酒在中午。接新娘回来，时间大致在中午，直接就开始正酒，婚宴延续到下午，而不会从傍晚开始，延续到明晨。正酒到下午会陆续结束，新舅爷也会在傍晚时带着酒宴回去，没有通宵饮宴的情况。然而，确有一些渔家婚俗如上所说，会有通宵的婚宴。太湖渔家的婚礼宴席流程和饮食内容基本相同。

其四，结婚当天，男方安排两桌宴席，接待女方及其陪同人员。人多不增桌，人少不减席。另外，也不设看桌，即每桌都可坐人开席。

其五，桌位安排方面，陪同新娘前来的女眷，在新娘的新房中飨宴，人再多也是在一起；新娘的长辈、同辈，还有一些小辈等，分别安排，当然，座位方面也会有一些讲究（此亦据部分大船渔民所说）。

（十）满月酒

太湖渔家的满月酒，亦称“待新亲”，与陆地居民所说的满月酒是不同的事情。陆地上的满月酒，是指新生儿满月时举办的酒宴。是为了庆贺新生儿的诞生，也是祝福人丁兴旺。太湖渔家办满月酒，原本是新婚一个月后办，后来，演变为婚后数天内举办。这可能与太湖渔家繁忙的生产活动有关。太湖渔家的婚事一般都在冬季春节时举办，而冬季又是重要的捕鱼季，渔家只能在举办婚宴时相聚，过后就要分头忙生产，因而满月酒也是紧接着成婚日举办的。由此，办满月酒的时间，大致是成亲后的两三天内。杨晓东在《灿烂的吴地鱼稻文化》中写道：“婚后第二天，男方宴请女方父母、兄弟及姑舅等长辈，谓之‘待新亲’。”

办满月酒前，新郎要去女方家邀请亲朋，所邀亲朋都是在家族中有一定地位的。“待新亲酒”，可谓是一场认亲戚的隆重的酒宴。

这次宴席是款待女方的亲朋，是男方礼敬女方的一次活动，体现着太湖渔家崇礼的态度、对和谐美好的家族关系的重视。再则，这次宴请也显示了男方的热情程度与经济条件状况。太湖渔家的满月酒，是所有酒宴中最隆重、最丰盛的一次酒宴。也许男家在办正酒时只有六七十只碗，满月酒时可能就要八九十只碗，乃至上百只碗。在太湖渔家的酒席里，碗，不仅是饮食的盛具，也是他们对于菜肴数量的独特量词，是渔民们对酒宴饮食丰富度的表达。所以，渔家每一次赴宴，都会说“吃了多少只碗”。宴饮中，这些碗也不马上收走。一是主人家正忙着烹饪，加上船舱空间有限，来不及收走；二是船面足够大，再多的碗都能放得下。吃了多少只碗点一点便知。

太湖大船渔家有一个重要的婚俗约定，即接待新娘家亲朋的满月酒只办4桌。来的人再多，也只有4桌酒宴款待，所谓“添人不添桌”。而且无论来多少人，也不能每桌都坐人，只开两桌，余下两桌不能动，称为“看桌”。看桌的菜肴女方在宴后要带回去，给未到新郎家赴宴的亲朋分享。

宴，除了有丰富的菜肴，还有一定的仪式。满月酒是最隆重的一场宴会，新郎家除了准备最丰盛的酒菜之外，还有一定的太湖渔家宴式。

宴前有“排茶”，即让到来的亲戚歇息一会儿，男女方亲戚间互相认识下。过程中，男方敬敬茶、劝劝烟，寒暄致谢。女方长辈会对新娘当面嘱托，如在进入新家庭后，要敬奉长辈、和睦妯娌、关爱族中弟妹等。双方亲家之间要说“敬请关照”等礼貌话语。可以说，是正式酒宴前的暖场。排茶的时间不太长，但是在举办满月酒时，是一个不可缺少的环节。在相互的介绍、认识过程中，进行情感的交融，男女双方培养新的人际关系。排茶饮食上，主要准备茶水与糕团数品，有米花团、定胜糕、红橘团子、蜜糕等聊以填饥。当然，选择的这4样糕点也都隐含着美好的心愿。

随后，请亲朋入席。席周分摆“吊角盆子”，数量不一，最起码16盆，多的有36盆；盆中盛放糖果、蜜饯、水果、糕点、干果、瓜子等食物。这有点像苏州酒楼饭店盛宴中的小菜。

宴席开始，冷菜先上。葱油海蜇、五香牛肉、白切猪肚、花椒鱼等亦是16碗以上。接着热菜上席，热菜包括蒸烧、清炒、汤羹、大菜等多种类别，都是“一菜一汤”成双作对地陆续上桌。第一道必是“发菜汤”。如此，热菜又是数十道菜肴。由于经济社会的不断发展，太湖渔家的烹饪方式与菜肴不断丰富，有了“新菜”“老菜”之别，随着品种的增加，新菜、老菜的组合数量也越来越多。因而，太湖渔家的“满月酒”盛宴，是真正的隆重。

（十一）上花坟

上花坟是太湖渔家又一个独特的习俗。在新婚宴庆忙碌过后，大致在正日之后的几天内，夫家家人陪同新郎、新娘一起，来到祖坟进行祭祀。这是要禀告先辈，船上又添了新媳妇，感谢先祖创下的基业，感谢先祖的护佑，让渔家生活安康富庶，家族血脉绵延。

这样做的客观因素是，太湖渔家在新婚后，又将各自返回船上，进行繁忙的渔业作业。这一去，又将漂泊两三个月。所以，只能趁着停靠岸边的短暂日子，举行上坟祭祀。你或许又会问，太湖渔家哪来的陆上之坟？太湖渔家虽生活在水上，但会在经常泊停的湖边，向陆地居民购买一块地，来安葬渔家的亡故之人。这样，太湖渔家在陆地上也有了根，有了恒久的锚地。

上花坟那天，新娘要穿上绿色的衣裙前往。这天的祭品，除了香烛、酒之外，还有一席菜肴。渔家说：“是‘一席菜肴’，不是几样菜。”新郎、新娘与家族成员，抬着装满酒菜祭食的大盘，前往墓地。太湖渔家用“一席菜肴”上花坟，真是十二分的虔诚。

（十二）婚后习俗

婚后，每年中秋节，新婚夫妇都要一起回娘家赠送月饼。特别是新婚当年，要赠送的月饼非常多，要送到每位“新亲”处。一份即有二三十只月饼，总共要送几百只。新婚第二年送直系亲属，之后只送岳父母。

以上所说的，是笔者在查阅资料及走访太湖渔家的过程中，所了解的太湖渔家传统婚俗中的一些与饮食相关的情况。由于太湖渔民群体各个不同，生活的地域不尽相同，如有的靠近浙江湖州、长兴，有的近江苏无锡、常州，这些渔家或多或少会受到临近地区婚俗的影响，婚宴中便会有多种不一样的风俗与婚庆饮食。还有的小船渔家、沿太湖内河渔家、信奉天主教的渔家等，都会有各自的婚庆婚宴习俗。在此不再一一陈述。

五、新生与饮宴

十月怀胎，即将临盆时，娘家除了要准备小孩衣物、尿布、抱襟、小被头、出窝衣之外，还“要为女儿送上苦草（益母草）、锅巴、黑鱼干，以供产妇月子中调养”[19]。益母草是草药，产后服用可以促进子宫收缩，排出淤血以及修复分娩过程中损伤的机体组织，利于产妇的身体复原。锅巴因已熯熟，带些焦黄，能够放置一段时间。就保健而言，锅巴有健脾生津、开胃消食的作用。用锅巴泡粥饮食，有利于产妇在坐月子期间有良好的消化、吸收能力。黑鱼干富含蛋白质，可蒸可烧，有利于产妇修复伤口，增强体质，还能助奶分泌。看似简单的几样东西，对于产妇而言，实在有用至极。娘家送来的食品里，还有红糖、菜干、鸡蛋、桂圆等，也都是具有养身补益、助消化功效的食物。

新生命的诞生，让一条船上的渔民都欢喜不已。新生儿家要赶紧做团子，向亲友、邻船送去。团子每个都有一二斤重，馅一般都是赤豆沙。收到团子的亲友们，自会带着蹄髈、母鸡、鱼等各种保健营养的食品前来道贺。

婴儿响亮的啼哭声，也催促着忙碌在厨房的渔家众媳妇——要为产妇做月子餐了。太湖渔家称“鲫鱼头里三分参”，月子餐里当然少不了鲫鱼汤。鲫鱼汤不但汤香味鲜，还具有非常好的补益作用。产后妇女食鲫鱼汤，可补虚通乳。月子食谱里还有鸡蛋，鸡蛋营养丰富，蛋黄中含有丰富的卵磷脂、固醇类以及钙、磷、铁、维生素A、维生素D及B族维生素。人体对鸡蛋蛋白质的吸收率可高达98%，是营养物质被吸收比例非常高的

19 《灿烂的吴地鱼稻文化》，杨晓东著，当代中国出版社，1993年12月，第94页。

食品。还要准备红糖，因其具有益气补血、健脾暖胃、活血化瘀的作用，还含有维生素和微量元素，如铁、锌、锰、铬等。当然，太湖渔家还会为产妇时不时地炖上只猪蹄髈。它能给产妇提供能量，让月子里、哺乳期的渔家女，有体力悉心照料新生的宝宝。鱼、蛋、蹄髈、红糖这些食物虽不高档，但实实在在地提供了产妇身体恢复过程中所需的营养和能量。月子期间，这“老四样”出现的频率可谓高矣。直到月子之后很长一段时间，有些妇女看见鲫鱼汤时，还有些心有余悸——呵呵，吃腻了呗。笔者走访中也了解到，渔家产妇在月子中的食谱还是蛮丰富的，如甲鱼汤、爆鱼汤等也会出现在月子餐中。看来，渔民各家都有自己的营养食谱。

新生儿满一个月（女孩）或两个月（男孩），就要剃头了。那也是一个重要的时刻，是新生命的重要仪式。剃下的是从母体里带出的胎发，之后，头发就要伴随着自己旺盛的生命生长。时间一般定在农历的初三、十六日和廿七日等吉日。剃头之日，主人家要举办“剃头酒”宴请亲朋。

满一周岁了。这是人生第一个周岁生日（有包括抓周等渔家风俗，略）。饮食方面，“主人家要用糯米粉做成寿桃、寿糕等食物，在家中正厅点起蜡烛祭礼，称为‘斋星官’”[20]，同时，要邀请亲朋前来，举宴飨客。

新生的渔家儿童将成长为新一代渔民，成为渔家的顶梁柱。每年生日，特别是年长之后的寿诞之日，要不要举办寿宴呢？旧时，“太湖渔民基本不搞‘寿诞’庆贺，平时没有做寿的风俗”[21]。这是由渔家生活的特殊性决定的。他们长年泊居水上，流动性强，无论捕鱼、拣鱼还是织网、修船、补篷，每天都在忙碌，加上采购不便、人员相聚不易，所以，渔家在贺寿方面看得较淡。陆居之后，太湖渔家的生活有了很大的改善，渐渐地与陆地居民一样，也开始在寿诞举宴庆祝。

---

20 《太湖镇志》，《太湖镇志》编纂委员会编，广陵书社，2014年8月，第412页。

21 《太湖渔俗》，朱年、陈俊才著，苏州大学出版社，2006年6月，第109页。

寄名，是指渔家小孩另外再认一对渔民夫妻作为义父母。由于渔家生活伴随着风险，为了小孩的平安——也有的为了让体弱多病的小孩健康起来[22]，一些条件较好的渔家，会找条件相对差一些的渔家寄名。寄名儿童的年龄一般在1岁到3岁间。寄名儿童的父母除了准备衣袜、寄名袋，还要再备一条鳜鱼、一块肉和一碗饭送给对方。如此，就“衣”“食”无忧了。寄名时不搞隆重的仪式。“寄亲”关系确立后，寄父母每年要给小孩送一只碗、一双筷，意为好好吃饭，健康成长。过年时，寄父母要请寄儿吃年夜饭，一般连续3年。寄儿要带着猪腿、烟酒、糖果、桂圆等礼物前去。寄儿也要请寄父母吃年夜饭，一般要连续12年。在寄儿结婚的喜宴中，寄父母与舅舅一样会受到尊敬（婚宴中，民间有“天上老鹰大，地上娘舅大”的俚语）。

六、唁仪与饮食

生与死是生命中始终相伴的议题，犹如月有圆缺，这是自然的节律。一生形消，亲朋相送，这一刻，在人们点点滴滴的回忆里，留下了一个家族、一个群体的历史。

太湖渔家的哀悼习俗里，在饮食形式上与苏州地区有相同之处，如在丧礼之日，太湖渔家会准备膳食，致谢前来吊唁的亲朋，名为“吃豆腐饭”“吃素菜饭”“吃白饭”等。太湖渔家也有自己的哀悼习俗，如在过七时，“要用不同的膳食祭奠亡灵，有头七团子二七面，三七糕，四七馄饨五七饭，六七圆子收七酒的风俗”[23]。变化的祭品，反映了太湖渔家深切的祝愿，让亡故的人在往生的路上，亦有丰盛的食物。“一路走好”的心里话，体现在一款款祭品上。在居丧守丧期间，日常的饮食中不能食用鲢

22　旧时民间认为，如小孩体弱，找贫困人家寄养，可以化灾除难，让儿童健康成长。

23　《吴县水产志》，《吴县水产志》编纂委员会编，上海人民出版社，1989年10月，第322页。

鱼，因“鲢”与“连”音谐，为避“连”的字意。生死两重，亡者且要重生，因而，不可让亡者有所眷恋，有所牵挂。

自亲人亡故之日到“断七”，旧时会做三次“道场”。举办道场时，第一、第二次斋饭由主家开销。第三次“五七”道场，斋饭由女儿、女婿开销。道场中有“解结”的法事，“意为死者在世的原有恩怨都一一解除了之”[24]，“祭主（儿子）跪托盛放如意、米、麦、糕的木盘，参与解结的亲友逐个逐个跪在祭台木盘前，道士将手中的红线，边挽结，边诵经”[25]。

太湖渔家虽然过着水上生活，长年生活在太湖中，但若有亲人亡故，渔家会在常泊区域的沿岸陆地，购置一块坟地用于安葬故人。清明时节进行祭奠时，太湖渔家会用糯米粉做成各色团子，再用削好的竹签，将红、黄、绿、白、紫等颜色的小团子串成一串，插在坟头；也有人将彩团挂到坟边的柏树枝上。此时，如“有小孩来抢，抢得越快，将来发得也快，都乐意马上抢光”[26]，此俗也称“抢七色团”[27]。串在坟前的团子被小孩很快争抢完了，表示着亡故的人在新生时，也会很快地发达起来。太湖渔家以小孩争抢团子的情景，来寄寓心中的祝愿，表达深深的悼念。

生活总是要延续，人们对亡者的期望也是对自身的期望，所有的丧礼之仪都离不了对今生的美好期待。

24　《太湖镇志》，《太湖镇志》编纂委员会编，广陵书社，2014年8月，第417页。

25　同上。

26　《吴县水产志》，《吴县水产志》编纂委员会编，上海人民出版社，1989年10月，第323页。

27　《灿烂的吴地鱼稻文化》，杨晓东著，当代中国出版社，1993年12月，第96页。

第三节 太湖渔家生产中的饮食活动

“不论哪一类渔业区，都有一个共同的特点，那就是他们的民俗与经济生产融为一体，具有明显的实用功能，即一切渔业民俗都以有利于这种生产的进行和提高收益为目的。”[28]太湖渔家的生产活动，除了捕鱼虾之外，还有与之相关的一些事务，如开捕时的祭献祈祷、休捕时的织网修帆、捕鱼过程中的捞取分拣、船具的修缮等。渔家说，船上的生活是繁忙的，好像有做不完的事。一些重大的生产活动，还要联系其他人进行合作。伴随着这些事务，饮食活动自然产生，久而久之，成为太湖渔家饮食文化中独特的内容与形式。

一、造船与饮食

船，是太湖渔民最重要的生产工具，也是太湖渔家的生活居所。造船与翻修，就像陆地居民造房修屋一样，是一件大事。旧时，“其制造也，择时日，配八字”，古人会通过一些传统的预测方法来确定最恰当的开工建造时间。因为是大事，故而马虎不得，必须慎重对待。

关于罛船的建造地，《太湖备考》载：“其造船之处，在胥口之下场湾、西山之东村、五龙桥之蠡墅、光福之铜坑。其编箬篷，打簟[29]缆，在冲山。”文中所说的地点，主要在太湖东岸的一些沿湖乡镇，包括光福铜坑、冲山（现归属光福镇）等处。冲山是打缆绳（旧时竹篾编结）、编织箬篷（旧时竹篾船帆）、编结渔网（旧时结网以苎麻为主料，须经劈麻、接绩、纺线、并股、打结、猪血浸染等多道工序）、染布篷（旧时制布质篷帆要选用槲树、栲树皮，经粉碎、捣汁，再放入大锅中煮染，目的是使其抗风

28　《民俗学概论》，钟敬文主编，上海文艺出版社，1998年12月，第52页。

29　簟，船上的纤索，如船缆、网缆、篷缆等。

雨、耐腐蚀，增加牢固度）等工场的集中地，负责渔业生产中一些必要的渔业物资的生产，也是重要的渔具供应基地。这些地方由此成为太湖渔民汇集的地区，也是如今太湖边的光福、冲山区域成为太湖最大的渔业村镇的重要因素之一。

渔船常年泊在水中，旧时都为木质渔船，因而，所用的木材必须致密耐蚀。太湖中的大、中渔船，每年都会在休渔期进行修缮。进行较大规模的修缮与建造时，船家与有经验的工匠要去东北采购柏木（少量用东北松）。为了减少费用，一些大船渔家会联合起来，“一同修缮，各出劳力，分工负责，共同采购船料”[30]。采购回来后，还会根据各船的修缮情况、用材情况等进行分摊计费。这些过程离不开有经验的船东（渔家）与工匠。

特别是大渔船如罛船之类，体大，船重，桅高。船的长度超过25米，宽达5米，桅高十七八米，载重约六七十吨，这样的大船要建造或者修葺，就要召集专门的造船工匠，聚集较多人员一起进行。工程中，要投入大量的人力、物力和财力，很多技术、经验要落实在每一个操作环节上，如此才能保证工期、保证造船作业的有序开展，才能保证船的质量。因而，本着重视工程、凝聚力量、尊重先辈、庆贺新船等心意出发，船东与工匠之间，都会以约定俗成的酒宴形式，来表明某项造船工程的展开。

据说旧时造一条大渔船要办十多次酒，称“七大八小”。可见造船的内容、环节非常多，每一项都必须要十分地重视，所以，办酒也就显得尤为必要，同时，保证船主与工匠之间的沟通联系。每一次办酒，菜肴都要“七荤八素一只汤”，总数为16只。16，在太湖渔家看来是一个非常重要的数字，吴语谐音“直碌”，有顺畅、通顺等意思。对于常年泊居太湖的太湖渔家而言，一帆风顺是具有实际意义的。因为造船修船是体力活，所以，菜肴品种也尽量要有“硬货”，猪、羊、牛、鸡、鸭等都是能增体力、耐

30 《太湖渔俗》，朱年、陈俊才著，苏州大学出版社，2006年6月，第61页。

饥抗饿的食材。烹饪方式上也不追求精细，红烧、白笃均可，那种大块吃肉的气氛，有增加激情、提振士气的效果。

“开工酒”在渔家与工匠选定的吉日良辰举办。在祭神仪式后，工匠象征性地锯一段木头，用红布包裹后交给船东，口中念念有词，满是吉祥口彩。船东就要分发喜钱，回复“辛苦”“拜托”等谢词，并请造船工匠和前来的宾朋们一起吃开工酒。

“定圆酒”亦称“定星酒”。所谓“定星”，就是确定船的中心线，这是造船非常重要的一道工序。之后渔船要上船梁，就要沿着这条中心线来放置。这条中心线决定了船的平衡，决定了船体结构和承重均衡，也影响着渔船使用时间的长短。可以说，稍不当心，会造成“差若毫厘，谬以千里”的严重后果。因而，必须“君子慎始”，重视定星这一重要工序。并且，按渔家传统，谁在船板上拉弹这一条定圆墨线，就表示着谁将是这条船的继承人。所以，定星酒也昭示着新一代渔家的接力传承。

其实，传统的中式房屋建造，也非常重视中心点的确定。一间房屋起墙架梁，也要确定中心，才可以上大梁。而且，上大梁也要举行一些仪式。苏州有“抛梁”习俗：房主在确定上房屋大梁时，要先摆酒宴，上梁时会从高处抛下预先准备好的糕团、糖果等食品以示祝贺。其中，糕必定用元宝形的定胜糕，还要有馒头等。太湖渔家造船则以“定圆酒”来相庆。

“下水酒”，亦称“顺水酒”。这是渔船建成后，举行下水仪式的一次酒宴。下水仪式是热烈而欢快的，就像迎接一个新的生命一样，要对新船做一番布置打扮，如在船头钉上“利市钉”，将迎祥纳珍的利市仙官请到船上，表示一份祈求大吉大利的美好祝愿。要“供奉猪头猪尾、鲤鱼、鸡蛋（旧时绝对不用鸡，因船民生病时医疗不方便，常杀鸡祭神，希望来驱除病魔，所以渔民认为供鸡是不吉利的），以及馒头、糕点等物品”[31]。

31 《太湖渔家风情录》，马祖铭、何平著，《苏州史志资料选辑二〇〇四》，苏州市地方志编纂委员会办公室、苏州市政协文史委员会，第285页。

同时，“还有一个聚宝盆，一般用脚炉代替，盆里堆放用米粉捏成的鲤鱼、石榴、佛手、桃子、万年青、竹笋等实物，以祈求生活幸福万事如意”。当新船披红挂绿、贴上对联，在爆竹声中，徐徐入水中，前来道贺的亲友要送上兴隆馒头（意为发）、定胜糕（意为安定荣胜）、甘蔗（意为节节高）、米花团（意为快乐）、“红饭”（即赤豆糯米饭，意为生活红火）等表达祝贺。船主也会在新船下水后宴请工匠和亲友，因而，“顺水酒”也是在造船过程中异常热闹的一次宴席。

二、庙会与饮食

太湖渔家的宗教信仰会体现在生产、生活的诸方面，一些宗教活动及仪式，常常与渔业生产有着极大的联系，并且也有一定的祭祀食品。

“太湖渔民信仰庞杂，信仰与迷信混杂在一起，天上、人间、地府三界都祭祀，佛、道、儒三教都供奉。但又区别于真正意义上的佛教和道教，渔民的信仰有着很明显的‘利己’倾向。重在保佑今世太平，生意兴隆。”[32]太湖渔家的现实生活中，时刻要面对水带来的危胁；渔民泊居太湖，与陆地居民、社会接触少，医疗、救治等条件极其匮乏；长期以来，渔民面对自然之力，充满无奈。旧时生产、生活中遇到各类艰难困苦，太湖渔家只能通过某些宗教活动或仪式来祈求上苍、诸神保佑。当然，这样的宗教活动中，也会嵌入真、善、美的内核。由于太湖渔家的组成来源多，加上船的大小、作业方式不同，不同的“帮”“族”之间，宗教信仰上有同有异。这里仅就太湖渔家的某些宗教信仰和相关活动中与饮食相关的一些内容做简要介绍。

大禹治水，“三江既入，震泽底定”，使太湖有了良好的渔业生产条件，因而大禹是太湖渔民最尊奉的对象。对“天后”（妈祖）的尊奉，则

32 《太湖镇志》，《太湖镇志》编纂委员会编，广陵书社，2014年8月，第419—420页。

多见于由海洋渔民转变为太湖渔民的族群中。其他还有如观音、关帝、胥王……这些神灵在太湖边都建有庙宇，在某一时点，人们会前去祭奠。祭奠过程中，还伴随着其他经济、社会活动，从而形成一些庙会，如平台山庙会、天妃庙会等，还有多种形式的赕老爷。可谓内容丰富、形式多样。旧时，还有各种“香会”专门组织此类活动，一年中“小赕三六九，大祭月月有”。太湖渔民喻为“水里来，火里去”。他们用渔获赚来的钱，很多都因这些烧香、庙会活动耗去。

（一）庙会

平台山庙会。“祭禹王的香会每年四期：正月初八、清明日、七月初八、白露日。”“春祭六天，秋祭七天”[33]，春秋两祭，是最隆重的两次庙会。也有称“正月‘上崑’清明‘祭禹’冬季‘献头鱼’三期香信”[34]。

《太湖备考·杂记》载：“太湖中小山之名崑者有四，其上皆有禹王庙，唯北崑最称灵异，六桅渔船岁时祭献，以祈神贶。”旧时，太湖中有四座小山（岛），山上都建有禹王庙，为渔家祭祀之处。北崑现称平台山。清代蔡九龄《重修禹王庙记》曰：“太湖中东西南北四崑皆立大禹庙，报震泽底定之功也。甪里郑泾之东北曰‘北崑’，庙貌较诸崑为最。”1951年，冲山岛李、吴两姓居民获得政府颁发的平台山的土地房产所有证，现平台山岛行政属地为苏州市吴中区光福镇冲山村。

正月到禹王庙烧香称为“上崑”，从正月初八开始，延续半月之久，渔民一般都结伴前往。上崑时，几条船一同前往，选一船主祭，费用分摊。由于前往的渔民多，因而，须按到达前后，在庙中写好水牌，“拈香为定”，轮流祭祀。

---

33 《灿烂的吴地鱼稻文化》，杨晓东著，当代中国出版社，1993年12月，第99页。

34 《太湖镇志》，《太湖镇志》编纂委员会编，广陵书社，2014年8月，第423页。

祭祀用的食物，“荤供有全猪、全羊各1头，猪头7个、连脚独蹄8只、公鸡7只、鲤鱼干7条。称为‘七头八脚’。杀好的全猪、全羊背部要留一撮毛。另外，还要配活公鸡1只、活鲢鱼2条，供祭鳌[35]时用。素供有茶点、糕团、干果、水果、豆腐干、百叶和用米粉做的猪、鱼、鸡‘粉三牲’”[36]。旧时，香案前有长方形的青石供台，俗称“猪羊石”，是祭祀时用以摆放全猪、全羊的。祭祀结束后，“将包括猪头、猪蹄、鸡、鲤鱼等供品分成若干份，4条船各分1份，另1份放在木桶里留给庙祝”[37]。之后，渔民就进入宴饮阶段。先是前4条船与后面4条船上的8个人一起吃次酒，称为“接张”，大致是连续、不间断的意思。然后渔家自己也要聚宴，男渔民在岸上，女渔民及老人、儿童在船上。渔家上岸一般要用3天时间，有“吃八顿半”之说。这几天，是渔家重要的社交日子，譬如原来组成的“一舍”的两条船，如要进行一定的调整，就可以在这个时期物色合适的渔家渔船。

清明祭禹是太湖渔家的公祭，全湖渔家都会参与到这个祭祀活动中。一般是由香会组织，每个香会都有具体名称，称为“某某社”“某某班”等。香会由香头负责，香头是公推的“有威望、热心佛事活动”[38]的人，且“香头一经确定，一般不再变动，直到其死亡后再推荐他人接任”[39]。清明祭禹香期共7天，其中前3天进行祭祀，后4天为娱神，即进行一些娱乐活动。原平台山禹王庙中有戏台，可以演戏。

---

35 传说兴风作浪的鳌鱼被大禹收服，身体分别被锁在太湖的“四帛”，其中鳌鱼头位于北帛。

36 《太湖镇志》，《太湖镇志》编纂委员会编，广陵书社，2014年8月，第423页。

37 同上。

38 同上。

39 同上，第420页。

冬季献头鱼是太湖渔家又一次在平台山禹王庙中进行的重要的祭祀活动。清吴庄在《六桅渔船竹枝词》中写道："一年生计三冬好，吃食穿衣望有余。牵得寻囊多饱满，北峁山上献头鱼。"词中"献头鱼"是指冬捕后要将捕获的第一条大花鲢，拿到北峁禹王庙中进行供奉。渔谚云："三季靠一冬。"冬天是太湖渔业的旺季，太湖渔家希望在冬季能够多捕多收，可以实现吃穿不愁、生活小庶自足、家庭平安祥和等愿望。"鲢"与"连"谐音，因而供奉用鲢鱼，而且是最大的鲢鱼。

农历十月初，公历的11月，已界立冬时节。西北风总是一阵紧一阵地到来，正是罛船显身手的时候。献头鱼的具体日期要看风的状况与捕鱼情况而定。当大风来临，篷张船驰，网拖太湖，太湖渔民必定会从第一网中选出最大的鲢鱼来，赶紧到平台山禹王庙献头鱼，然后再投入紧张、繁忙的冬捕之中。由于是捕鱼旺季，献头鱼的香期一般也只有两天，而且，献头鱼时会有几艘渔船合在一起，由一条船前来作为代表献祭。

渔民献头鱼来去匆匆，而平台山祭祀会按照传统的流程，有条不紊地进行。这样的祭祀由"太保先生"主持，有发符、请神、宴神、送神等流程。

香案上的祭祀供品有"荤三牲"，即猪头一个，连脚猪蹄一只，猪尾巴一条，此代表一头猪；公鸡一只，鸡旁放大葱两根；鲤鱼一条。案边上放菜刀一把，刀上放盐一撮，此暗合苏州俚语"现（盐）到（刀）手"。此外，还有用米粉做成猪、鸡、鱼等"粉三牲"，以及茶食、水果、豆腐干、百叶、糕点等。糕点有定胜糕、米花团、甜团子、糖元宝、云片糕、馒头等等。

香案前供桌上，摆"荤三牲"，地上"猪羊石"上，供全猪、全羊，中间放一只活鸡，以及两条不刮鱼鳞的鲜活鲢鱼。这些是用来祭鳌的。传说兴风作浪的鳌鱼被镇在峁下动弹不得，无法觅食，因而渔家投食相祭。太湖渔家真有点"鱼道主义"。

殿侧的"坐船王爷"像前，也要供一只连脚猪蹄。传说这位王爷是为禹王掌舵的船老大，所以到禹王庙来祭大禹，也要敬一敬这位保障禹王行程安全的船夫。东、西两殿及厢房，也都供奉着“荤三牲”。后殿的素佛堂，供奉“粉三牲”，及豆腐干、百叶、粉皮等，还有茶食、水果等食品。看来，庙中供奉是一个都不能少。好在秋收之后的初冬，物产盛出，禽畜长成，供奉仪式也就隆重奢侈一点。以物观照，对应着渔家的心愿，这样的奢侈是一份虔诚。换一个视角看，也体现出太湖渔家客观存在的艰难的生存环境。

宴神时有献香、献烛、献茶、献酒等程式，司祝会一段一段地唱“神歌”，连续10多个小时，而前来献头鱼的渔民们，也会伴着神歌，哼起“接乐”来。“四献”结束，渔民们会稍歇饮食，男渔民喝酒，女渔民吃糖茶。

吴庄还写道：“三月廿三逢社祭，甪头山下拜天妃。”甪头山在洞庭西山岛上，山上建有天妃庙，为清康熙三十九年（1700）时建成的。天妃，亦称妈祖，民间还称“娘娘”。在海洋渔民中，信奉天妃妈祖的较多。天妃庙会有“娘娘出会”的巡游仪式。还有其他庙会，在此不赘述。这些祭禹、敬神活动，都是太湖渔家对于生产、生活的祈求与祝愿。

（二）赕佛[40]

赕佛是信佛的太湖渔家的祭祀活动，亦称赕老爷。根据活动的内容与形式，有族群性的赕佛，也有家庭性的赕佛。虽说是赕佛，在具体过程中，还是会赕各路神灵。这类活动，与庙会、香信等活动互有交集。大致有如下几种形式：

香信赕老爷是指某一天或某个时期，到某个庙中，烧香拜祭某位“老爷”。香即烧香祭祀活动，信即某一时间、某一位老爷。由香头向本帮渔民筹钱后统一组织前去赕老爷。相应的庙观会在空地上搭置香棚，内设香案、供幕帐、供桌、供品等。太湖大船渔民有五期香信，即“路

40　本节参引《太湖镇志》，《太湖镇志》编纂委员会编，广陵书社，2014年8月。

头——早秋路头香；接太宝——冬赕五太爷；冷开——结冰赕老爷；上岿——赕禹王；祭天后——三月廿三娘娘香。”供奉的食物主要有猪头、公鸡、鲤鱼等荤供，还有茶点、糕团、水果等素供。

“总家路头”[41]，是本族渔民举办的祭祀活动，一般由族内有威望的渔民组织。两条渔船靠绑在一起，船头搭祭棚、供幕帐、设香案、供品。持续时间为一昼夜，且渔家妇女不能参与，不准到祭船上，外族人员也不能观望。送神后，本族男子一起聚餐。

从妇女不能参加的要求看，还有称为“做公堂”[42]的活动与之相似。时间是农历的五月到七月间，此时白鱼盛出，渔民在捕白鱼前会进行请神、祭神、拜神、唱神歌、会餐等活动，只有年满16岁的男性渔民能够参加。

“过长年”，是太湖渔家在秋季开展的赕佛活动，一般都是每条船自己举办。出于经济上的考虑，大船渔家将“过长年”与“烧路头”等祭祀活动合在一起举办。这些祭祀活动都是在秋后渔业旺季时举办的，有一套传统的程式。祭祀程式也会延伸到其他活动中，如有“喜事长年”，就是举办婚礼前两天，男方举办的祭祀活动，即赕南北、赕佛。

“愿心长年”，是家中有病人，或有不太顺利的情况时，赕佛以期驱除不吉利因素（旧称驱鬼），是希求家人健康、家庭太平的活动。供奉的食物要看当时渔家的状况。有些渔家会用宰鸡驱瘟的方式来“驱妖除孽”。

可见，赕佛是太湖渔民祭祀活动的总称。总体上是为了祈求渔民家庭的平安、富裕、健康，生产中的丰收、得利、顺利等。除了重大的赕佛活动，对于渔民家庭而言，是可以因情而进行赕佛的。因参与的人员、祭祀的对象不同而形成相应的规模，祭品的数量、内容等也会有所不同，但总

41　《太湖镇志》，《太湖镇志》编纂委员会编，广陵书社，2014年8月，第430页。

42　《灿烂的吴地鱼稻文化》，杨晓东著，当代中国出版社，1993年12月，第100—101页。

会有相似的形式和相应的饮宴。

三、供奉船头土地

土地神亦称土地爷，或称土地公公，被认为是一方土地的保护神。不过，与另一位地方保护神——城隍爷相比，土地爷的地位就低得多。而土地爷数量多，过去，每个自然村基本上都有一小间土地庙，奉着当地土地爷。由于数量多，各地不一，故而土地爷的形象也就多种多样。

土地爷“分管一方土地”，因而，民间的供奉四时不绝。地方上人遇到难事、心事，也要到土地庙来，与土地爷说一说、讲一讲，祈求丰收，祈求平安，祈求事业顺畅。好像土地爷是一位心理医生。“土产无多，生一物栽培一物；地方不大，住几家保佑几家。”李风翧在《觉轩杂录》里说：‘土地，乡神也，村巷处处奉之，……按土地不一，有花园土地，……有青苗土地，……有长生土地，家堂所祀，又有拦凹土地、庙神土地等，皆随地得名。”所以，太湖渔家的船上，也有土地，也得有香火与供奉。“逢新船下水、逢时过节、鱼汛开船、祭祀祖先等重大事件，吴地渔人均要用鲤鱼、鸡蛋、馒头、糕点、猪头猪尾等供奉‘船头土地’。”[43]

四、收鱼人与鱼行

清朱彝尊《太湖竹枝词》道：“黄梅白雨太湖棱，锦鬣银刀牵满罾。盼取湖东贩船至，量鱼论斗不论秤。”这是一首描写太湖渔民捕鱼丰收后，期待收鱼船和收鱼人前来进行水产品交易的诗。

笔者问太湖大船渔家：“能不能直接向消费者供应水产？”渔家回答：“不能！”他们说，“一旦开捕，整天忙在太湖中。下网、收网、分拣等等，忙都忙不过来。”因而，捕到的水产，经初步分拣后，只能卖给收鱼人。收鱼的人每天也要去多条渔船收鱼虾，汇集后再转卖给陆上的“鱼

43 《灿烂的吴地鱼稻文化》，杨晓东著，当代中国出版社，1993年12月，第101页。

行”，现在称水产批发市场的经销商。经销商收到水产品后，一是面向消费市场，转批出去；一是转入加工领域，或保鲜冷冻，或制成食品工业原料；还有某些小型鱼成为水产养殖的饲料。通过电商、网络销售水产品的方式，能够使某些鱼虾保鲜储存，以捕鱼为业的太湖渔家，目前难以做到，还需要中间商进行分销。

收鱼人、鱼行、经销商，都是太湖渔业产业链上的一环。在今后一段时间中，可能还将存在。其原因一是在鱼汛期，太湖渔家捕鱼、分拣作业十分繁忙，抽不出身来进行销售联系（固定的中间商是有的，面向市场的没有）；二是市场消费对淡水水产品的鲜活度具有要求，捕鱼、分拣、物流、储存、供应等，若都由太湖渔家来操作，还要保持水产品的鲜活，似乎还难以做到。而中间商，就可以进行分销工作。这些往来于渔船和鱼行间专司收鱼、销鱼的船，旧时称为“行账船”。他们与渔家、鱼行形成固定关系，久之也成为熟人，具有一定的信任度。有诗称：“左右帆开势拍张，一拖九九起鱼忙。酉过稍后西风死，行账船来便上行。”

2000年，笔者曾在西山石公山码头处见过一个鱼行，应在一年的休渔期，六七月份的样子，一些小船渔家似乎还在湖边进行捕鱼活动。从捕获的鱼的品种看，几乎都是塘鳢鱼。可能那个阶段，只能在湖边捕捉这样的水产；或者这家鱼行专收这类水产。鱼行不大，约200平方米。门前放着三四只盛有水的大水盆，室内还砌着两个大水池。盆中、水池中，都有增氧泵不停地调节水中的氧气。看了一下，每个盆、水池中的塘鳢鱼，规格都不一样，鱼行应是已按大小进行了分类。

渔民来了，提着塑料的网兜，与鱼行的人打了个招呼，然后径直到秤上称了一下，说：“某某斤，放在这里啦。”回答：“好的。”渔民随手将一兜鱼放在水盆中，转身离开。“收鱼”的这一幕实在太快：一声招呼，一个弯腰（称重），随手一放，转身走人。这中间，双方也没有核一下重量，也没有人讲价钱。渔民转身走了，鱼行内只有增氧泵的声音，又进入平静。

这里收鱼为什么这样简单?

笔者在鱼行里转悠了一圈,总算解开了疑惑。原来,每一个网兜上,都系着一块写着名字的布条,只要有了这个记号,就可以知道是哪位渔民送来了水产了。而刚才称重后报的分量,鱼行人已暗暗记下,或在纸上,或在脑中,这样就可以复核。而渔民与鱼行之间又是熟识的,也能对应起是哪位渔民送来的鱼。

想想也是,鱼行是连接渔家与市场的中间一环。市场情况如何,渔家是不太了解的。那些规格、分类等,都属于渔行与市场之间要考虑的,鱼行根据鱼的品种、规格信息,按统价收购,然后进行分类,最后按等级定价出售。所以,渔民只要报一个分量,就会有一分收获。待鱼行出货后,就可以拿到那些水产的钱。而鱼的分类工作等,就由鱼行人员来进行。

你也许会问,渔民交来的鱼的大小,是不是会有很大的差别? 我的看法是有差别,但差别不大。一是从渔行中已分好类的鱼(塘鳢鱼)看,有大小之别,但太小的鱼没有;二是从与太湖渔家的交往中知道,以捕鱼为业的渔家,对水产的生物习性颇多了解,知道什么时候捕鱼,什么时候停捕。因而,某一时间段渔获状况大致相似,虽无规格要求,但买卖双方都会遵循一定的行规。信任,建立在渔民与收鱼人、渔行之间。

那些收鱼的人,有时还成为太湖渔家的后勤保障人员。太湖渔民在繁忙的渔业作业时,饮食中需要新鲜的蔬菜、禽畜,因抽不出时间上岸,就会委托收鱼人帮忙采购。久而久之,收鱼人也会积极主动地满足渔民的这些生活需求,在收鱼的船上备有一些生活必需品和应时的新鲜食物,满足渔民的生活所需。

第四节 太湖渔家的饮食习俗

习俗是一定区域内的人们在历史发展过程中,形成的本区域群体共同具有的思维方式与行为方式。太湖渔家伴水而生，在他们的生活中，既有中华民族共有的习俗，也有太湖渔家自己的习俗，太湖渔家内部各群体所具有的习俗也不同。在此，对现存的、存在过的太湖渔家习俗做简要介绍。

一、太湖渔家的饮食习惯

（一）餐数

太湖渔家在不忙的时候，一般都是吃早、中、晚三餐。在夜间捕鱼时，渔家会增加一餐，一般在夜晚10点左右，称为“鱼汤饭”。主要食材是所捕获的鱼类。将鱼烧煮一锅，佐以面条、泡饭等，作为宵夜。“供学”时在上午10点左右吃一餐面食、汤团之类的点心[44]。

如在捕鱼季，也是以三餐为基础，有时夜捕加一餐。但忙季必定有忙季的特点。太湖渔家媳妇说：“渔季做饭是不看时间的，要牵网了，船老大说：‘好做饭啦！’就得赶紧将饭做好，让男客们吃。两三点，四五点都有。根据牵网时间提前做饭。”

（二）座位

餐桌上的座位安排，是一件很重要的事情。英文里，那把称作chair的椅子，也表示在场的重要人物或者主人。餐桌上的这把椅子，有着无声的语言，代表着人们的地位、秩序等社会关系。

渔船上，船老大地位最高。渔业作业时他要手不离舵，还要不时地观察，吃饭都在船艄的舵边吃。逢年过节，船上人员要在一起聚餐，此时，船老大才会离开船艄，到前面入席。当然，船舵还得有人看管，一般会交给看风把守。

结婚办喜事，在船板上搭上喜棚，亲朋好友前来道贺。最大的主桅

---

44 《太湖镇志》，《太湖镇志》编纂委员会编，广陵书社，2014年8月，第415页。

(樯)前的船板处(渔家称为“大板面”)是首席,娘舅家亲戚在此宴饮,地位最高的人坐在大桅(樯)下的主位上。二桅(樯)前的船板处(渔家称“头板面”)是姑夫家亲戚欢宴的地方,桅(樯)下座位也是主位。

(三)进餐

一条大船的驾驶,需要多种合作才行。分工得按渔民的经验、技术和年龄等进行。船老大要对全船的生产负责,起航、行驶、抛锚、下网、上网,与其他船的联络、协作等,都由船老大负责指挥。除了船老大,船上其余岗位有:看风、挡橹(舢舨小老大)、下肩舱(渔获起捕手)、半粒头、女工等工种(渔家称“穴子”),人员最少也要有八九个。再加上船上人家的老老少少等,人数众多,所以,进餐也须有相应的规定习俗。

1. 动筷

渔家节日聚餐时,如果船老大不动筷子,其他人只能看着、等着。只有船老大动筷子了,其他人才能动筷进餐。鱼是必备的美味,一条鱼如何吃也有规定——只有在船老大动筷后,其他人员才可动筷吃鱼。想想也是,大渔船上人多,这种规定也是对“吃”的秩序进行有效管理,做到人人有份。

2. 入席

平时吃饭,男渔民用餐都会在船板上,渔家妇女、小孩在船舱用餐。不捕鱼的夏天傍晚,他们也会在船板上用餐。旧时,渔家妇女地位低,在饮食方面,“妇女吃饭不与男人同桌,在伙舱里另外吃或让男人吃后再吃,即便同桌,也要帮男人添饭”,“船上男子不论大小,均可入座,惟妇女不能入座,所谓‘男女不同桌’;平时船上待客,只有男人能上桌,而女人只能在船后伺候”[45]。如有女客,“则另桌招待”[46]。时代不同,如今,

---

45 《太湖渔俗》,朱年、陈俊才著,苏州大学出版社,2006年6月,第84页。

46 《灿烂的吴地鱼稻文化》,杨晓东著,当代中国出版社,1993年12月,第95页。

男女平等，这类陋习也都改变了。

3. 吃鱼

聚餐时吃鱼，船老大吃鱼头，挡橹吃鱼尾，下肩舱则吃中段，看风在船艄替老大掌着舵，只能在舵边单独进餐。船老大吃鱼头，代表着至高的权威；下肩舱是捕鱼手，挡橹是舢舨小老大，在大船下渔网一段时间后，他们就要从渔船放下舢舨，从大渔网中捕捞渔获，这样的活都由年轻力壮的渔民来完成，所以，吃鱼时就得到优待；看风，亦称看船郎，大都是退役的船老大，具有丰富的经验，只是体力跟不上了，所以，在船老大不掌舵时，由看风掌舵。风对渔家的生产生活具有十分重要的意义，所以，看风的责任也不轻。

有些渔民们信奉“小孩吃了鱼头会捉鱼，吃了鱼尾会摇船，吃了鱼翅会游泳”，还有吃了鱼子会变笨，吃了“无情肉”（鱼的脸颊肉）会“眼空浅”（意为小气、无气量）之类说法。[47]而苏州城里则推崇吃“豆瓣肉”（塘鳢鱼脸颊肉），这就与太湖渔家风俗有别了。

4. 吃规

太湖渔家吃鱼时，一半鱼身吃完后，不能将鱼翻转过来吃。因为有“翻”这个动作，对渔家而言是要规避的。可以夹去鱼骨后，再吃下半部分。吃完饭了，不能将筷子搁在碗上，在太湖渔家看来，这个动作有搁浅、触礁之意。要轻轻将筷子放在船板上（渔民常是席地而坐进餐的），最好还顺势转动一下，意为顺风顺水。有鱼菜，要剩一点不能全吃完，意为年年有余。

（四）忌食

有太湖人船渔家说：“黑鱼是不吃的。”问起原因，说是有的大船渔

47　参引《吴地文化一万年》，潘力行、邹志一主编，中华书局，1994年9月，第341页。

家信佛，传说黑鱼是观世音菩萨的脚。因而在赕佛、祭祖时，不能用黑鱼。而在船头“斋土地”时，“则选用黑鱼”[48]。因中国“五行”学说中，黑色代表水，表示着水深而阔，永恒不息。

太湖渔家的一些祭祀、供奉中，还不能用鸡作为供品，只能以鸡蛋代之。原因是“旧俗渔人生病均宰鸡祭神，约定俗成，杀鸡便渐变为不吉利的象征，成为渔人一忌”[49]。如在供奉船头土地时，就有用鸡蛋代鸡的习俗。

有些食物则因谐音的关系，在相关事件中也要避忌。如婚庆时，要好事连连，婚庆活动中就不能用鲤鱼，因为“鲤”与“离”谐音。悼亡活动中，祈愿亡者早日往生（俗称投胎），因而，丧事中不能用鲢鱼，因“鲢”与“连”谐音，割离不去就难以重生。

（五）忌为

因常年与风雨打交道，渔家生产、生活风险大，渔家的忌为很多。渔家媳妇掌管着船上一家大小的伙食，锅、碗、瓢、盆、篮、筐、盖等用具都不能底朝天摆放。生活中的这一切，都是太湖渔家间约定的行为规范。

（六）伙艄

大渔船如七扇子、六扇子，乃至五扇头“北洋造”，都有宽大的船体，可以分割成许多功能区。船的上层甲板为捕鱼操作区，下层则为生活区、储藏区。船的中间位置设有一船楼，亦称烟棚，宽敞明亮。烟棚前为捕捞操作区，烟棚后为生活区。“大渔船共有13个船舱，其中船头、大舱、夹舱、大艄、伙艄、大船艄、小船艄7个舱是生活舱。”[50]船舱亦如吴地居民房屋那样，有着明堂、暗房、亮灶等要求，做菜做饭的船舱称为伙艄，设置

48　《太湖渔俗》，朱年、陈俊才著，苏州大学出版社，2006年6月，第85页。

49　《灿烂的吴地鱼稻文化》，杨晓东著，当代中国出版社，1993年12月，第101页。

50　《太湖镇志》，《太湖镇志》编纂委员会编，广陵书社，2014年8月，第415页。

在船楼甲板下，为一个半敞开式的船舱，因而亦属“亮灶”。

伙艄靠近大艄，厨房内烹调用具、用品一应俱全。许多炊具还专门固定起来，以防有风浪时随船摇晃而移动或摔碎。如两只陶制的行灶，灶口固定在一大块木板上（木板上掏有两孔，扣住灶口），此木板就成为灶面。烟囱伸向船外，故而船舱内不会有灶烟，又是半敞开式的，炊烟亦能随时散去。“灶门开成5×10厘米的鸭蛋形，省柴又不太冒烟，用硬柴做出的饭又松又香。”[51]

（七）入厨

太湖大船渔家日常的伙食，由新媳妇主掌。直到下一位新媳妇迎进门后，才能交接。好在大渔船上兄弟们都在一起生活，新媳妇很快就相续而来。

新媳妇一般在新婚3天后入厨。新媳妇进行完热闹的婚事后，便要换上青蓝色衣衫，入厨掌勺。

（八）茶礼

中国是茶叶的故乡，茶是饮品的同时，亦承载了礼仪文化。人们在互相往来时会以一杯清茶相待。太湖渔家虽在船上，但饮茶也是一种生活习惯。

太湖渔家有“受茶”仪。中国传统婚俗六礼（纳采、问名、纳吉、纳征、请期、亲迎）中的第三阶段，即纳吉，太湖渔家称为“送小盘”。男方向女方送礼帖、礼物、礼金，待女方同意后就正式确立婚约关系。礼物中，有特别备好的两只封袋，袋上写有“春茗”“玉芽”字样，袋内装有茶叶，称为“茶礼”。

文化习俗往往在一些较为稳定的环境中传承得更为长久。太湖渔家

51　《太湖镇志》，《太湖镇志》编纂委员会编，广陵书社，2014年8月，第415页。

长年泊居太湖水域，他们的生活与陆地居民相较，是相对封闭又稳定的。这样的环境中，一方面不易接收到新的事物，不容易改变自己的生活方式，或增加新的生活内容与形式。再一方面，由于相对封闭，一些传统的习俗得以保持，并在生活中得以应用。太湖渔家婚俗中的“茶礼”便是这样得到很好的传承。

在古代，提亲者往往先问姑娘的家长：“令爱（或女公子、千金）吃茶了吗？”这是询问适婚人家的闺女是否已有了婚配。“吃茶了吗”并非佛家“吃茶去”的含义，而是民间婚俗中为避免双方尴尬，使用的借喻。

这样的比喻有其文化根源。“茶，性阴，其籽一入土很易成活生根发芽茁壮，但最忌移苗他植，凡一移必枯死无疑，又，茶多产籽，并不喜肥土，倒在瘠地上生长茂盛。故古人以茶比方人也。”[52]明郎瑛在《七修类稿》中阐释得更清楚了：“种茶下籽，不可移植，移植则不复生也，故女子受聘，谓之吃茶。又聘以茶为礼者，见其从一之义。”茶易于生根、从一而终、甘于清贫的特性，被移入婚姻中，故以是否吃茶来暗示待嫁女子的婚配情况。婚俗中，男方赠茶，称为“下茶”，是征询女方的意见；女方接受了茶则表示同意受聘，称为“受茶”。

得益于太湖渔家所处的人文环境与生活特性，渔家婚俗中的一味“茶”，传着古韵，又裹着新风。太湖渔家的这杯茶，真算得上一诺“千金”。新婚时，新娘在洞房中轻抿一口香茗，有着不同寻常的意蕴在。

（九）酒量

太湖渔家所生活的环境湿气较大。在捕鱼时，还常会弄湿衣服，易染风湿，影响健康。再加上生活单调，因而，渔民，特别是男性渔民都好喝酒，而且爱喝高度白酒。渔家男儿都有一定的酒量。酒有祛寒、行气、活血等功效，一些中药酒，也是借助酒能活血行气的功效，引药入体，促进

52　《说吴·道苏州》，周国荣著，中国旅游出版社，2009年10月，第215页。

治疗或者保养身体。当然，酒还可“壮胆”。最好的酒饮是喝到微醺状态，《菜根谭》中说：“花看半开，酒饮微醉。此中大有佳趣。若至烂漫酕醄，便成恶境矣。履盈满者，宜思之。”

（十）吃速

吃速是指吃饭速度。太湖渔民的吃饭速度可以以一个“快”字来表达。太湖大船渔家“一舍一带”协作捕鱼时。由其中一条船领头，通过“蓬语”来告诉其他合作的船，开船、停船、小篷、布网、起网……各船按照要求从事相关的作业活动。如一船正值吃饭，“蓬语”告诉大家要开始某一作业了，船上的渔民就会马上停止饮食，即刻进行渔事作业。久而久之，渔民就养成了吃饭快的习惯。

（十一）桌椅

吃饭的场所必有桌椅，如此才能放上饭菜。太湖罛舟大渔船的舱内大堂有桌椅，老人、小孩、妇女会在舱内进餐。天气不太寒冷的时候，一些男性渔民也会在船舱外进餐。特别是渔家举办如婚宴这样的重大宴席时，就要充分利用船舱外的空间，安排用餐。渔船上有船舱，甲板上建有舱口，为防湖水因风浪灌入船舱，舱口有一定的高度，并在上面盖上盖，渔家称“筒基板”。举宴时，菜肴就放在筒基板上，而渔民就坐在四周，即船甲板上。筒基板、甲板此时就成了船上的用餐桌椅。

（十二）调整

调整是什么意思？是指太湖渔家媳妇在做菜肴时，常常要关注实时情况并据此调整。太湖中，有风也有浪，因而船就会随波而动，依风而摇。此时，伙艄中如正烧着汤，船一动，锅中的汤就会泼出，溢到外面来。渔家媳妇遇到这种情况时，就要及时进行调整，一只手要将锅抬起，使锅内汤面保持水平。

（十三）渔谚渔谣

太湖渔家的口头文学形式多样，有渔谚、渔谣、歌谣、渔歌、神歌和民间故事等多种样式。太湖中的水产与水产风味自然会融入其中，与渔家生产、生活，以及情感、历史等关联起来。这里摘录[53]一些与饮食相关的谚语、渔歌，作为太湖渔家生活的一个方面予以介绍。

1. 渔谚

春鲇夏鲤，秋鳊冬鲫加鳑鲏。

桃子枝头熟，鲢鱼肥胜肉。

人吃米粽，白鱼来汛。

风水来，吃鳗鲡。（风水，指阴历八日潮水）[54]

鱼长三伏猪长秋。

猪在伏里落膘，鱼在伏里长肉。

七月长骨，八月长肉。

十二月吃鱼

其一

正月梅花塘鳢肉头细。二月桃花鳜鱼长得肥。三月菜花甲鱼补身体。四月黄鳑汆莼鲜无比。五月莳里白鱼更加肥。六月夏鲤鲜胜鸡。七月鳗鲡正当时。八月桂花鲃鱼要吃肺。九月吃蟹赏菊打牙祭。十月芙蓉青鱼要吃尾。十一月大头鲢鱼头更肥。十二月寒鲫赛人参。

其二

正月塘鳢肉头细，二月鳜鱼长得肥，三月菜花甲鱼补，四月昂刺鲜无

53　主要摘录自以下著作：《灿烂的吴地鱼稻文化》，杨晓东著，当代中国出版社，1993年12月；《太湖镇志》，《太湖镇志》编纂委员会编，广陵书社，2014年8月；《太湖渔俗》，朱年、陈俊才著，苏州大学出版社，2006年6月；《吴县水产志》，《吴县水产志》编纂委员会编，上海人民出版社，1989年10月。

54　《灿烂的吴地鱼稻文化》，杨晓东著，当代中国出版社，1993年12月，第163页。“阴历八日”，疑为阴历八月。

比，五月银鱼要炒蛋，六月莳里白鱼肥，七月夏鲤鲜滋滋，八月湖鳗酱油焖，九月鲈鱼肥笃笃，十月大头鲢鱼汤，十一月青鱼要吃尾，十二月鲫鱼要塞肉。[55]

十二月糕点
正月初一吃糖圆子，二月初二要吃撑腰糕。
三月清明上坟要备五彩团，四月十四吃神仙糕。
五月端午吃粽子，六月里大红西瓜黑瓜子。
七月初七吃巧果，八月份中秋斋月宫勒吃月饼。
九月初九要吃重阳糕，十月朝矫人团子百果馅。
十一月份舂米磨粉蒸年糕，十二月廿四饴糖送灶糖元宝。

2. 渔歌
山歌好唱口难开，樱桃好吃树难栽。
白米饭好吃田难种，鲜鱼汤好喝网难结。

姐姐生得红堂堂，一心要攀网船郎。
勿嫌穷来勿贪富，贪那乌背鲫鱼汩鲜汤。

春二三月暖洋洋，只只大船朝北行。
潭东窑上借米吃，光福街上当衣裳。

十二月打船娶新娘（节选）
七月打船娶新娘，

55 《太湖渔俗》，朱年、陈俊才著，苏州大学出版社，2006年6月，第75页。

船上阿哥请仔格雕花匠，
前舱要雕凤仙开来叶子青，
后舱雕得鳗鱼出水肥又壮。
……
十一月打船娶新娘，
船上阿哥请仔格雕花匠，
前舱要雕水仙开来节节高，
后舱雕得鲢鱼透气嘴巴张勒张。

3. 现代歌曲《太湖美》

《光福镇志》载，歌曲《太湖美》诞生于光福太湖船上，摘录如下：

1978年初夏，原南京军区前线歌舞团沿太湖进部队慰问演出，作家任红举所在的创作室随团出征到光福机场，晚上住在原太湖乡（今属光福冲山村）招待所。为了更好地体验太湖风光，任红举与战友于第二天乘坐冲锋舟下太湖体验生活，边听渔民介绍，边欣赏旖旎风光，阳光、蓝天、烟波、青山、白帆……让他陶醉。啊，美丽的太湖像母亲一样千百年来哺育着江南人民，他越想越激动。“太湖美，太湖美，美就美在太湖水”，歌词突然像泉水似涌出，他拿出本子奋笔疾书：“水上有白帆，水下有红菱哪，水边芦苇青，水底鱼虾肥，湖水织出灌溉网，稻香果香绕湖飞……”回到驻地，任红举情不自禁地向同事龙飞“炫耀”刚创作的歌词，龙飞一见立刻激动起来，直接拿着任红举的记录本走进房间。10分钟后，龙飞捧来曲谱，边走边唱，众人听着一致称赞。

《太湖美》吸取江南小调的特色，旋律优美、婉转、明丽、清澈、流畅，具有典型的水乡特色，以抒情的曲调展现出太湖的万顷碧波、烟雾茫然的景象，表现了对太湖美景的赞美和对未来的期望；同时它还表现了太湖岸边人民对领导革命的中国共产党的尊敬和感恩以及对祖国的热爱。

《太湖美》最早演唱者是前线歌舞团的李慧兰，用普通话演唱。1997年在全国性声乐比赛时，改由团里另一位歌唱家程桂兰（苏州人）用苏州方言演唱，吴侬软语，将歌曲意境表达得更加完美，从此唱红全国。[56]

《太湖美》歌词如下：

太湖美呀太湖美　美就美在太湖水

水上有白帆哪　啊水下有红菱哪

啊水边芦苇青　水底鱼虾肥

湖水织出灌溉网　稻香果香绕湖飞

嘿嘿呦　太湖美呀太湖美

太湖美啊太湖美　美就美在太湖水

红旗映绿波哪　啊春风湖面吹哪

啊水是丰收酒　湖是碧玉杯

盛出深情献出爱　捧给祖国报春晖

嘿嘿呦　太湖美呀太湖美

优美动听的歌曲《太湖美》，在2002年11月被定为无锡市市歌。2019年12月，入选最美城市音乐名片十佳歌曲。

二、太湖渔家的节庆小食

节庆“节”的意思，一是指由习俗而来的重要的庆贺、纪念、祝祷活动；再是指一年中的时令节气。节俗，就是在这些时间节点上要进行的民俗活动。对某一地区、人群而言，在节俗中的活动、饮食，有共性也有个

56　《光福镇志》，江苏省苏州市吴中区光福镇志编纂委员会编，方志出版社，2018年11月，第292—293页。

性，太湖渔家的风俗亦是如此。

（一）春节

春节是中国传统节日，是农历新年的开始。新年第一天（大年初一），要吃年糕、圆子，意为高高兴兴、团团圆圆。江南产糯米，年糕用糯米粉拌糖制成。放红糖的称红糖年糕，加白糖的称白糖年糕。年糕一般在节前就做好、蒸好，过年时只要切成1厘米到1.5厘米厚的小块就可下锅。圆子也是用糯米粉制成的，搓成直径1厘米不到的小圆子。待锅中水烧沸，将切好的圆子放入，待圆子浮上水面即已烧熟。盛出前，还可加些糖，或者加些桂花，以增甜、香之味。

新年的早晨，有些渔家男子会上街，到茶馆中吃一杯“元宝茶”，即在绿茶中放入青橄榄（鲜橄榄）。元宝茶是讨口彩，是祝愿与期待。就风味而言，在绿茶的清香里，多一份橄榄的青涩之气，有甘柔的回味。人们在相互的招呼与祝福声中，想着自己的心事与蓝图。家中的妇女孩子们，有瓜子、干果、糖果等小吃，闲暇度年。

这天，太湖渔家吃饭不在饭中浇汤吃。烧饭后，也不扫灶膛中的炉灰。

（二）元宵

正月十五日是元宵节，俗称正月半，太湖渔家会吃汤圆。汤圆是用水磨粉制作的，即糯米浸泡涨发后，用湿米磨粉，再滤水成粉后制作。经涨发，糯米的粉团结构松散，因而，水磨粉口感更加细润糯滑。再配以赤豆沙、芝麻等甜馅，元宵汤圆成为必备的传统美食。

（三）清明

清明节前后，要举行祭奠先祖活动。渔家上坟祭扫，“要用糯米粉做成红、黄、白、青各色小粉团，将团子插在小竹竿上，再将竹竿遍插于坟上及坟地周围，任由坟地周围的农家小孩争抢。插在坟上的小团子抢得越快，‘晦气’走得越快，家道就越能发达”[57]。

---

57 《太湖渔俗》，朱年、陈俊才著，苏州大学出版社，2006年6月，第110页。

吃青团子是苏州清明时节的习俗，太湖渔家也有这样的习俗。青色的青团子，是用浆麦草绞出汁水，拌入糯米粉中，再包上由赤豆沙、糖渍猪油丁、白糖等制成的馅料做成的。刚出笼的青团子，油绿光洁，糯韧绵软，麦草清香，馅心甜润。

（四）立夏

立夏吃咸鸭蛋。立夏之后天气炎热，有些人会因疰夏而身体不适，精神亦不佳，是一段体感困顿的烦恼时期。因而，咸鸭蛋圆滚之形态，寓意平安地“滚过”长夏。当地还有吃糖饼、大饼、酒酿等食物的习俗，也为防止疰夏。

（五）端午

农历五月初五端午节，也是中华民族重要的节日之一。这天，人们会祭奠历史上具有影响力的人物，如屈原、伍子胥等。在苏州，端午节要祭祀春秋时辅助吴王、护佑苏州的伍子胥（如今的苏州古城也是2500多年前伍子胥受命相土尝水后确定建造的）。伍子胥死后，苏州人思念他、祭奠他。

端午之后，天气也将热起来，各类害虫病菌也会滋生繁殖，为了驱虫祛秽、防病避瘟，需要进行预防。旧时，会有一些相应的活动，并形成了一些民间习俗。如在床头、门上悬挂艾叶、菖蒲和蒜头等具有杀菌作用的植物。过去人们还会饮一点雄黄酒。雄黄是一味中药，据说雄黄“善能杀百毒、辟百邪、制蛊毒，人佩之入山林而虎狼伏、入川水而百毒避”。只是雄黄本身具有一定的毒性，须经炮制才可适量饮用，现在民间已是少见少饮了。之前，还会用雄黄酒在孩童额头画个“王”字，以示虎（虎额上斑纹似“王”字）相，来实现心中保护儿童、驱避邪侵的心愿。再有，给小孩穿的“五毒服”[58]，意为以毒攻毒，驱邪避毒。

58　五毒服，指用印有蝎子、蛇、蜈蚣、蜘蛛、蟾蜍5种毒虫图案的杏黄色布料制成的儿童服装。

端午节前后，还会做上许多粽子，烧上一锅咸鸭蛋，作为这一时期的时令食品。粽子有多个品种，如猪肉粽、赤豆粽、蜜枣粽等等。烧熟后放着，吃时回烧加温。也可冷着吃，反正天气也热了起来。用棕竹叶包成三角形、小脚形、枕头形等各种形状，表示为不同的品种。包裹的棕竹叶散出清香，还能延长保存时间。咸鸭蛋是之前腌制的，陶甏里码好鸭蛋，倒入加盐的冷开水，浸泡个把月就成。也有用黄泥、砻糠灰（已烧过并炭化）拌上盐来裹鸭蛋的。算好了时间，正好在端午时能吃到。

（六）中秋

农历八月十五日，是为中秋节，民间称为“八月半”。这天月亮最大最圆，又是秋高气爽的天气，这样的好日子，是人们团圆相聚的时候。旧时，渔家有“斋月宫”的仪式，即在晚上摆上时令的红菱、雪藕、新栗、糖芋艿、净素月饼等，作为供品，祈祷祝福。饮食上，要吃月饼，因而女婿们还要去女方娘家送月饼，太湖渔家亦然。“尤其是新婚当年，送月饼的范围最大，凡女方的新亲，每人一份，每份二三十只月饼不等。……第二年就只送新娘的直系亲族，下来只送岳父母”[59]。从陌生关系，到融入成一家人，这只月饼也是蛮有分量的。月饼品种多种多样，百果、玫瑰、椒盐、椰蓉……真有天上人间同欢庆的喜悦。

桂花糖芋艿也是中秋节的美食。太湖边的光福镇盛产桂花，是全国五大桂花产区之一。清初徐枋在《邓尉山多桂》长诗中称：“秋来香气弥百里，连蜷偃蹇穷山冈。”清潘遵祁称“桂花时节满湖香”。因受太湖小气候及土壤等因素影响，光福桂花有花形完整、朵大瓣厚的特点。桂花可用来做成清水桂花、咸水桂花、糖水桂花等产品，“滴露团霜百和馨”，常用于各种食品中增添风味。桂花漂在汤水中，散发着馥郁的馨香。芋艿在

59 《太湖镇志》，《太湖镇志》编纂委员会编，广陵书社，2014年8月，第411页。

湖边生长，中秋节时迎来它们的辉煌。只不过水芋较软糯，旱芋较粗硬。这些馥郁甘柔的食物，是秋天的气息与风味，清潘遵祁称“桂花时节满湖香”。

（七）冬至

“冬至大如年”是苏州的习俗。这天，每家每户会准备丰盛的酒宴，其菜肴数量、质量不输春节，因而有“大如年”的说法。这天，日常在外的儿女们，都会回到父母身边。家中有忙碌的身影，有团聚的欢笑。苏俚语有云“有福吃一夜，无福冻一夜”。冬至，这一年中最漫长的夜晚，苏州都是在欢宴中度过的。冬至是周朝历法中新年的开始，苏州把冬至过得如此隆重，应是古风的遗存吧。

太湖渔家的家人都生活在一起，没有匆匆来去的身影。冬至到来时，也会在饮食上备好应时风味，为节令的到来增添美食。此时，太湖渔家做起了“五彩团子”，用果蔬汁液将糯米粉染成红、黄、绿、紫等色彩，还有的用白色的纯色糯米粉，搭配着肉馅、萝卜丝馅、豆沙馅、荠菜豆腐干馅、百果馅等甜味或咸味的馅心，将日常与日晒、风雨、寒暑、颠簸打交道的渔家女们那颗精细的内心，淋漓尽致地表现了出来。那些五彩团子，就像冬季盛开的饮食之花，像落在碗中的睡莲一般，沉静而温软。

（八）腊八

农历十二月，又称腊月，是一年中最冷的一段时间，也是农历的最后一个月。腊八，即农历十二月初八。汉应劭的《风俗通义》载：“夏曰嘉平，殷曰清祀，周曰大蜡，汉改为腊。腊者，猎也，言田猎取禽兽，以祭祀其先祖也。”中国地域广阔，形成了不同的祭祀形式与对象，但祭祀先祖、祭祀家神（五祀）[60]等是普遍有的。祭祀时要献上祭品，同时默念一

60　各地不一，有的是门神、户神、宅神、灶神、井神，有的是门、户、中溜、灶、行（《礼记月令》郑玄注“五祀”）。

番，大致意思是："感谢列祖列宗与各位神祇[61]的恩赐和保佑，让全家平平安安。祈求来年风调雨顺，五谷丰登，六畜兴旺，合家康宁。"古时，人们还会在田野里驰骋狩猎，将所获猎物作为祭品。以农耕为主的社会，祭品渐趋为以粮食类为主。因为要"五谷丰登，六畜兴旺"，所以，吃的东西一个不少地都拿来，用作祭品的食物越来越多。

苏州会专门做"腊八粥"。将莲子、白果、桂圆、红枣、胡桃仁、花生仁、白米、糯米、赤豆、黄豆、蚕豆等等，放在一起熬成一锅粥，这些食材能很好地融合，变成一种独特的粥品。冬天，就着热气腾腾的粥喝一口，暖身暖胃。《吴郡岁华纪丽》中载："僧寺以乳蕈、胡桃、百合等，造五味粥，一名七宝粥，亦名佛粥，俗谓之腊八粥。馈送门徒，以矜节物。居民或以菜果杂煮，和以莲实枣栗，以多为胜，香闻翠釜，白泛瓷瓯。"释家的节俭尊物，成就了腊八粥的一番用心。

（九）廿四夜

农历十二月二十四日，"二十"苏州读"廿"（音niàn），故也称廿四夜。这天，民俗传统中有一件重要的事要做，即"送灶君"。灶君，俗称灶王老爷，传说他是玉皇大帝封的"九天东厨司命灶王府君"，来到人间负责管理每家每户的灶火。古人认为，灶火关系到一家的财运、福运，因而，灶君被作为一家的保护神而受到尊崇。不仅如此，灶王爷每年廿四日夜间要回到天宫，向玉皇大帝"述职"，报告他所驻的这家人的情况，而玉帝则会根据灶王爷的汇报，决定这户人家的福禄。所以，这汇报的话说得好与不好，就非常紧要。为了让灶王爷说好话，就要斋供他、宴请他，让他回到天宫不好意思向玉帝说坏话。有的还怕他说漏嘴，还要供上"胶牙糖"来粘住他的嘴。苏州的糯米黏性大，做成团子让灶君带在路上吃，也望能粘住灶王的嘴。这一番操作，称为"谢灶"，感谢灶王爷一年监察的

61　祇：音qí，意为地神。《尸子》："天神曰灵，地神曰祇。"

辛苦，并祈愿他为家庭说些好话。

宋代苏州的范成大在他的《祭灶词》中这样写道：“古传腊月二十四，灶君朝天欲言事。云车风马小留连，家有杯盘丰典祀。猪头烂热双鱼鲜，豆沙甘松粉饵团。男儿酌献女儿避，酹酒烧钱灶君喜。婢子斗争君莫闻，猫犬角秽君莫嗔。送君醉饱登天门，杓长杓短勿复云，乞取利市归来分。”这首诗反映了苏州人在农历十二月廿四时，进行祭灶的情形，并讲述了祭灶的目的。

廿四日夜间，灶王是酒足饭饱上天了，民间则阖家吃团子，太湖渔家也是如此，吃着“安乐团”，期待着生活有上天助佑，祥和、富裕而美好。

（十）大年夜

农历十二月三十日，是一年的最后一天，除旧迎新，喜庆欢乐。家家户户在为过年忙着，忙着祭祀先祖、张贴春联年画，忙着做一桌年夜饭，用丰盛的菜肴来庆贺一年平安走过、新年即将到来。欢庆的宴席中，也忘不了祝愿，青菜、黄豆芽等代表着吉祥、如意。在白米饭中，埋入的慈姑或荸荠，是代表元宝的意思。此时，这两样水生蔬菜，便有了诗的意象。作为水果的风干荸荠，更加清甜，成了年节中的特色“果品”。

清徐傅写有《光福岁时记》，就当时光福的风俗做了简要记录，现录于此以供参照。

吴中岁时风俗，宋范文穆公著之于前，明王文恪公继之于后；袁中郎又作范、王二公记异，言之特详。惟阅时既久，风教递迁，城乡移易。光福虽地处山僻，其于冠婚丧祭诸礼，与郡城无大异，惟习俗则虽（略）有不同。

元旦，鸡鸣而起，焚香后即祀祖先，曰年朝饭；长幼咸诣祠、墓，施放爆竹；然后贺岁，曰拜年，亦曰拜节。家家贴“宜春”二字，曰春联。

十五日，曰元宵。以米粉作团，如茧式，曰茧团；以祀灶，意即膏粥遗风。其夕，迎紫姑，以卜蚕桑。自元旦、初三、上元、立春，不汲井，不扫地。

清明，祀先，有熟藕、青团，曰过节。是日，百果和米，对鹊巢支灶煮饭，曰清明饭。小儿食之，可聪慧。清明前后，祭扫先墓，曰上墓。祭义冢，曰三节会。三节者，清明及七月十五、十月初一日也。又以端午、中秋、年夜，谓三人节。

正月，谓之梅花信，因山中梅放之际，《岁时记》所谓“二十四番花信风，梅信第一也”。惟时四放名流骚客，或寻胜，或探梅，舟车往来，络绎而至，极一春之盛。

三月二十八日，虎山东岳诞。乡闾士女并出，演剧聚众，自清明前后迄四月，各乡迎神报赛，几无虚日，谓之解饷会。旗盖鲜艳，以童子扮作杂剧，曰台阁。各村无不争胜夸耀，穷极工巧。

立夏，以秤权身轻重，云可免疰夏。

重午，以角黍祀先，悬挂艾草于门，即《岁时记》宗文度故事。又以五色彩丝系诸物，佩诸身，俗谓之健人，即《风俗通》“五彩丝系臂”遗意。

六月间，三祀灶神，以初四、十四、二十四日。

七月十五日，祀先，有藕、果、西瓜。时有盂兰盆会、三官会。赵恒大云：三官者，周厉王臣，数谏，不听，避道吴下。今人称三官。中元前后，猛将会，村村有之，农人报以驱蝗之功也。

七月晦日，幽明教主诞。妇女群集烧香最盛，或有老妇争先至庙中，坐以待旦，谓之坐夜。家家以香燃烛点于地，曰地灯。

八月三日，祝灶。十五日，中秋节，焚斗香。是夕，士女皆出游，曰走月，最盛于石址（陼）庵。

十月朔日，祀先，以新米饭，取始熟尝新之意。

冬至，礼先，有冬至团。

十二月初八，煮粥，曰腊八粥。二十四日，送灶，用冬青、柏子、饴糖、元宝。二十五日，谓诸神降，人食豆渣，云可消灾。

除夕，迎灶神，曰接灶。分悬祖先遗容以祀，曰年夜饭。施爆竹，曰封门。

岁时风俗，大略如此也。[62]

城乡区域、水泊陆居、渔民农人之间生活方式的差异，以及时代的风教递迁，使太湖渔家与苏州，有着同中有异的风俗，饮食方面亦是如此。

三、走月亮的渔娘

中秋，是中国节庆中很大的一个节日，是月亮最圆、最大、最明亮的时候。圆月明净，人们寄托情愫，来思念故乡、远方的亲人、他乡的游子。月便是爱人，便是故乡，是村头那口老井甘冽的清泉，是桂影下月饼芬芳的甘饴，是家严与慈母颊间泛出的笑意。于是，人们欢庆、祝愿、团聚，以最隆重的形式——丰盛的美食，来敬奉先祖、欢庆团圆、遥托寄思。

这个明月之夜，漂荡在太湖中的渔舟也会靠岸。借着明月托起的美好时刻，太湖渔家也要为自己采办生活、生产用品。苏式月饼是甜美的，酥松的酥皮，丰富的馅料品种——百果馅、玫瑰馅、赤豆沙……与月夜一起沉浸在甜蜜与芳香中。宋时苏轼诗云："小饼如嚼月，中有酥和饴。"小小的月饼中有月、有味、有思、有情，这是中秋时节人间的写照，月、食、人都融在月光里，借助月色与美食，寄寓人们的情谊与思念。

"走月亮"，是中秋之夜苏州的旧俗。《清嘉录》称："妇女盛妆出游，互相往还，或随喜尼庵，鸡声喔喔，犹婆娑月下，谓之'走月亮'。蔡云《吴歈》云：'木犀球压鬓丝香，两两三三姊妹行。行冷不嫌罗袖薄，路遥翻恨绣裙长。'"苏州长洲县、元和县的县志都载："中秋，倾城士女出游虎丘，笙歌彻夜。"这一夜，明朝袁宏道在《记虎丘》中，记载得更加明晰细致。月光下，人们欢歌，感受月下的光影与清凉，人与人在独特的夜幕里相伴，这是生命行程中的一个足印。

太湖渔家也有走月亮的习俗。中秋之夜，男人们坐在船板上，与老人

62　《光福文选》，李嘉球选编，中国文史出版社，2014年8月，第169—170页。

们闲聊着渔事，对着月光有一口没一口地抿着烧酒。孩子们吃饱了正忍着困意，安静地待在一旁。月已升在半空，清光铮亮，渔家妇女似乎有了一点空闲。船舱里，她们更换着衣裳，梳理着头发，然后像有一个约定般，纷纷来到岸边，沿着停靠的湖湾旁的小道、村郭街巷、林间幽径，踩着月光结伴行走。这就是渔家姐妹的活动——走月亮。月光下，有渔娘的脚步；脚步下，是渔娘踩着的月光。穿着彩衣的渔娘，有母女、姐妹、妯娌、伙伴，她们或相互挽着手，或前后跟随着行走，留下一串串轻盈的笑语。笔者曾问过渔家女："会不会唱太湖渔歌？"70多岁的渔家女说："会唱。"请她唱几句，她却说不好意思再唱了。只能想象，当年的月光下，应有她轻吟的渔谣。

《昭文志》载："八月望，游人操舟集湖桥望月。"对陆地上生活的人来说，月夜乘舟泛湖游玩，是一种新奇际遇和浪漫情调。而对常年生活在太湖上的渔家而言，在桥上望月，也比平日多了一分情趣。走月亮，在中秋这个大节日里，是渔家妇女"脚踏实地"的一段时间，很短，却是一年中一个隆重的仪式。

四、献灶

灶，是家庭生活中重要的烹饪设施。灶与人的生存、生活密切联系在一起，一日三餐，离不开灶。人们在劳累了一天后，回到家，品尝灶上的热菜热饭，那种温暖便会化解身心的疲惫，并使人从心底获得一份安稳的感觉。于是，人们对"灶"产生了敬畏之心，并衍化成民间的民俗文化和饮食文化——祭灶，又称献灶。

太湖渔家的船上也有灶头，渔家也进行献灶活动。太湖渔家还认为"灶爷公公"管理着船上人丁兴旺的事。在传宗接代的"孝"文化里，以及需要较多劳动力的渔业生产中，有关人丁的事，必是一件大事。因而，渔家生了小孩也要献灶。而日常的献灶，也十分频繁。如冬至灶、廿四灶、大年夜献灶、年初三接灶、端午灶、六月初三灶、六月十三灶、六月廿三灶、八月廿四柴米灶等等。结合前面所述的渔家生产、生活中的艰辛与风险，船上生活的不便等情况，就可以理解太湖渔家这种经常性的献灶活动，那是对自然、对人、对食物的真心敬畏。

渔家说，廿四夜送灶，除了鱼肉、糕团，还有各种鲜干果，其中还有蒸熟的慈姑，即表示元宝的食物。大年夜献灶，食物要烧得“㖃（音xiāo）㖃烂”，意为非常烂。太湖渔家日常的燃柴要上陆地才能采买。所以，平时的烹饪用柴非常节约。而此时，要多用一些柴草来烹制献灶的食物，可见太湖渔家的至诚至敬。

六月有三次献灶，渔家说也很重要，因为“效果”比其他时间都好。献灶时，除了点燃对烛外，还要有“三蔬三果三杯酒”，还要敬上献灶团。与清徐傅《光福岁时记》中所记在时间上有所不同，徐记为六月“初四、十四、廿四”，太湖渔家为“初三、十三、廿三”，此亦可见太湖渔家有自己的独特的风俗。

五、计量词

碗是盛菜的盛器，也是吃饭的餐具，一般都作为名词用。而太湖渔家还给碗增加了一个量词的作用。如在宴席中，必定是菜肴丰盛，一道道菜肴上来，人们一般会说吃了多少个菜，有多少道菜肴，太湖渔民则说吃了多少只“碗”。这里的碗就是一个量词，与个、道等是同一个意思。

盘也是盛放东西用的器具，按材质来分，盘有木头、金属等不同的材料做的；按形状来分，盘有各种样式，方的、圆的；按大小尺寸来分，则有各种规格。太湖渔家的婚俗中，有送小盘、送大盘、铺床盘等习俗。这里的“大”“小”，是按赠礼的先后程序与礼物内容来区别的。舅父母为新郎铺床叫“铺床盘”，渔家学童上船学，开学那天有“上学盘”。还有“宝盘”及各种礼盘，这些“盘”在一定程度上也具有计量的功能。

可能是渔家生活中，使用到“盘”的事情、机会较多，如从船艄伙舱将烧好的饭菜送到船前，要用盘盛着，一盘可放几只盆碗。因而，对一些浅形的器具也会以“盘”来称。如宴席中，“冷菜”或称“冷盆”，而太湖渔家则称“冷盘”。

“咸”“淡”也带有计量含义。在太湖船菜烹饪的“腌与干”中，说到过“淡虾干”“咸虾干”。在制作虾干时，因加入的盐的量不同，形成的口味有咸有淡。所以，对同一食材的不同处理方法，会形成不同的风味特点，由此，咸、淡也成为有计量特征的标签。

渔家婚宴时，新郎的妹妹会为前来参加婚礼的每位女眷发一枝红色的绒花或绢花，称为“喜花”。女眷们会将花插在头上，在新年期间一直戴着。因而，只要看妇女头上有几朵喜花，就可知她一年吃过几次喜酒。这喜花也就有了计量的功能。

第五章　太湖船菜的水产风味

明王鏊《姑苏志》记有："吴地产鱼，吴人善治食品，其来久矣。"太湖渔家捕鱼、识鱼、烹鱼、食鱼，其来也久矣。太湖的鱼菜风味，离不开太湖渔家多年来形成的选材、搭配和烹调等传统模式。当他们进入到太湖船菜餐饮行业中的时候，依然会保留一些渔家传统鱼菜的饮食、风味特征。同时，还随着太湖船菜餐饮的发展，不断吸收外界的饮食文化、风味特色和烹饪技艺，逐渐融合、沉淀成太湖船菜的水产风味。这些风味里有传统之味，亦有新引入的风味，或者是传统与新风味融合后的风味。你也许会问，太湖船菜在这样的变化中能否保持特色餐饮稳定的风味特征？回答是肯定的。其一，在快速发展的时代，文化交流、吸收、融合是时代之势，任何一种餐饮都会或多或少地出现饮食文化融合的情形。其二，太湖船菜餐饮是在不断变化中形成的，且从太湖渔家传统饮食中脱颖而出，它的发展必然会吸收各种饮食文化的营养，为己所用。因而，吸收不是替代，融合是融入与整合，依然不会改变传统的根脉主干，依然会保持太湖船菜餐饮的特征。而太湖船菜的传统风味也将融合新元素，呈现出更多的新姿态。这里就来介绍一些太湖船菜中的鱼菜吧。

第一节　太湖船菜冷盘中的鱼

太湖船菜中的冷盆，也即冷菜，太湖渔家习惯称“冷盘”。有些冷菜是苏州饮食中普遍有的，如爆鱼（熏鱼）、油爆虾之类，在此不再赘述。要说的是具有太湖渔家饮食特征，有太湖船菜风味特色的冷菜。在此结合着自然、文化、习俗、风味等方面，或简或繁地介绍一些。

一、掰掰鱼、醉鲤片

（一）掰掰鱼

一听“掰掰鱼”这个名字，就知道应是太湖渔家的俗称。要问它正式的大名是什么？目前没有，也许就叫掰掰鱼。就像“狗不理”包子一样，时间长了就俗出了点意思。掰掰鱼是菜名，不是鱼的品种名称。

掰，就是用手将物品分开的一个动作。顾名思义，掰掰鱼就是将大块的鱼肉，用手掰成小块来吃的一种鱼肴。可掰着吃的菜很多，却唯此能获得“掰掰鱼”的专称，想必有其原委。

做掰掰鱼的原材料大都是太湖鲤鱼（亦有用白鱼的）。鲤鱼各地都有，民间亦有“鲤鱼跃龙门”的传说，譬喻仕途通达（升官）、学业有成（中举），还有脱离现状获得新生等寓意。以前苏州人家乔迁新居时，会买条鲤鱼挂在旧屋前，表示新的生活即将展开。人们将美好的祝愿与期待，寓于一条鱼身上。

太湖渔家说：“做掰掰用的鲤鱼，重量要在2斤到5斤。因为做的时候，要将太湖鲤鱼头和尾巴去掉，就只剩一点点鱼肉了。”还介绍说，做法是先将鱼从后背对剖为二，腹部相连，去除鱼鳃肚肠，但不去鱼鳞。然后用盐腌制。将鱼肉一层层码在盛器内，用石压实。一般要经三天两夜的时间，才能将鱼拿出，挂在船上吹风待干。时间上，大约每年的10月之后就可以腌制鲤鱼了，但太湖渔家说：“最好是‘起九’后腌制。”即从冬至的

“起九”后开始腌制，这样算来，就要到12月下旬，这时腌制的鲤鱼品质最好。鲤鱼经几天的腌制后取出，借着阳光与干燥的寒风，将鱼片吹晒干，而且越干越好。我的理解是：鱼大肉厚，含有油脂，吹晒得干硬一些，含水量就少些，待气温回暖升高后不易变质，可延长保存期。

渔家还说：“‘九里’的鱼最香。”对于这个评论，我等是没有发言权的。只有对何时腌制、晒干有丰富经验，并了解鲤鱼风味的太湖渔家才最有体会。可那个“香”真能深入人心，“九里”腌制的鱼，有最好的风味。

食用时，将鱼干用水漂洗干净，再熟制即可。相对来说，太湖的鲤鱼肉纤维较粗韧，再经过腌制、晒干，鱼肉失水、收缩，鱼肉纤维也就具有了韧劲。烹饪后鱼肉虽已软化，但韧性还在。因而，用筷子来分开鱼肉，就得费点劲。于是，只能以“两双半”[1]来分，省力而快速，故而称掰掰鱼。太湖渔家在自家渔船上吃，也就不必顾忌礼仪、食相之事。

掰掰鱼的烹调方法，一般都是蒸制。大块的鱼干装一盆，放进笼屉蒸架上蒸熟即成。之前说过，宰剖鱼时不去鱼鳞，蒸熟，出笼，将要上桌时，太湖渔家才将鱼鳞撕去。此时，连鳞带皮一起撕掉后，鱼肉雪白，十分诱人。面对大块的鱼肉，再用手掰（撕）成小块，就可品尝掰掰鱼了。现在在餐厅吃掰掰鱼，手撕时都要戴上保洁手套，要符合卫生要求。

掰掰鱼是咸鲜味的。用盐腌过，自然有咸味，为了保存时间长，用盐多一些，咸度就会比一般的菜肴略重些。这样的咸度，更能呈现出鲜味的锐度来。如果要说原理，大致是腌制使鱼肉蛋白质部分分解，游离出一定的氨基酸，其中呈鲜氨基酸与食盐结合，就产生了鲜味物质（如谷氨酸钠）。这样的鲜味是直接的，是由咸味裹挟着进入味蕾的鲜。掰掰鱼的鲜味很纯粹，所加的葱、姜、酒仅为去腥，吃时似已飘逸而去，并不干扰鱼味。

---

1 两双半，指用手来操作。筷子为两根一双，五根手指即意为两双半。

品尝掰掰鱼的感受，有一个渐变的体验过程。因其鱼肉纤维有些筋道，所以，吃鱼时要慢慢咀嚼。刚入口时，咸味不重，嚼几口后，咸味突然涌出，你可能会觉得太咸了。此时，咸味的刺激加快了唾液分泌。接着咀嚼，唾液与鱼肉不停交融，咸味渐变成鲜味。而鱼肉的香气，也随着咀嚼散出，成就了掰掰鱼独特而纯净的咸鲜风味。这种风味，是在或“快”或“慢”的对食物的咀嚼中由舌的味觉感受和内心的品鉴过程中产生和沉淀的。

变化与差异是饮食中必要的多样性。因为有变化，就有多样的新鲜感，就会体验到饮食的丰富性。饮食差异产生风味。无论是居家生活，还是他乡游人，都喜欢能够经常品尝到不同的风味。风味多样了，就不会产生腻味。对游者而言，更会对在他乡所食的某种风味不同的菜肴，产生认同感。在日常生活中寻求变化，亦是同样道理。品味太湖渔家的掰掰鱼，肯定会让人产生“风味感”。

（二）醉鲤片

新鲜的鲤鱼，苏州人是不吃的。一说是新鲜的鲤鱼肉质松软，有土腥味，不好吃（不如北方的黄河鲤鱼味美）；还有一说，由唐代段成式在《酉阳杂俎》中的记载可知：“鲤鱼，……国朝律：取得鲤鱼即宜放，仍不得吃，号赤鯶公，卖者杖六十，言鲤为李也。”唐代皇帝姓李，“李”“鲤”谐音，故要避讳，久之“不吃鲤”就成了习俗。好在严控的时间不长，鲤鱼之味又重回桌头。张籍有“共忻得鲂鲤，烹鲙于我前”之句（《寄韩愈》），鲂、鲤切成的生鱼片，还是挺诱人的。不过，苏州日常饮食中不吃鲤鱼的习俗，现在依然存在着。跃龙门的鲤鱼，在苏州就有点鲜活不起来。不过这款“醉鲤片”似乎是个例外。

太湖的“鲤鱼腴羞”，已有1000多年的历史。以往，苏州的南北货店里，有称为“醉鲤片”的腌制鲤鱼销售。那其实是一条腌制后风干的鲤鱼。盐腌前将鱼宰剖，或将鲤鱼在背部竖剖为二，鱼腹处依然相连，去除鱼肠，并在背部肉厚处再竖剖一刀，以利背腹厚薄度一致。盐腌一周然后取出，并用一根短竹签，将鱼身撑开以利通风，故其形都呈片状。腌制后取出鱼，吊起风干，或再切成小块（或不切）放入坛甏等容器，洒入浓香型高度白酒，一层鱼干洒一层酒，附加入茴香、桂皮、花椒等香料，然后密封保存起来。这叫醉腌，也称香腌。既可去鱼腥，还能灭菌，延长保存时间，又赋予鲤鱼浓郁的酒的醇香。待以时日，特别在春末夏初开甏时，"酒香扑鼻，鱼肉绯红，不走油，不返潮，油而不腻"[2]。食时洗净切小，考究的还放在米酒中醒发一下，使鱼肉回软，除腥增香，再放上葱、姜、酒、糖等作料，入锅蒸一下，醉鲤片就有了别样的风味。城里南北货店中有"醉鲤片"，太湖渔家船上也有"醉鲤块"，可见醉鲤之嗜是城乡皆喜、水陆不分的。这一味的源头，是不是就是由太湖渔家而来的呢？也说不定。只不过太湖渔家会将鱼片切成鱼块再醉封。因而，这个"醉鲤块"也能在太湖船菜中与人们偶遇。

掰掰鱼、醉鲤片的鱼肉纤维细短，掰小后还可再撕着吃。撕小后食用，咸味就不会过分锐利，但咸鲜味、醉香味仍旧。江南的夏季炎热闷湿，有的人会出现疰夏的情况，胃口不好，不想吃饭，此时这种咸鲜味、醉香味，就能醒胃助食。夏天的傍晚，乘着一丝凉风，啜一口小酒，掰一小块鱼肉入口，这样的咸淡之味，散入苏州小桥流水人家，也浮动在太湖渔家的生活中。

二、熯鲫鱼、熯针口鱼

（一）熯鲫鱼

鲫鱼在中国大部分水域中都可以生长，而且数量多，因而，有句成语叫"过江之鲫"，有形容事物繁多的意思。鲫鱼是一种经济性鱼类，因其适应性强，可以进行人工饲养，鲫鱼就成为常见的食材，时不时地会游上

2　《太湖渔俗》，朱年、陈俊才著，苏州大学出版社，2006年6月，第56页。

人们的餐桌。日常做法有：鲫鱼氽汤，熬制成奶白色汤的鲫鱼菜肴；雪菜鲫鱼，其咸鲜味道浓烈，可做成鱼冻；当然，还有清蒸鲫鱼，饭店酒楼的清蒸鲫鱼很讲究，要用上猪油丁、香菇、冬笋等辅料。

古老的名菜有酥鲫鱼，鱼骨都是酥软可食的，味透骨中。熯鲫鱼，似只是太湖渔家的风味，是一种属于太湖渔家的菜肴。

风来、篷张、船航、网撒，这是太湖渔家捕鱼的场景。每当捕鱼时节，要操纵数十吨重的六桅、七桅渔舟，借风行驶已是不容易，还要两条船乃至四条船进行联合作业，下网、牵网……有了渔获后，还要进行分拣、暂养等操作。忙，常使渔家顾不得做饭吃饭。这样的情形下，锅上烧着的鱼，常会因忙而分了心，最后烧干了汤汁。好在用的是传统的行灶，添些木柴再烧，薪烬后的灶膛余温，可以将烧鱼的汤汁慢慢收干，鱼似是熯在锅壁上成熟的。

由于生产忙碌，那条常见的鲫鱼在太湖渔家炉灶上有了意想不到的风味。熯干收汁后，鲫鱼咸鲜风味内含，鲜香味更显，还能延长存储时间，渔家可以在繁忙的生产过程中随时食用，故而逐渐成为太湖渔家饮食中普遍的鱼肴。

让我们再铺展一下渔家烹调的画面。罛舟上住着渔民一大家子，烧鱼也要有充足的量，再加上渔获多，因而常会在一镬中烧很多条鱼。烧多了，把鲫鱼从汤汁中捞出，装入盛器。吃时，再将熟鲫鱼放在锅壁上熯一熯，这样鱼就热了。冬天捕鱼旺季，将鱼贴在锅壁上，时间一长，鱼肉内水分蒸发，鱼肉相对干了，有一种独特的鱼香和风味。还有的渔家会在烧好鲫鱼后，特地再熯一下。将鱼贴在镬边上，用小火或灶中余热，慢慢地蒸发掉鱼身中的水分。经过如此一番的熯制，鱼身水分大量减少，较干，保存的时间就可延长一些，而且，鱼也不易出现腥味。这样的前熯和后熯两种方式，也形成熯鲫鱼热食、冷吃两种品尝方式。

无论冷、热，前熯、后熯，熯鲫鱼是少有汤汁的，质感是干中带润，味入肉中、色泽酱褐，朴素美味。太湖船菜成为特色餐饮后，经营船菜的太湖渔家，将家常菜肴熯鲫鱼转化为太湖船菜的一道特色菜肴。

太湖船菜的体系里，熯鲫鱼是可热菜冷做，作为冷盘菜的。因其味入得深，人们在品尝时可浅尝辄止，吃多了可能会影响对后面菜肴的品尝。作为冷菜时，可将熯鲫鱼切成小段便于人们浅尝。如果消费者高兴，想带些回去，可问一声太湖船菜的经营者，就像买卤菜一样买点回去。

（二）熯针口鱼

针口鱼是太湖中的一种小型鱼，大小略同太湖银鱼。因而，在捕银鱼的渔网中常有针口鱼出现。针口鱼是俗名，学名为间下鱵（音zhēn），还有俗称角鱼的，吴语“角”音与“贡”相似，时间一长，故亦称贡鱼。角鱼那根长长的“针”，不是长在鱼的额头上的，而是长在它的长下颌（下巴）上的。鱼太小，以至让人对那个针形的“角”的位置产生了误解。

针口鱼虽小，却是吃荤也吃素的杂食性鱼种。水生昆虫、较大的水藻等，都是它的主食。针口鱼身材小，所含脂肪却不少。与银鱼相比，针口鱼数量不多，不能如银鱼一样，成为专门的渔业作业对象，只能混迹于银鱼（网）中。好在它外观特征明显，可轻易地从银鱼中挑拣出来。鱼商们一般只收银鱼，不会将针口鱼送到城里，所以，在城市是很难见到的，针口鱼的鱼味，多在太湖边飘荡。

针口鱼的身材是略扁的圆柱状，有点像编织的棒针，身长不会超过15厘米。大眼薄鳞，因其细小，对“肉食者”而言，筷子没法在针口鱼身上夹出肉来。而渔家并不会弃它而去，在太湖渔家的眼中，它是一种具有营养和饮食趣味的鱼。

太湖渔家照例会将针口鱼晒干备用。晒后的针口鱼条条弯曲着身体，如漫舞之状。

要吃的时候，将针口鱼干略加冲洗后倒入锅中，借助锅壁的热量，将鱼熯熟。因为鱼小，入锅后不能长时间不翻动，如时间过长，会使贴锅壁的鱼肉因受热过度而焦黄，出现苦味。要翻翻停停，让针口鱼受热均匀。起锅前或起锅后，放些椒盐、食盐调味，或什么都不放。熯时，锅中可以不放油，因针口鱼本身含脂丰富。这样的烹饪方法，太湖渔家不说炒，而讲熯。

针口鱼鱼肉中含有蛋白质和脂肪，还有锌、钙、铁、磷等矿物质和维生素A、E等营养物质。熯好后的针口鱼质地松脆，可以连肉带骨一起咀嚼后咽入肚中，让所有的营养物质、食养功效都在腹中融合而发挥作用。太湖渔家的生活中，熯针口鱼是渔家的小吃，可以作为孩子们的零食。渔民说："针口鱼吃了补钙，小孩长身体好。"以往，针口鱼也卖不出价，而自食就无须考虑"价钿"多少。这样富含营养的纯天然食物，实在是品质优良、绿色生态的零食。

熯针口鱼还可作为一款茶食。在太湖渔村闲坐、饮食时，熯针口鱼常与白虾干一起，作为渔家的茶食，两者都是咸鲜风味。城里的茶食丰富多样，甜味、咸味都有，太湖渔家的茶食则以咸鲜水产为特色。熯好后的针口鱼口感脆硬，笔者常会像渔家孩童那样，抓一撮拿在手里，一条一条往嘴里送——多些自在的食趣不好吗?

有次去吃船菜，到得早了，泡了茶等待的时候，就觍着脸向店家讨要一份针口鱼干，当作茶食就茶。没想到，店家拿来的时候还外加一份太湖白虾干，堪称绝配。

三、油氽鱼虾

（一）油氽鳑鲏鱼

鳑鲏鱼外形有点像编鱼，只不过太小、太薄，不超过12厘米，很多只有7—8厘米或更小些，因而也被称为小鳑鲏。因为小，旧时是猫咪的最爱——小鳑鲏鱼是在猫鱼（食）之列的。可鳑鲏鱼家族很庞大，品种很多，太湖里有3种：方氏鳑鲏、高体鳑鲏、中华鳑鲏。如果不是研究水产、生物的人员，其中的区别很难说清楚。故而不需纠结，遇到了一律称鳑鲏鱼，肯定没错。

鳑鲏鱼也知道自己鱼身太小，经不起风浪，所以常在静水或水流缓慢的区域里游动。太湖边的水域里，可经常透过水面看到水草间有鳑鲏鱼在游动。餐船还泊在湖边经营时，会看到闲着的人员在船头坐着，拿一根小鱼杆，鱼钩上插上米饭粒，放入水中一会儿，就可钓起一条鳑鲏鱼来。身边的水桶里盛着钓到的小鱼。问：“等会就吃钓上来的鳑鲏鱼吗？”回答：“我们钓着玩的，这个数量太少。你们吃的是渔民专门送来的。”哦，临水垂钓只是在玩，不在牟利。

虽说鳑鲏鱼小，但好食者不少。鳑鲏鱼一材可做出多种菜肴，笔者最喜欢的还是油氽鳑鲏鱼。

氽（音tǔn），与汆（音cuān）字形相似。区别在氽为“人”字头，汆为“入”字头。氽是将食材放入沸水中烧熟的烹饪方法。氽的字面意是浮起、漂浮。苏州俚语“烂木头氽了一浜里”，喻为无用之物（人）、不良之材聚集在一起。木头大都浮于水面，这里的氽，就是浮的意思。油氽，是一种烹饪方法，是指食材经油炸后，食材水分蒸发而空酥质轻，从而浮在油面。因而，油氽不只是指浮起的状态，还是指烹饪的方法和风味的特点。油氽有点像“油炸”，从程度看，油氽不是略炸一下，而是要将食材整体放入油中，经过一定的时间，使食材达到透、空、酥、脆的效果；用的火头是文火、油温不能过高，否则就易使食材焦黄失饪。

鳑鲏鱼鱼身扁薄，鱼肉不多，清蒸、红烧的话也吃不到多少肉，而且细小的鱼骨会带来许多麻烦。而这样的小鱼，经油氽后水分蒸发，会变得松松酥酥，肉骨皆可食用，可撒上椒盐调味，或者再浸入调好的秘制卤汁里使其入味。油氽鳑鲏鱼很多时候都作为冷盆配置，但笔者更喜欢热吃——刚氽好就上桌，趁热吃，酥松、香脆的感觉更加纯粹。

油氽鳑鲏鱼松酥的口感呈现在人们的嘴中，沾着一点咸味，鱼香散出，无刺无骨，人们食用小鱼便有了大快朵颐的尽性。一碟冷菜小食，就着酒随意享用，酥松脆香的感受，会让人们记住并爱上这条鳑鲏小鱼。

（二）油氽鳘鲦

鳘鲦也是太湖中的小鱼，虽说有些大的可长达15厘米，但它们生长速度很慢，日常所遇到的一般只在10厘米以下。这些小鱼分布较广，河流、湖泊都有它们的身影，过去习见的水乡的河沿石埠边，常有鳘鲦游动的身影。它们聚集在一起，将水乡人家洗菜淘米遗留在水中的菜叶、米粒当作美食。只是，现在城乡都用上自来水了，这些鱼的身影，也消失在人们的视野里。

之前，鳘鲦也是猫食的主要品种，现在，它们成为太湖船菜中的风味。

烹制油氽鳘鲦，先将鱼鳞、腮肠去除，沥水备用，起油锅后放入鱼。油氽时要控制好火候，油温高了会将鱼炸焦；时间长了，鱼身也会过酥而没有口感。所以，氽鱼时要观察，待鱼身表面蛋白质稍凝固后，轻翻慢拨，调节受热，调控火头油温，直到将鱼肉中的水分蒸发，待鱼色呈淡黄，质软而松脆时，起锅盛盆。

风味有干有湿。干的调味方法，是起锅后往松脆的鱼身上撒些椒盐，方法简单，鱼味纯净。也可将炸好的鳘鲦，放入已调配好的卤汁中，使卤味蜜入鱼身，食时盛出沥汁。这样的风味可变性强。无论干、湿，油氽后鳘鲦的刺、骨皆已酥脆，可嚼咽入腹。

烹小鱼自古为难，但依然要烹，只因小鱼亦有风味。在物质丰富的当今，这条鳘鲦也够奢侈的，用那么多的油来氽、那么多的卤来渍，才让那么一点大的小鱼形成了风味。

（三）虾松

虾松是太湖渔家的一味菜肴。一个“松”字，使虾松听起来有点“高大上”的意思。肉松、鱼松都是精美的食品，还有酒楼里做成的虾松，亦非常精致。于是人们可能会认为太湖渔家的虾松亦是如此。其实，太湖渔家总归是生活在太湖水域中的渔者，太湖渔家船菜之美，是另一种特点——自然、鲜活。

虾松的原料是太湖白虾，亦称水晶虾。它是太湖中的特产，是“太湖三白”“太湖三宝”之一。太湖白虾的外壳非常薄，鲜活的时候，能够透过外壳看到莹质的虾肉，水晶虾因此而名。水晶虾鲜美异常，剥成虾仁，做一道清炒虾仁，苏州老吃客一尝，便会讲：“唔，这是太湖白虾仁。”

太湖船菜的虾松，烹调简易。做虾松要准备好面粉，加适量的盐、适量的水将面粉调成糊状。再将洗净的太湖白虾放入其中，虾与面糊的比例对渔家而言全凭经验，糊不能太多，虾不能太少，糊贴在虾上，虾融在糊中即可。当然，面糊的厚薄（含水量多少）也全凭渔家经验与实际操作时的状态调整。起油锅，用勺将虾糊舀入油中煎炸，虾糊在油锅中会慢慢塌下，待底下一面煎炸至“结壳”，再翻个身煎上面部分，此时可用锅铲轻压一下，因为虾团内部还有水分，可将其揿成饼状，减少厚度，这样便于使糊内虾身受热均匀。待虾糊色黄后再两面复煎一下，色至金黄即可起锅。可见虾松的烹饪方法是煎炸一路。

此时，金黄的面粉里透出浅粉白的虾身，咬一口，虾壳已然松脆，煎炸好的虾饼呈现松软的口感，“虾松”之名由此得来，名副其实。虾肉是洁白而质软的，香脆的虾壳（炸到适度）是可以一起吃入肚的。虽说有点粗犷，但虾的营养一点也不浪费。蛋白质、矿物质，维生素，还有甲壳素、虾青素等，一个都没有少。据说，虾青素所具有的抗氧化功能，是维生素E的很多倍。至于甲壳素，它存在于蟹、虾等甲壳动物的外壳中。中华医药经典中也有记载，如《本草纲目》就指出，这类壳有破瘀消积的功能。

（四）油氽梅鲚鱼

太湖中，梅鲚鱼的产量占水产总产量的比例很大。捕获后，一部分进入食品生产企业，成为制作如罐头食品等的原料；一部分进入农业的养殖领域，成为营养丰富的水产饲料；再一部分则进入饮食中，成为人们的舌尖风味。

渔网中的梅鲚鱼有大有小。大的可以清蒸，中小的则可烹调成油氽梅鲚鱼，为太湖船菜的冷菜再添一道湖鲜。因梅鲚鱼体小扁薄，故而容易成熟。油氽后鱼体色黄质脆，有的起油锅后趁热浸入卤汁中入味，鱼肉吸饱了卤味，食时回味悠长；有的起锅后就直接洒一点椒盐，趁热上桌。所以，说是冷菜，油氽梅鲚鱼常常是温热的。至于梅鲚鱼的那些韵事，下文再述。

太湖渔家，俭朴的饮食是常态。但在湖面无风的休渔期，或者节庆、亲朋往来时，调节一下风味，亦是渔家生活中的乐趣。

第二节　“太湖三白”与“太湖三宝”

太湖中出产的淡水水产丰盛，有些常被人们挂在嘴边，成为太湖水产的代表和美味的代名词。“太湖三白”“太湖三宝”就是如此。所谓“太湖三白”，即白鱼、白虾和银鱼，因它们的身体都呈现白色、银色，故而被人们都统以“白”称之。“太湖三宝”是指梅鲚鱼、白虾、银鱼。三白、三宝组成虽略有不同，但都是太湖中的佳品。

一、太湖白虾

（一）关于太湖白虾

淡水虾个头都不大，比不上海洋中的那些大虾。但淡水虾虽小，却自有一番鲜嫩的风味。苏州名菜“清炒虾仁”，一粒粒的虾肉着实鲜美。

太湖中的虾有好多品种，大致有秀丽长臂虾（即白虾）、中华小长臂虾、青壳虾（学名日本沼虾）、细螯沼虾、粗糙沼虾、细足米虾、锯齿米虾、钩虾（即糠虾）8种。因而，要分清菜篮子里的那些虾，着实不是一件容易的事。好在日常生活用不着如此钻牛角尖，能辨别个大致就行。白虾是必须认得的，当然，还得懂点太湖白虾与长江白虾的区别。青壳虾也好认，其余的都统称糠虾或河虾即可。清姜顺蛟等编纂的《吴县志》载：

“凡有数种，米虾、糠虾以精粗名也，青虾、白虾以色名也，梅虾以梅雨时有也，今乡土蚕春天出小白虾，俗名‘蚕白虾’。”这样说来，对虾的辨识，还可以从肉质精粗、颜色青白、出现时间等方面来认识。所以，在苏州吃虾，着实需要点“专业”的常识。好在“白虾是太湖中的优势种群，约占虾总产的53%”[3]，要认识它不难。

有一个现象十分有趣，就是太湖中有些鱼虾，常常是透明的，如太湖三白中的银鱼、白虾就是如此。鲜活的银鱼是晶莹的，鲜活的太湖白虾也有通透感，因而白虾有了“水晶虾”的俗称。这种状态笔者更喜用“水色”来表达，那是一种鱼虾融入太湖水中的感觉。太湖白虾的外壳薄而明净，不仅像蝉翼那样轻，还让人觉得像清泉那样透。

饮食中，太湖白虾的薄壳在嘴中会有脆的感觉。有时，看着白虾伸出长长的前臂，如舞动的长枪，笔者竟然把太湖白虾的形象，想象成《三国演义》里的白袍小将赵子龙（以戏曲形象论）。用清水煮过，太湖白虾的壳便泛出淡淡的粉白，似江南女子水嫩的皮肤，秀丽无比。

太湖白虾有一个奇妙的特性，就是经过烹饪成熟后，虾肉依然是粉净的白色，很少附带通常所见的虾表面的红膜，所以称其为白虾。白虾不仅有在水中鲜活时的那种清透之色，成为美肴时还有不变的纯净之质。太湖白虾肉质细嫩。对于苏州而言，细嫩是苏州菜中，对于食材质地的一份偏好。细嫩是由肉质中的蛋白纤维而来，一般还与肉质中的含水量、含脂量有关。太湖白虾的虾肉中脂肪含量非常少，但肉质依然细嫩。

《太湖备考》载：“白虾，色白而壳软薄，梅雨后有子有肓更美。”农历五月梅雨之后，太湖白虾进入了繁殖期。此时，虾肉腴美，腹中孕子，头中显膏（俗称“虾脑”）。更难得的，是硬质的虾脑和虾子在热力的作用下，会

---

3 《吴县水产志》，《吴县水产志》编纂委员会编，上海人民出版社，1989年10月，第31页。

散发出独特的“虾香”。于是，苏州人便会将虾子、虾脑收集起来，与虾肉一起，烹调成时令美食，誉之为“三虾”。因为孕着虾子，人们把这一时期的虾称为“子虾”。虾这一份独有的气息，每年都会融入苏州人的舌尖。

（二）白虾风味

1. 盐煠虾、三虾菜

盐水虾，太湖渔家称之为“盐煠虾”。因为太湖白虾“天生丽质”，烹饪时也就可以简便一些，一款盐煠虾就能让人吃得津津有味。做法上，只需将太湖白虾洗净，清水烧开、加葱、姜增香，白虾入沸水一滚即可，盛器内加点开水，放盐调味即成。如此就可上桌。做时虾须、虾足都不用去剪，留着挺好，虾须细长，用手一撮可以拢到许多虾须，因而这一撮就会有一大串白虾被取出，比用筷子一只只夹取的效率高很多。而用手撮虾，这样的“牵须”动作，苏州人美其名曰“谦虚”，取谐音也。盐煠虾是太湖渔家的传统菜。看似简单，实则对食材的要求非常高，没有鲜活的食材，就做不出如此清鲜之味。

用“三虾”为材，可做成“炒三虾”“清风三虾”“三虾豆腐”等特色菜肴，用“三虾”做面浇头，“三虾面”就成为苏式汤面中的夏季特色面品。

虾仁豆腐、三虾豆腐是太湖船菜中的大众名菜。将嫩豆腐分成约2寸长、2分厚的块状排入锅中，撒上虾仁、虾子、虾脑等。舀入熟猪油一两，煎至五成熟时加黄酒、清鸡汤、酱油、盐、糖等调味，烧约2分钟后，再用旺火收稠汤汁。这样的豆腐菜色泽棕黄、质地嫩滑、味鲜汁稠。豆腐上裹着稠汁，增加了鲜味；虾的气息裹着鲜味，氤氲在口鼻中，漾在渔家的菜碟里。一方豆腐也有了自己可以炫耀的名头——“三虾豆腐”。

2. 太湖炝虾

炝虾，是将鲜活的白虾中倒入高度白酒炝制而成的一种生鲜菜肴。只是用白酒“烧”一下，并不再用其他烹饪方法进行加工。

传统的炝虾将醉了的白虾与调味碟分开盛入，虾归虾，味碟归味碟。现在常是合在一起，拌好了送到餐桌上。这样一来，调味汁冲淡了酒味，虾入酒的时间偏短，故而酒未入虾，醉不够味，且杀菌不足。市面上还会看到以青虾为材的情况。太湖炝虾要用太湖白虾来做，因太湖白虾壳薄软，肉细嫩，所以，生炝后依然保持着鲜美的肉质。而青虾壳厚硬，入口抿虾肉时，硬壳就会影响到食时体验。

以前的调味，只有乳腐汁。玫瑰乳腐的汁色红而艳，味咸亦鲜，且隐含甘味。食时夹着白虾，醮点乳腐汁来品食亦有风味。现在调味料丰富多样，这是好事，但虾味与调味料之间的搭配，还要有所关注，要注意到炝虾之“醉味”与调味清鲜的风味之间的融合与协调。

3. 太湖白虾干

中国烹饪技艺丰富多样，如今所说的几大菜系就是一个很好的证明，如果加上小的“支脉”，由这些丰富多样的烹饪技艺呈现出来的风味，便是中国美食丰富性的体现。大湖船菜是不是能成为一个小“帮”呢？如果站在苏州的角度讲，它肯定是苏帮菜中的一个组成因子，它所呈现的风味，是属于苏州太湖渔家的。

每一个烹饪派系都有属于自己流派的经典菜肴，而且，有些经典菜肴的烹饪，是需要诸多烹饪技艺的综合的，无论是选材、治净、预制、配料、烹调乃至食用方法等任何一个环节，都会有相应的技术要求，来引导和规范掌勺师傅采取相应的操作方式和烹调程度。只不过，太湖船菜中有些代表性的菜肴，常常没有如此这般的烹饪过程，有些简单到似乎只需装盆上桌就行，譬如说太湖白虾干，笔者就认为是太湖船菜中的代表性菜肴。你会看到，太湖渔家将晒好的白虾干装在盆里，往餐桌上一放，就是一味冷菜了。你说，这还能算是经过烹饪的菜吗？但这白虾干确实是一道地道的太湖船菜，是一道餐前的冷菜、伴茶的茶食。它可以起到开胃、生津、助消化的作用。你看客人不自觉地将虾的头尾一掰，就将虾身送入嘴里，细嚼起来。从他第二次伸手再去拿的样子看，白虾干应是美味的，经得起咀嚼。

所以说，太湖船菜成为苏州餐饮的一道风味，自然有它自身的独特之处。

太湖白虾干是用“太湖三白”之一的太湖白虾做成的，可谓身出名门。在白虾汛期，太湖渔家会将收获的一部分白虾用盐水煮一下，然后放在“橇”上任太阳曝晒、湖风吹拂，直到将虾中水分蒸发，虾身变干燥为止。这样，太湖白虾干就做好了，成为带有咸鲜味的太湖水产干制品、太湖的土特产。太湖白虾干还因盐度的不同分为淡虾干、咸虾干，因晒制时的状况不同，还有生虾屑等品种。

当然，如果说完全没有经过烹调，那也不是完全符合，毕竟还是用盐水煮过的。但以烹饪技艺来看待，那一把火、一勺盐的烹调，简单得似乎可以忽略不计。生虾屑因晒制时，常与梅鲚鱼一起晒干，故而虾干上会附有梅鲚鱼的风味。

与白灼鲜食不同的是白虾干经历了时间、阳光、清风的作用。干燥需要一段时间，因而，虾肉蛋白质就会有一部分呈味氨基酸游离，又附于虾壳上，鲜味也自然还在。摊薄的白虾经太阳晒与湖风吹后，都不会因高温而使鲜味消失。一出一留，白虾干的鲜味就显得更为质朴自然。

品味白虾干的过程，是让人沉静的过程。白虾干有一定的老韧性，人们必须通过充分的咀嚼，才可咽下。咀嚼过程中，口内分泌唾液等消化酶，与白虾干中的呈味物质、蛋白质会有很长时间的接触。咸、鲜味使味蕾被唤醒，并充分体验。此时，不应是狼吞虎咽，而是细嚼慢咽。白虾干面前，“快”的时代无奈地被拉回到“慢”中来。

在太湖人家小坐，主人常会在递上的一杯清茶边，再放上一碟白虾干。像在城镇人家、茶馆一样，会配上瓜子、蜜饯、笋豆、糕饼等茶食。

太湖白虾干是鲜香的，笔者曾有个比喻，说太湖白虾干是平民的“火腿”。苏州菜中，常会用火腿来提鲜、赋香、增色。但火腿毕竟价昂，而且使用时也比较费功夫。而白虾干则可直接抓来就用，省时省力。夏天，冬瓜汤、扁蒲汤、丝瓜汤等菜肴里，放入一点白虾干，咸鲜的味道可使人开胃生津。尤其是因疰夏而不思饮食的人，可借太湖白虾干的清鲜，改善胃口。在醒胃这一点上，白虾干与火腿似有异曲同工之效。日常菜肴的搭配中，加一点太湖白虾干，便能有实实在在的太湖风味。

前面说过，太湖船菜有着真与朴的特征，如果用一些现代的烹饪方式来品评太湖船菜中某些菜肴，如太湖白虾干等，常常会感到语塞。太湖船菜中简单的烹饪所呈现的朴素自然的风味，有它内在的原理。

4. 虾酱

制酱在中国有着悠久的历史，在周代宫廷已有“百酱”之品，崇尚周代礼仪的孔夫子，还有“不得其酱不食”的食礼要求。从制酱的方法看，有经过发酵而成酱的方式，如现今的豆瓣酱、甜面酱等；还有一些是通过熬制等方法而成酱的。这里所说的太湖渔家的虾酱，就是用第二种方式制成的。

苏州地区饮食风俗中，有用酱油与虾子一起煎熬，做成“虾子酱油”的传统，虾子酱油也是苏州的地方特产。清袁枚的《随园食单》中称“虾油”，其制法为“买虾子数斤，同秋油入锅熬之，起锅用布沥出秋油，乃将布包虾子，同放罐中盛油”。文中所说的“秋油”，其实就是酱油。清代王士雄《随息居饮食谱》中说：“笋油则豆酱为宜，日晒三伏，晴则夜露，深秋第一笋者胜，名秋油，即母油。调和食物，荤素皆宜。”不仅如此，苏州称为“母油”的酱油，既有秋季的时间概念，也有第一批次的顺序概念，还有按加工方式形成的品质概念。据记载，“质量好于双顶套的名叫母油”，它是“双顶套油合并（各50%）而成”的，说明母油还指因酱油制作工艺不同而形成的品质较好的酱油。所以，用秋油（母油）与虾子结合熬出的虾子酱油，其味必定是鲜上加鲜。

太湖渔家也会用虾与酱油一起熬成调味品，称为“虾酱”。当然，渔家不会像城里人那样，将本来容易被洗掉的那点虾子收集起来熬制，而是直接用整虾来熬。酱油与虾同烧，沸后去浮沫，加入烧酒去腥，然后小火煮熬；直到酱油中水分蒸发，比原来减少一半时方可。此时，酱油浓稠，滤出虾的残渣，即成虾酱。妹妹饭店的蒋兆玉说："虾酱非常鲜，可以烧萝卜时放入虾酱，这样的红烧萝卜就更加鲜美。"想到陆地居民常用红烧肉汤来烧萝卜，也是同样道理，用浓郁的味汁来赋味其他食材，从而获得美味的效果。

秋天开捕后，太湖渔家的水产品多起来。捕获的虾除了出售，或晒成虾干外，渔家还会熬一点虾酱，调节日常的饮食风味。而虾酱亦是太湖渔家的土特产。蒋兆玉说："十月罢，渔家就会拿着虾酱、水咸鱼去走亲访友。"太湖大船渔家捕鱼要靠信风，十月下旬有一段时间（大致半个月）没有风或风小（渔家称风秧），大渔船只能停泊下来，不能渔业作业，称为"十月罢"。渔家也因此有了一定的空闲时间，趁着秋高气爽，开始走亲访友。在一年的渔业作业中，因为风小，大渔船只能根据作业区域，随处停靠在太湖沿岸。除了苏州太湖沿岸，还可能临近湖州长兴，亦可能位于宜兴、常州，总之，随泊而安。停泊后，渔家就会到邻近的某一处陆地上岸采购食物、用具等。时间长了，就会与相关地区的陆上居民成为熟人，有时还可能得到陆上居民的帮助。如太湖渔歌中唱的"潭东窑上借米吃"。久而久之，随着这种交往关系的建立，太湖渔民与陆地居民成为朋友，进一步发展，就会挂名为寄亲。蒋兆玉说："渔家的寄亲多格。"当然，还有通过联姻等方式，使水上与陆地居民之间，有了亲戚关系。太湖渔家会在不能捕鱼时走访亲友，走访时当然会带一些渔家的土特产相赠。虾酱、水咸鱼等既风味鲜郁，还可存放一定时间，是实用的礼物。礼物不贵但也不轻，重在情谊。

过去，虾酱大多在秋时熬制。一是没有冷藏家电的时候，延长食品的保存期要靠较低的自然气温，秋后气温会逐渐下降，所以熬制好的虾酱便于保存到来年春季；二是虾酱经熬制后咸度增加，也起到保质的功效。

二、太湖白鱼

（一）关于太湖白鱼

太湖白鱼美味之名由来已久。《吴郡志》载："白鱼出太湖者胜，民得采之，隋时入贡洛阳。"隋炀帝时，洛阳是隋朝的都城，所以，将太湖白鱼送到洛阳称为"入贡"。这样算来，太湖白鱼的名头已响了1400余年。宋叶梦得《避暑录话》记有："太湖白鱼，实冠天下也。"《太湖鱼类志》中称："翘嘴鲌在鲌亚科中是最大一种，为太湖'三宝'之一，与松江鲈、黄河鲤、松花江鲑誉为中国四大名鱼。"[4]这样的赞美声中，太湖白鱼让人遐想。

从水产专业上说，白鱼为鲤形目鲌亚科鲌属，因具体的形态、特性差异还分为多个品种，太湖中有4种，分别是：翘嘴鲌、达氏鲌、蒙古鲌、尖头鲌。苏州人常说的白鱼，一般都指翘嘴白鱼。

白鱼是"太湖三白"之一。白鱼身扁，银鳞洒身，民间称其为"白丝""白鲦"。"口大，上位……下颌上翘，突出于上颌之前"，因其貌像在翘嘴，故有"翘嘴白鱼""翘嘴白丝"之称，鱼类中归于"鲌属"，又有"翘嘴鲌"之称。白鱼肉质细嫩、洁白腴美，自古就是太湖的著名水产。

翘嘴鲌，又称翘嘴白丝、大白鱼，4年以上的大白鱼可长到80厘米以上。鱼身大但鱼鳞小，鱼身背侧呈浅灰色。达氏鲌，又称青梢白鱼，鱼鳞是大圆鳞，鱼身背侧呈深灰色或青灰色，鳍色亦深，估计这是其被称为"青梢"的原因。再有蒙古鲌，又称"红了白丝"，蒙古鲌每个鱼鳍都呈淡黄色，最令人惊艳的是其尾鳍的上半部呈橘黄色，下半部呈现鲜红色。尖头鲌，头较小，尖形，后背没有隆起。"尖头鲌与蒙古鲌区别在于体较高，臀

4　《太湖鱼类志》，倪勇、朱成德主编，上海科学技术出版社，2005年5月，第116页。

鳍条数较多，侧线鳞较少；与达氏鲌的区别是尾鳍橘红色，边缘黑色。”[5]

还有一种鱼，它的外形与小白鱼相似，也有点翘嘴。这里也归到白鱼中来介绍。这种鱼在鱼类专业分类中为原鲌属，与白鱼不同属。品种称红鳍原鲌，太湖渔家称黄尚鱼、黄掌皮、黄尚鲦等名。区别是其鱼鳞为中大圆鳞，鱼体背侧青灰带蓝绿色，鳍则是多彩的——背鳍灰色、胸鳍淡黄、腹鳍与尾下侧为橘红色。因而，民间还有称其为“红了”的。不得不说，这条色彩丰富的鱼非常具有观赏性。

花费一点笔墨将太湖白鱼及相似的黄尚鱼简要描述一番，为的是让人们对太湖白鱼有更深切的了解，更好地品味太湖各种类别的鱼。

《鱼谚》说：“五月白鱼吃肚皮。”农历五月时，白鱼质地肥腴，腹部肚裆更显肥美，故有吃肚皮之说。《太湖备考》中载：“吴人以芒种日谓之入梅，梅后十五日谓之入时。白鱼至是盛出，谓之‘时里白’。”[6]芒种后15日，即是夏至节气，接着是暑相连的小暑、大暑。从保健养身方面来看，白鱼肉味甘、性温；有开胃、健脾、利水、消水肿之功效。天气暑热连绵，白鱼应时而出，人们吃白鱼有益健康，也是正当“时”。

（二）白鱼风味

1. 清蒸白鱼

白鱼之美，美于其质。表现为肉质细腻柔软，富含脂质，口感腴润，蛋白质高，营养丰富。烹饪时，人为的作用越少，越能体现白鱼的美妙，否则就可能适得其反，辜负了白鱼的一身丽质。

清蒸是太湖船菜中运用最多的烹饪方法。清蒸白鱼有用新鲜白鱼清蒸的，也有用腌制过的白鱼清蒸的。新鲜白鱼清蒸前，也要用盐腌一下，称作“跑腌”。一般跑腌时间短、盐头也不重。白鱼因含脂而肥、含水而

5　《太湖鱼类志》，倪勇、朱成德主编，上海科学技术出版社，2005年5月，第120页。

6　此时，太湖地区水稻莳秧，故“时”亦作“莳”。

嫩，就饮食口感而言，有时会让人觉得过分柔软，所以，腌一下可“走”掉一些水分，让鱼肉蛋白凝固，肉质收紧形成“蒜瓣”肉，即鱼蒸熟后，鱼肉会呈现一层层的肉瓣，如大蒜瓣似的。因跑腌时间短，盐头适中，腌的过程中有部分呈味氨基酸游离出来，其中既有呈鲜氨基酸，也有呈甜氨基酸。所以，新鲜白鱼跑腌清蒸后会更加鲜美，而在回味中，又有甘味隐现。加上柔和的肉质，会让人的味蕾有别样的体验。跑腌的时间，从一两小时，到一天多都有。需要注意的是，如太湖白鱼这样肉质细嫩肥腴的鱼，跑腌后放置超过两天，肉质就会从原来的莹白变得灰白，没有光亮而显得少了生气，味亦会因此而变。

腌制白鱼则须用较大的盐头，腌的时间也要稍长。将白鱼治净，剖成片后，抹盐放在大盆中，再用重物压在鱼身上，使更多的水分析出。腌制时间到，要将白鱼挂起，用风吹，使之达到适当的干湿度，以便保存较长的时间。也有不吹干的水腌鱼之法，但存放时间一般不长。现在有了冷藏设备，可将腌制的白鱼保鲜保存，鱼身是含水的。这样，肉质就不会如鱼干那样干韧。清蒸的腌制白鱼肉质爽嫩，还增了一分鱼香。一把盐成就了不同的风味。

小点的白鱼，可用鱼盆盛着，整条清蒸。太湖大白鱼常常是切成段的，分段来蒸：头段，以鱼头部位为主；中段，以鱼身为主；尾段，以鱼尾部为主要食材。有些食者喜头段，因鱼头上胶质明显，抿之味腴，助着小酒，很是怡情。白鱼中段肉多骨少，脂质隐于肉中，口感肥腴柔美。鱼尾鱼刺稍多，肉质紧实。

2. 红烧白鱼

红烧白鱼也是渔家喜爱的菜肴。渔家说：“好吃，肥！”这一个“肥”字，直接说出了红烧白鱼的口感特点。由于白鱼富含脂质，红烧时，经过一定时间的焐烧，鱼的脂质溢出，汤汁就越发地浓稠。鱼肉裹着稠浓的汤汁，鱼味自然会更加好。烹烧中，鱼脂质所散出的脂香，还增加了一丝清蒸白鱼中体现不出的醇厚之感。品赏时，香在鼻息、口舌之间串成一气，成了一种让人分不清的味道。

3. 白鱼汤

太湖渔家说："白鱼汆汤，再加些白虾，也好吃格。"渔家的盐熯虾、汆汤鱼味道极好，简单的烹调中有自然本味。

又有渔家问："白鱼汆野鸭汤吃过没有？"这里所说的野鸭，是指每年进行迁徙，并在冬季停泊生活在太湖水域的水禽。太湖中的这些野鸭旧时是可作为季节性美食的，现已列为国家保护动物，不能猎取用于饮食。现在，人工饲养的绿头鸭，也称野鸭。能不能再做出"白鱼汆野鸭汤"的风味，这是另外的话题。汉字中"鱼""羊"能合成一个"鲜"字，"羊方藏鱼"是徐州的一道名菜。那这白鱼与野鸭会合成什么美味？应是太湖渔家自创的风味，也只能让口水去汹涌，让情思去澎湃了。

4. 花椒鱼

花椒鱼是腌制后再经风干的白鱼。在蒸的时候配以花椒，去腥的同时，使鱼肉蕴含了花椒的香气而显出另一番风味。笔者走访时，太湖渔家都对这款花椒鱼很认可。宴席上，用作冷菜的白鱼干，许多就是花椒鱼。

白鱼有多种，太湖渔民做鱼菜有讲究，听他们说："做花椒鱼的白鱼，最好用红了白丝。"红了白丝背肉较厚，适合腌制。太湖渔民经过筛选、尝试和总结，凭借在长期的饮食、品鉴中形成的认识，最终得出以红了白丝做成的花椒鱼风味最殊的结论。故而说太湖渔民最识鱼，也最能烹制出独有的渔家风味。宋代苏州人叶梦得说太湖白鱼冠天下，肯定是他在尝到了白鱼的风味后，才有如此结论。当然，叶梦得是将红了白丝、白鱼一起称赞的。

制法据介绍是将鱼治净后制坯，先用食盐腌制一天一夜，然后取出吹干，大致六七成干时即可。食用时取出，略加清洗即可上笼蒸，蒸时加黄酒，还要加入花椒。蒸好后的食用方法，就如掰掰鱼一样用手掰成小块来吃。渔家说深秋、初冬时制作为好，在寒冷、干燥的气候中制作，能保证品质。

据渔民说，做成花椒鱼的鱼干，并不是十分干硬的。之前说到，太湖渔家在烹饪观念上，有“度”这一认识。从花椒鱼的制作中也能看到，鱼干的含水量，即“干”的程度，会因菜肴风味的要求而有所不同。这里面的拿捏分寸，亦是太湖渔家烹饪技术的体现。

想起那些几分熟的西餐牛排，食时都要抹一丁点黑胡椒增香去腥。太湖边的渔家，则以一味花椒助鱼风味，可见太湖渔家亦是知味人。

三、太湖银鱼

（一）关于太湖银鱼[7]

北宋张先写有关于银鱼的诗句：“春后银鱼霜下鲈，远人曾到合思吴。”太湖中银鱼、鲈鱼的风味，给人留下美好的回忆。《姑苏志》载：“银鱼形纤细，明莹如银，出太湖。”无论是“太湖三白”，还是“太湖三宝”，银鱼均列其中。

银鱼活体呈半透明的白色，身形细长。因其身小，且无鱼鳞，因而食时也没必要去除腮肠。只需清洗一下，便可用来烹饪，这是银鱼的特点。如细分起来，太湖银鱼有3个属4个品种，即大银鱼、小银鱼（乔氏短吻银鱼）、银鱼（陈氏短吻银鱼）、灰残鱼（短吻间银鱼）。

大银鱼，体长可达20厘米，筷子一样粗细。民间称其为脍残鱼、财鱼等。脍，是指将鱼去骨去刺，并把纯鱼肉切成细条。鱼肉色白，无刺骨的大银鱼有相同的形态特性。至于财鱼，应是由脍残鱼简称为残鱼，再由“残”鱼谐音为“财”鱼演变而来。改革开放之际，经济发展，人们生活水平提升，以财鱼讨口彩还是蛮恰当的。

7　参考《太湖鱼类志》，倪勇、朱成德主编，上海科学技术出版社，2005年5月，第210—223页。

银鱼（陈氏短吻银鱼）可长到10多厘米，一般人们可看到买到的，都在7—8厘米。在太湖银鱼的捕捞数量上，此品种银鱼的数量占一半以上的比例。我们平时食用的银鱼，大多就是这个品种。

银鱼的生命周期一般在一年左右，产卵后就会死去。大银鱼在冬季产卵，民间有“冰消子、爷娘死”的俗语，就是指大银鱼在严寒的冬季产卵后不久，生命便走到尽头的情形。银鱼（陈氏短吻银鱼）与大银鱼在产卵方面有所不同，它是在春、秋两季产卵的。从3月开始到5月，是银鱼的盛产期，之后，鱼卵经4个月的生长，到9月就可长到成鱼大小了。太湖渔民称这样的银鱼为“新口银鱼”。秋天产卵后孵化，再经一冬的生长，到来年春季鱼汛时捕获，生长时间要达8—10个月，渔家称其为“老头银鱼”。因而，在银鱼风味上，春季与秋季的银鱼，会有细微的不同。“本种银鱼从1979年起先后移于云南（滇池、星云湖、洱海、抚仙湖）、河南、浙江、福建等全国10多个省、自治区、直辖市，不仅能生长繁殖，而且已成为当地的经济种类，取得了显著的经济效益和社会效益。”[8]

小银鱼是太湖银鱼中体形最小的银鱼，可长到5厘米左右。灰残鱼可长到15厘米左右。这两种银鱼占比小，在此不赘述。

有人问，我们平时购买或吃到的银鱼有大有小，那些银鱼是大银鱼还是小银鱼？是大银鱼的小鱼苗，还是银鱼的成苗？说实在的，如不依靠专业人员或通过仪器检测相关特征，一般消费者很难分别。一网中大小都有，但市场中的银鱼大小都较均匀，这是因为渔家和经营者已进行了分拣、归类，分档销售。对大、小银鱼是不是同一种银鱼，早有争论，《太湖备考》中记录如下：

按，银鱼、脍残，《旧志》别为二种，愚谓银鱼即脍残之小者，脍鱼即

8　《太湖鱼类志》，倪勇、朱成德主编，上海科学技术出版社，2005年5月，第220页。

银鱼之大者，非二种也。试观春后银鱼盛出之时，此时小者未大，故无脍残；秋间脍残盈出之时，此时小者尽大，故无银鱼。至冬而更大，长乃盈尺，挨冰啸子，腹溃而毙；所啸之子，交春又生，又以渐而大。瞿宗吉诗："笠泽银鱼长一尺"，人以为夸词，我以为实录，盖指冬月之银鱼也。此以渐而大之一证。

可见旧时仅凭经验看银鱼大小，来判断其是否为一种品种，多少会与实际有所出入。

(二) 银鱼风味

太湖渔家食用银鱼的方法主要有两种：一是鲜食，一是干食。干食，即将银鱼晒成银鱼干，食用时通过浸泡使鱼身变软，然后再进行烹调。从营养角度看，银鱼含有碳水化合物、蛋白质、脂肪，但脂肪含量较少，且含有钙、磷、铁等矿物质和维生素B1、B2、烟酸等营养元素。从保健养生的角度看，《本草纲目》认为银鱼具有补虚、健胃、益肺、利水的功效。清代王士雄的《随息居饮食谱》载："银鱼一名脍残鱼。甘平。养胃阴，和经脉。小者胜，可作干。"王氏这段介绍中的残脍鱼其实是大银鱼，"小者胜"是指银鱼(陈氏短吻银鱼)，而且这个"胜"字，应指银鱼的风味、食养效果。王世雄还提到了可将银鱼做成银鱼干。下面着重介绍下鲜食。

1. 银鱼炒蛋

银鱼炒蛋是极普通又烹调方便的菜肴。只需将银鱼洗净，蛋打匀，然后将银鱼倒入蛋液中拌匀备用，有的还会加入一些葱末。起油锅倒入银鱼和蛋液，随着蛋液受热凝固，银鱼也逐渐成熟。如果油温低时倒入银鱼和蛋液，银鱼炒蛋质嫩但含油量会较多，油温高时倒入，则又会使银鱼炒蛋有些焦黄，而油温控制又与具体的天气温度、蛋液温度相关。此菜烹调虽说简单，操作时也需要视具体情况裁量，这就是对经验与技术的要求。银鱼炒蛋色泽嫩黄，黄色的蛋、乳白色的银鱼相间，素雅中有靓丽。银鱼炒蛋有着软熟的质地，适口性好，老少皆宜，是太湖船菜中的家常菜，也是富有营养的菜。

2. 油炸财鱼

油炸财鱼是以大银鱼为原料烹制的菜肴。大银鱼洗净后沥水，鸡蛋打入面粉中拌成面糊，起油锅至五六成热，将大银鱼拖面糊后，入油锅炸至面糊呈黄色即可。此菜外脆里嫩，外观金黄，内部银白。油炸好的财鱼都是一根一根的，可手持蘸食，很是休闲，尤其得儿童、女士偏爱。蘸的调味酱汁可购买现成的，也可自己调制“秘汁”，可甜可咸。花果类的调味酱汁具有花香，色彩多种多样：玫瑰红的、桂花黄的……

3. 雪菜银鱼

雪菜银鱼是太湖渔家传统的小菜。雪菜即雪里蕻，是十字花科芸苔属芥菜经栽培后形成的适合食用的品种。食养方面有着解毒消肿、开胃消食、温中利气的功效。按现代营养成分分析，亦含有多种维生素、矿物质。《野菜笺》写雪里蕻的特性：“雪深，诸菜冻损，此菜独青。”这是“雪里”菜名的由来。雪里蕻富含胡萝卜素，会让它在寒冷的冬季返出紫红色来，由此还有“雪里红”的称谓，“红”与“蕻”同音。立冬后，苏州总会将腌制雪里蕻当作一件重要的事来做。新鲜的雪里蕻经腌制后，便是苏州俗称的“雪菜”，因在严冬腌制，还有“冬菜”之称。

腌雪里蕻可用跑腌，即时间短的腌法，腌数小时或一两天，菜被取出时，色泽依然青绿。还可长时间腌制，将雪里蕻洗净后，晾干生水，此时叶子失水而萎，有些叶子会转成黄色，亦无须去掉。接着腌制，要用盐在叶茎、叶间反复擦拭，保证盐分适度均匀，然后重压、出水，经数天后取出雪里蕻，沥水后再放入缸甏中密封保存。此时缸甏内缺氧，菜中产生的乳酸发酵，在酶与微生物的作用下，雪里蕻形成了独特的香与鲜，也就有了属于自己的风味，这是发酵型的腌制。适度的酸味、盐催生出的鲜味，可以使人增加食欲，有助消化。有的还将腌好的雪里蕻切小后再密封保存或再次发酵。

雪菜银鱼是船菜中的小菜，也是一道小鲜。新鲜的银鱼与发酵过的雪菜经煸炒后，雪菜的咸鲜味紧裹住银鱼，味透银鱼娇嫩的身体，极能助食增味。如果吃烦了都市腻味的菜肴，在太湖边品尝这样的小鲜，真的能醒胃增食欲。

4. 老烧银鱼

老烧烹调方法在太湖渔家的烹调中较为普遍，前面已将它作为太湖渔家独特的烹调技艺介绍。老烧源自红烧，只不过有着渔家烹饪的纯朴。老烧银鱼的主料自然是银鱼，配料则为太湖白虾，“太湖三白”中的两白这样成双结对地出现，在城市家常菜中较少见到。这种遇鱼吃鱼、遇虾吃虾、遇到鱼虾一起吃的渔家饮食，实是由渔家所处的生活环境与生活状态而来。老烧必有酱色，必是咸鲜味的，且咸味有窜头，而鲜味在后头。

银鱼除了作为主要食材成菜外，还可作为点缀与其他食材组合成菜，如莼菜银鱼羹（汤），一些太湖渔家的“老烧”菜里，也能看到银鱼的身影。在此不再展开叙述。

四、太湖梅鲚

（一）梅鲚与刀鲚

太湖中，有两种相似的小鱼，都是柳叶刀一般的身形，扁薄的身体，通身白鳞银亮。有的称梅鲚，有的称湖刀，即刀鲚。为此，笔者特地问过太湖渔家，梅鲚与刀鲚是否为同一种鲚鱼。回答非常肯定：“不是！”

水产研究可以通过基因分析、生物特性等专业的方式来检测一条鱼的种类，而太湖渔家与我等消费者，只能是凭着经验来认定孰“梅”孰“刀”。因而，也先要从源头上来看看。

梅鲚鱼被誉为“太湖三宝”之一是从明朝时开始的。传说朱元璋喜食梅鲚鱼，做了明朝的开国皇帝后，他仍好此物，故而梅鲚鱼被列为贡品每年都要进京。《吴县志》中所记：“明洪武年间，每年岁贡梅鲚鱼万斤，故梅鲚鱼又称贡鱼。”当然，进贡的梅鲚鱼肯定是要千挑万选的上品。

鲚鱼，古时也写成“鮆鱼”，还有称“鱽鱼”的。鲚鱼是一个大家族，因鲚生活水域的不同，有江鲚、湖鲚、海鲚之分。江鲚亦称刀鲚，是溯河洄游鱼类。生殖季节会从江海交汇处游入淡水江河，再进入江河支流与湖泊产卵。卵孵化后，幼鱼会在河湖中生长到秋天或到第二年，才洄游入河口（江海交汇处）。进入内湖产完卵的刀鲚，有的也会优哉游哉地在江河湖泊中生长一段时间，不急于马上游回江海交汇处，有些还干脆定居下来，成为湖鲚。所以，刀鲚是见过海或会见到海的鲚鱼。湖鲚亦即梅鲚，是一种陆封（定居）型的鲚鱼，只生活在淡水中。故而说到是否见过海的世面，梅鲚就有点小家碧玉般的局促。虽然梅鲚、刀鲚有差异，但都能在淡水中生活，如果在太湖中捕获，则统称为湖鲚。这一点，就可解释为什么太湖渔家会明确地说，梅鲚与刀鲚是两种不同的鲚鱼。海鲚亦称风鲚，生长在海洋中，在近海江河口也能见到它们的身影。

刀鲚，俗称刀（魛）鱼，名头比梅鲚鱼大了不知多少，是“长江三鲜”之一：刀鱼、河鲀、鲥鱼。不少有文化的饕餮者都为刀鲚赋诗著文。苏轼赞道：“还有江南风物否，桃花流水鮆鱼肥。”将一副馋相掩映在嫣红的桃花丛中。这样的雅俗共赏，尽显风流，配得上“苏学士”的名头。元代王逢《江边竹枝词》道：“如刀江鲚白盈尺，不独河鲀天下稀。”看来，好东西不会被湮没，总会有人为它出头点赞的。就目前以人们的饮食偏好而形成的评价标准来看，江鲚（刀鲚）的风味独居榜首，这只要看它每年超千元的时价便可知一二。不过，太湖中的刀鲚，与江鲚是同宗的。

梅鲚在民间有称凤尾鱼的，其实，真正的凤尾鱼（凤鲚）生长在海洋或河口，不会进入淡水区活动（会随潮水进入长江入海口段），属于海鲚一类。苏州滨江临海，在五六月份也能吃到孕子的凤鲚。可能因湖鲚与凤鲚的外形相似，有时为说明形态而借用了“凤尾”名字。因凤鲚身小肉少，只有待它孕子时，借着鱼子才稍有可食部分，在餐饮中食用，并多采用煎烤方式，如此才能逼出鱼子的香味。因其经煎烤后骨刺尽酥可食，故凤鲚还被称为“鮆子鱼”。不过，鮆子鱼是特定时间段凤鲚（孕子）的称谓，在苏州也成为“时鲜”，是入了美食名册的。将凤鲚子制成干亦是传统美味，有“出常熟海道者尤大，四五月取其子，曝干，名‘螳螂子’”的记载。

梅鲚其实可算是太湖的原生鱼。成书于战国时期的中国古代地理书籍《山海经》中，就记有关于太湖中湖鲚的情况。《山海经·南山经》载：“又东五百里曰浮玉之山。北望具区……苕水出于其阴，北流至于具区，其中多鮆鱼。”这里所说的“浮玉”山即现在的天目山。“苕水”现称苕溪，发源于天目山，向北流入太湖，是太湖重要的水源。“具区”是太湖的别称。“其中多鮆鱼”，这里的鮆鱼，应是梅鲚、刀鲚等淡水湖鲚、江鲚的总称，但梅鲚肯定少不了。能在《山海经》中落下一笔，并作为太湖地方性特产来记载，太湖中“湖鲚”之盛可见一斑。清代蔡丙圻撰写的《黎里续志》载有：“梅鲚鱼，长约五寸，西北各湖荡皆有之，形似江鲚，而味尤甘美，因黄梅时盛有，故名。”数千年间，梅鲚鱼在太湖中一直兴盛着，成为太湖著名的风物之一。

刀鲚、湖鲚是不是一物两称？太湖渔家是将它们分开的。从鱼类专业的角度看，有的专家认为它们是一物，有的专家也将它们分别开来。“1976年袁传宓曾将此鱼定为刀鲚的太湖湖鲚新亚种。”[9]太湖渔家所说的梅鲚，有了“太湖刀鲚”[10]之称。看来，太湖中的鲚鱼，确实是江、湖相融，有着姻亲关系的。

梅鲚到底能有多大？“根据秦安舲1979年测定资料，太湖刀鲚1龄鱼为73—198mm。2龄鱼为173—260mm，3龄鱼为187—267mm。据唐渝1979—1983年研究资料，太湖刀鲚为小型多龄鱼，最高年龄为5龄，最大

9　《太湖鱼类志》，倪勇、朱成德主编，上海科学技术出版社，2005年5月，第78页。

10　同上。

体长为312mm，最大体重110g。”[11]餐饮消费时，人们将一些体型较大、长200mm以上的鲚鱼称为“大梅鲚”。相对而言的大小，在烹饪上确实可以分别对待。当年进贡的梅鲚鱼，必定是经过精挑细拣的大鲚鱼，只不过有多少是梅鲚，多少是刀鲚，明太祖估计也不太清楚，只要好吃就行。

笔者在走访中，听太湖渔家说：“十一月中旬后，太湖刀鱼就非常好吃了，香、鲜、滑、不木。”梅鲚、湖刀的风味在渔家的品味中，有了时间节点。

（二）梅鲚风味

说到好吃，梅鲚、刀鲚等都属小型鱼类，骨多肉少，而且还多细如毛须的芒刺。好吃在哪里？有诗称：“一寸刀鱼一寸银，清明时节价万金。”这里请来一位饮食文化和美食的饕餮者——李渔，帮着说说。

1. 椒盐梅鲚、卤梅鲚

李渔是明末清初一位文化人，热爱生活。他在《闲情偶寄》中说：“若江南之鲚，则为春馔中妙物。食鲥鱼及鲟鳇有厌时，鲚则愈嚼愈甘，至果腹而犹不能释手者也。”吃到饱还放不下手，一副饕餮样子。

这里所说的江南之鲚，与鲥、鲟鳇这些长江鱼类对比着说，应是指江鲚。好歹太湖梅鲚被认为是江（刀）鲚的亚种，故被视为同一物。记载中，鲚的吃法称作“嚼”。嚼必定是大口地咀嚼，菜肴的质地得有嚼头。因鲚鱼芒刺较多，如果清蒸则必肉、刺分离后才可食用，否则就难以大嚼。如果肉、刺分离后再大嚼，鲚鱼的风味又会难以保证。因而笔者认为是用油氽方法制成鲚鱼菜肴，如此，才能使鲚鱼肉酥骨脆，可以连肉带骨一起食用，才具有“大嚼”的可能。姑且认为是经油氽后的鲚鱼，或者氽好后浸入卤汁入味的卤梅鲚。椒盐梅鲚、卤梅鲚等菜肴，太湖船菜中常作冷菜。油氽所用的梅鲚鱼都是小条的，经油炸后，鱼身失水酥松，鱼背松

11　《太湖鱼类志》，倪勇、朱成德主编，上海科学技术出版社，2005年5月，第79页。

脆；或再吸入卤汁回软，鱼肉就有了一定的韧性，因而，此两类都可以嚼着吃。

2. 清蒸大梅鲚（湖刀）

对于鱼之味，李渔说："食鱼者首重在鲜，次则及肥，肥而且鲜，鱼之能事毕矣。"所以，苏轼诗中的"桃花流水鲎鱼肥"，以及明代文徵明的老师庄昶诗句"溪头春水鲎鱼肥"，都以"肥"为美食标准。太湖渔家说太湖刀鲚好吃，认为："太湖刀鱼宽的毛毛校[12]要二寸，'九里'的刀鱼最好。肉细、嫩、鲜、肥。最好清蒸。"渔家的嘴里，对大梅鲚也赞有一个"肥"字。

这样的"肥"，是鱼体所含脂质与细嫩肉质的体现，是美食尺度指向鱼类的刻度之一。要获得这样的美味，鱼的物种、生活地点、生长时间以及产量等在某一刻都要达一个适当的度，才能实现自然所积淀成的柔美质腴的"肥"。而长不过尺，背宽只有寸余的太湖鲚鱼，依然属于小型鱼类，却在渔家的现实话语中与古人的诗句里，都占着一个"肥"字。这又是为什么呢？

太湖渔家说的"九里"，大致指冬至起九后到开春后九九的一段时间[13]。梅鲚的盛产期，似乎在春季，或在秋捕时，这冬季"九里"的梅鲚，就显得有些珍贵了。此时的鱼身上，也贴过"秋膘"吗？在最冷的一段时间，鲚鱼的肉质、脂质都会更加柔实吗？

如前所介绍的，这些体型稍大的鲚鱼，有些应是赖在太湖里没有洄游回去的长江刀鲚，有些是一直生长在太湖中的太湖刀鲚。但这些鲚鱼之味，终将归名于江鲚之下，江刀是人们熟识的春天恩物，而湖刀之大梅鲚

12　毛毛校，吴俚语，大约、差不多之意。校，音jiào，比较之意。

13　冬至节气后，开始计"九"，第一个九天为"头九"，以此类推到第九个九天。三九、四九在小寒、大寒时期，天气最冷。六九一般在立春之时，有"春打六九头"之谚，为公历二月初。九九已界三月，是江南桃红柳绿之时了。

就只得“隐姓埋名”起来。只是在太湖渔家的嘴里，“九里”的太湖鲚鱼似乎要比长江里的刀鲚更早“肥腴”。果真如此的话，就可让一些不能等待的人们少有遗憾。那年，常熟半亩园主人赵奎昌要在冬末进京为官，等不及春时的江刀，便赋诗充味，诗云：“梅花如雪满南枝，草草轻装赋别离。一尺刀鱼半寸韭，家乡风味最佳时。”如果他知道太湖刀鱼亦有风味，可泛舟太湖一趟，以一味冬日的湖刀聊释胸怀。

对于太湖渔家说“最好清蒸”的烹调方法，再借李渔的美食经来说一说。李渔说：“更有制鱼良法，能使鲜肥迸出，不失天真，……则莫妙于蒸。”“不失天真”，与苏州饮食文化中的“注重本味”“原汁原味”，真是一意两表。简朴、真味、自然，如一条湖鲚小鱼游动在太湖渔家的饮食文化中。

鲜，是饮食中的一个重要标准。苏州常称之为“入味”。苏州味道的基本味是咸鲜味，在这个基础上，再做适当的“甘”味调和。陆文夫写的《美食家》中，也将把握好“盐”这个咸味、鲜味的赋予者，作为衡量一个苏州厨师是否合格的重要标准。特别是清蒸时，一把盐是否精到，常常会决定这道菜的成功与失败。因为盐是唯一的调味品，没有其他可以借助，盐与食材的结合，就显得不那么简单。鱼的大小、鱼的新鲜度、鱼的生长时间与季节、鱼所含的水分与脂质、肉质的厚薄松紧、跑腌的手法与时间、蒸制的火头、热力与时间长短等等，都须要拿捏到位。这样的综合，不是标准化流程可以满足的。所以，经验、感观、技术的积累与总结所形成的烹制技艺，就体现出它们的价值来。技艺不同，也会形成味的差异，从而使成品具有不同的特质与风味。

梅鲚肉质细嫩肥腴，在起水、储运、烹制等过程中，鱼肉蛋白容易水解、游离，如果不及时烹饪或处理，水解后的蛋白质进一步分解，会出现异味（如吲哚的臭味等）。对这样的“小鲜”，食材的新鲜极为重要。好在太湖渔家能够保证鱼的新鲜。之后，便是与烹饪有关的技术作用。

梅鲚、刀鲚鲜美，但鱼刺多，若因为没有时间和耐心就要拒而不食，实在可惜。品味清蒸梅鲚鱼要有一定的“抿功”，仔细地由舌尖抿出细柔的肉来，品味肉质的肥、鱼味的鲜、鱼脂的香。对于好食者而言，在细骨毛刺间寻找鱼的风味，是人生的一种享受。

3. 红烧梅鲚鱼、梅鲚鱼粥

就笔者而言，红烧梅鲚鱼也是一种难得的渔家风味。首先，这样的“小鲜”肉质腴嫩，不宜多翻动。烹饪的火头也要进行控制，大火沸水，极易将鱼肉烧脱、烧成糊。小火烹烧，可将梅鲚鱼体内的脂质进行有效的分解，汤汁味道也就稠而味鲜。酱油、糖的加入，又能起到提鲜与调和的作用。日常中，大梅鲚不易得，所以偶尔尝到用大梅鲚烹调的红烧梅鲚鱼，便难忘怀那味道。

关于梅鲚鱼粥，在此摘录一段。

尤其是“梅鲚鱼粥”，将整鱼与粥同煮，不腥，不腻，鲜美绝伦。但食法令人生畏，将鱼在口中从头向尾一抹，即剔出整条鱼骨和内脏。若不经过长期实践，难以享此口福。[14]

第三节　太湖船菜中的“够格鱼”

太湖渔家对太湖中的水产风味，有着他们世世代代积累下的经验，他们说：“太湖珍品蟹虾甲（有脚），青草鲫鳊不够格（大鳞），红黄黑白肉质细（细鳞），银鳗昂鲶高蛋白（无鳞）。”

“甲”与“脚”在苏州话中是谐音，所以“甲”既指甲壳类水产，也指有脚的水产。太湖中没有大鲵，所以，有脚的水产就是虾、蟹与龟鳖类两栖生物等。青鱼、草鱼都是太湖中体形较大的鱼，渔家说其“不够格”，不

14　《吴地文化一万年》，潘力行、邹志一主编，中华书局，1994年9月，第340—341页。

全是以经济价值来判断，而是矫情地以风味来说事。再看下句“肉质细”就可知道，相对而言，大鱼的肉质与小鱼比，就显得有点“粗”了。而肉质细的鱼，可用4种颜色来表示，红为红了白丝、黄为黄尚鱼、白为白鱼、黑是黑鱼等。对银鱼、鳗鲡、昂刺鱼、鲇鱼等没有鱼鳞的鱼，渔家也从营养的角度表示了极高的赞赏。

一、太湖船菜中的有甲类水产

太湖中有“甲”“脚”的水产从专业上大致可分为两类，一是甲壳类的，如虾、蟹；二是两栖爬行类的，如龟、鼋、鳖。这些生物都与水关系密切，生长都离不开水域。只不过，有些生物已列入《国家重点保护水生野生动物名录》和《濒危野生动植物种国际贸易公约》（水生野生部分），受到《中华人民共和国野生动物保护法》的保护。这里，笔者将所了解到的、历史上有过记载的太湖水产生物中的鼋、龟简要介绍一下，希望人们对于太湖及水生物多一点了解，也为太湖生态环境的绿色长存，多一点关注和保护。

（一）两栖爬行类

1. 鼋

鼋，苏州民间称癞头鼋，外形像鳖（甲鱼）。民国《吴县志》中记有：“（鼋）如鳖而甚大，有重至四五十斤者，头上有磊块，故俗称癞头鼋。”薛利华《洞庭东山志》载：“民国25年（1936年）秋，太湖东山席家湖渔民在太湖用滚钩捕鱼，曾捕到一只鼋，认为奇事。”《唯亭镇志》中记有：“鼋，俗称‘癞头鼋’，也有称‘斑鳖’的，1950年在沙湖捕获过一只26kg的雄鳖，1952年9月用滚钩又捕获一只54kg的雌鳖。”[15]唯亭镇在苏州古城东部，域内有吴淞江等太湖重要泄水水道。可见，旧时太湖及附近水道有鼋存在。

15　本段内容参引《黄斑巨鳖分布的历史变迁》，王俭、史海涛著。

至于说鼋好不好吃，清代金友理所撰的《太湖备考》载："鼋，古为珍味，今太湖中有之，然不易得。"看来，鼋还是美味的，之前人们捕获鼋后，一定会邀宴。20世纪50年代以后，苏州关于鼋出现的记载或报道几乎不见，更不可上餐桌。

2. 龟

之前，不管什么龟，苏州都称乌龟。现在，可以将龟作为宠物来养、用来观赏，因而，将龟分了许多的名目，中国的、外国的都有。太湖流域多水域、水田，给龟提供了生长条件。最多的龟种为草龟、黄喉拟水龟。其实，人们常说的乌龟就是指草龟——中华草龟。而苏州人常说的绿毛龟，则是以黄喉拟水龟为基龟而培育的，因在龟壳上长了龟背基枝藻而得名。

自然状态下，龟的数量也不足以作为食材供给，好在现在有了人工饲养。只不过，苏州人不吃龟肉。一是对神灵崇拜。民俗中，认为龟是长寿之物，是有灵性的生物（苏州人也不食狗肉，因为其"忠"；也不食家中饲养的报晓公鸡，因为其"信"）。因而，得龟后或放生，或供养，总之，人们不会去食用。二是入药滋养。仅利用龟甲作药用，或用龟肉作滋补食品。总之，一般饮食中，不会用龟来做菜。因而，太湖船菜中没有龟肴龟馔。

3. 鳖

鳖，又称甲鱼、团鱼、鼋鱼。鳖可说是古老的地球生物，据说在上新世（约距今530万年到距今258.8万年），地球上就有鳖的身影，当然，现在只能在地层的化石中看到它们当时的样子。

太湖中鳖的主要品种是中华鳖。太湖及周边的溪、港、池、沼皆有之，为了满足消费需求，现在有了人工养殖。

中华鳖成为食物中的珍品，主要是由这样几个方面决定的：一是风味，二是营养元素，三是保健功效。就风味来说，甲鱼富含胶质，特别是裙边部分，因而，烹制后的甲鱼柔黏肥腴，口感极佳。甲鱼肉又含有蛋白质和钙、磷、铁、硫胺素（VB1）、核黄素（VB2）、烟酸（PP）、维生素A等多种营养成分。再有，按食药同源的中华饮食理论，认为甲鱼具有滋阴清热、平肝益肾、破结软坚及消淤功能，因而具有相应的保健养生功效。鳖甲、头、肉、血、胆等都可入药。据《本草纲目》记载：鳖肉可治久痢、虚劳、脚气等病；鳖甲主治骨蒸劳热、阴虚风动、肝脾肿大和肝硬化等。

甲鱼入肴，苏州的饮食中肯定是少不了的。清顾禄的《桐桥依棹录》中，记有生爆甲鱼、烂焐甲鱼、火朣甲鱼等。就连《随园食单》的作者袁枚，也记下了他在苏州时与甲鱼菜——青盐甲鱼的一次相遇，并注明这样的烹饪是“苏州唐静涵家法”。传统的白汁元菜，新时期的珊瑚甲鱼、淮杞炖鳖裙等，无不反映出苏州对于甲鱼这一味菜肴的喜好。烹饪上，变之又变，精之又精，新之又新。

太湖渔家做甲鱼菜肴，一般只有清蒸甲鱼、红烧甲鱼、甲鱼汤（白烧）等几种。从烹饪技艺方面来讲，说不上什么高超与独特，都是简之又简，大都借助于食材本身的优势，用较少的调味，来呈现甲鱼的天然美味。你也许会问，这样的自然之味，城镇的酒店饭馆、家庭之中不是也有么，如何显示其独特？一是要相信太湖渔家的选材能力；二是太湖渔家对食材的处理与烹调方式，决定了太湖船菜风味的定位，即更多地体现食材的自然味质之美好。使甲鱼菜肴更加接近自然，贴近渔家风味；三是太湖船菜所处的太湖边的山水环境，增加了菜肴的风味，增强了人们的饮食体验感。所以，虽说烹调方式简单，但那一味纯真，因为有了自然环境、渔家文化的衬托，便会让消费者在饮食过程中，多一份遐思与对食材、菜肴自然之质的主观体验。饮食中所谓的“意”，在太湖船菜中，是以独特的环境和文化来展现的。

那次在太湖水乡酒楼，我与老板张宗兰、厨帅陆根林（太湖渔民）喝着茶、聊着天，忽而聊到养殖与野生这个话题，就说到甲鱼的这个情况。也许，从营养成分组成来说，野生与养殖的甲鱼没多少区别，那些营养物质都存在。然而，对于饮食的风味、口感等饮食美感方面，还是有较大的区别的。张宗兰说：“野生甲鱼的裙边非常硬，像刀一样。”这是指质地方面，新鲜的野生甲鱼的裙边质地紧实致密，因而，用这样的甲鱼来做菜就须用较长的烹饪时间。陆根林说：“做好的（甲鱼）菜，没有汤水，全都凝聚成冻。”这是说在烹饪过程中，甲鱼中析出的部分胶质与汤水结合在一起，而形成的醇厚的似胶如冻的汤质。一般情况下，富含脂质、胶质的食材烹饪成菜，其汤水在冷却后也会出现凝聚成冻的情况。如两位太湖船菜业者所说，在野生甲鱼烹制好时，已能感觉到汤水的凝聚质地，这是野生食材的致密质地在较长的火功作用下形成的美好特质。如果是养殖甲鱼，往往就无须这样长的烹饪时间，当然，口感质地方面，养殖甲鱼与野生甲鱼也会有所差异。

甲鱼大小的选择，再借《随园食单》中关于甲鱼的论述来介绍：“甲鱼大则老，嫩则腥，必尽其中样者。”“中样”会有一个阈值，重量大致在一斤到一斤半的样子。将这样重量的甲鱼与童子鸡一起煮汤，太湖船菜里称为“霸王别姬”。这个菜名有点语言趣味，“王八”是龟、鳖类的俗称，因其遇突发情况均会缩头自保，故而引申为软弱之意。反着读就是“八王”，谐音为“霸王”，就显得强势得很；“鸡”与“姬”谐音。菜名有点戏说，但依然有着一段与苏州相关的历史。

中国历史上楚汉之争时，西楚霸王项羽被汉王刘邦围在垓下，夜闻四面楚歌，起身饮酒。《史记》中写道：“于是项王乃悲歌慷慨，自为诗曰：‘力拔山兮气盖世，时不利兮骓不逝。骓不逝兮可奈何，虞兮虞兮奈若何！’歌数阕，美人和之。”英雄项羽与美人虞姬间的生离死别，让波澜壮阔的铁血烽火，燃烧成爱的悲歌、情的绝唱。想当初，项羽与其叔父项梁举兵吴中，太湖这一汪水，亦是他的“江东父老”啊。

（二）甲壳类

甲壳类水产的身体都包裹着一层“盔甲”似的外壳。太湖及周边的河道、水塘中，虾、蟹是主要的种类。

1. 青虾

太湖中有8种虾。这里所说的是对青虾的一些认识，也只是一些笔者遇到的、听到的。

青虾（学名日本沼虾），因其外壳呈现青灰色，故名。青虾不善游泳，常伏于水底或攀缘于水草间，在太湖水域中是除白虾之外的又一较大种类。

现在有养成如龙虾一样大小的杂交青虾，美其名曰“太湖一号”。这是“父本为青虾和海南沼虾杂交种（经与青虾进行两代回交的后代），母本为太湖野生青虾。2008年通过全国水产原种和良种审定委员会第一次会议审定，品种登记号：GS—02—002—2008”。自然捕获的青虾，笔者看见过最大的体形，有人的手掌一跨那么大（不含虾须），身体如手指粗细。当时也是一声惊呼。

一次，笔者在苏州东山沙滩山船菜集聚区品尝船菜。上来一份油爆虾，店主人介绍道：“大家尝尝看，这是深水虾。”这里所指的深水虾，是指生长于太湖中水位较深湖区的虾。虽说太湖平均水深只有两三米，但湖中也有相对较深的水域，不同产区的虾便会有不同的质地。深水虾外形较大——这个且先不论，虾总有大小，与同样大小的虾相比，深水虾虾壳较薄，似有透明感。肉质较软糯，不做油爆虾的话，深水虾的肉质应也是较软糯的。这种软糯感在品尝时，就彰显出别样的质感。

有次在苏州西山岛与渔家聊天，说到虾的事，他们说：“南浦头与北浦头的虾不一样。”所谓南浦头、北浦头，是以太湖大桥为准，分为桥以南某个湖区、桥以北某个湖区，这两个区域中生长的青虾，也有不一样的质地。当然，要认识南、北两个区域中的青虾如何不同，只有长期与太湖鱼虾打交道的太湖渔家最清楚。

2. 大闸蟹

大闸蟹，学名中华绒螯蟹。此蟹有洄游的习性，一龄幼蟹会在春时，沿长江洄游到内河育肥；两龄成蟹在秋后会从内河洄游到长江入海口处产卵繁衍，后在江海口孵化幼蟹。如此代代往复。

为什么苏州地区的大闸蟹会成为中华绒螯蟹的代表，大致可从区域的自然条件优势和苏州地区偏好大闸蟹的美好风味两个方面来认识。

自然条件优势方面，一是苏州地处长江下游，近长江口，沿江有江堤护岸，蟹洄游须爬越沿江大堤与河口闸门，品质优良的幼蟹才能爬越。二是苏州地处长江以南，太湖流域的东部，所在区域是太湖重要的泄水道流经区，域内地势平坦，水网渠道密集，大小湖泊众多，有利于大闸蟹的洄游和生长。三是区域内气候条件优良，植物、水草等茂盛，鱼虾丰富，大闸蟹的生长有了丰富的食物。特别是苏州地区有悠久的水稻种植历史，甚至曾出现过蟹食稻至谷荒的情形。四是苏州有吃螃蟹的"勇士"，区域内有品尝大闸蟹美食的风俗与情结，每当"秋风起，蟹脚痒"时，吃大闸蟹就会成为苏州的一道饮食与文化景观。

从蟹体现出的特质来看，生长于苏州的大闸蟹，体现出中国淡水蟹的优异品质。

一是形体较大，具备了可食性的条件。《香山小志》载："石蟹生山间，小如钱。"这是说石蟹大小如古时的铜钱。那么一点点大的石蟹，可食性上就大打折扣。而大闸蟹大的可达七八两重，一般也要三四两重，其可食性很高。

二是味道鲜美，这是大闸蟹最吸引人的地方。大闸蟹独特的鲜与香，让许多人食指大动。对于蟹味的赞美自古不绝，如写有《闲情偶记》的李渔，喜欢吃蟹，还有研究，他说："凡食蟹者，只合全其故体蒸而食之……入于口中实属鲜嫩细腻。"以清蒸来保护大闸蟹的风味这点，李渔与太湖渔家是一致认同的。苏州不仅吃大闸蟹历史悠久，还不断发展了大闸蟹烹饪工艺，使大闸蟹风味由自然之味向调味菜肴发展。《清异录》记载："炀帝幸江都，吴中贡糟蟹、糖蟹。每进御，则上旋洁拭壳面，以金镂龙凤花云贴其上。"糟蟹、糖蟹是隋朝时苏州的特色蟹味。宋代的杨万里也写过《糟蟹》诗："横行湖海浪生花，糟粕招邀到酒家。酥片满螯凝作玉，金穰熔腹未成沙。"如今还有醉蟹，根据蟹的生与熟，有生醉、熟醉之别，从而使大闸蟹之味更加丰富多样。用"蟹粉"，即由蟹肉、蟹膏、蟹黄组合而成的蟹菜，在苏州又可以摆一大桌子，在此不赘述。从唐代的唐彦谦《蟹》诗可知其美："湖田十月清霜堕，晚稻初香蟹如虎。扳罾拖网取赛多，簏篓挑将水边货。纵横连爪一尺长，秀凝铁色含湖光。螃蜞石蟹已曾食，使我一见惊非常。买之最厌黄髯老，偿价十钱尚嫌少。漫夸丰味过蝤蛑，尖脐犹胜团脐好。充盘煮熟堆琳琅，橙膏酱渫调堪尝。一斗擘开红玉满，双螯啰出琼酥香。岸头沽得泥封酒，细嚼频斟弗停手。西风张翰苦思鲈，如斯丰味能知否？物之可爱尤可憎，尝闻取刺于青蝇。无肠公子固称美，弗使当道禁横行。"诗人询问留下"莼鲈之思"的张翰：秋天来了，大闸蟹的味道你知否？

三是蟹肉质地细软，膏脂腴肥香郁。这是大闸蟹肉质独特、风味之美的重要体现。江海之中都有蟹，但与大闸蟹相比，在肉质的粗细、老嫩、润柴、软糯、肥腴等方面都有着区别。大闸蟹肉质之细腻糯润、蟹味鲜嫩醇厚之美，更符合苏州人的饮食品味。苏州人对大闸蟹的偏好也是由大闸蟹的优质质地所致。雄蟹有膏，雌蟹有黄，膏色如琼脂，肥腴质凝，透出脂香；蟹黄色泽橙红明亮，初秋时油软，软腴而不糙硬。纯用蟹黄、蟹膏烹制的"秃黄油"，似沁满秋的赤（枫红）、橙（橘橙）、黄（菊黄）。总而言之，蟹之味如此者，唯苏州大闸蟹也。

"九雌十雄"是指农历九月食雌蟹，此时蟹黄肥腴，农历十月吃雄蟹，此时蟹膏盈腹。这是一般的食蟹经。太湖渔家对大闸蟹的认识更加充分，认为虽说秋风起时蟹上市，但这只是一个大的趋势，因为蟹生长的区域条件，还有年份的气温变化等，使得大闸蟹的生长会大同中有小异，蟹的成熟度也会有所不同。所以，蟹的肉质、蟹膏、蟹黄就会有差异。譬如同一时间，有些雌蟹的蟹黄正当时，柔腴而油足，而有些蟹黄则已收缩干硬，油性不足。由秋入冬，蟹黄会进一步干缩，结成硬块，颜色更深暗些，但也会有一份蟹黄的硬香，那是另一种风味特色。太湖渔家会根据不同时节，挑选出最好的蟹来，那是他们长期积累的经验。

大闸蟹传统做法大都采用“煠”的方法。煠在苏州就是烧、煮的意思。锅中盛水，水中加些盐，放入蟹（有的覆上紫苏叶）煠熟即可。现在，大都采用清蒸法。捆扎大闸蟹后，将其腹朝上放于盘中，上笼蒸熟即可。出笼时，调转身来背朝上，红艳无比。蘸上调好的酱醋、姜汁或紫苏，入味增鲜解寒。也有人喜好清吃蟹肉，独品蟹肉的清鲜、肥腴、醇香。这样的吃法，还能回味蟹肉中透出的纯净的甘味。

地域条件对蟹的生长及可食性特征有影响。清顾禄撰的《清嘉录》中载：“案《府志》：蟹凡数种，出太湖者，大而色黄壳软，曰湖蟹，冬月益肥美，谓之十月雄。”“出吴江汾湖者，曰紫须蟹。”“出昆山蔚洲村者，曰蔚迟蟹。出常熟潭塘者，曰潭塘蟹，壳软爪拳缩，俗呼金爪蟹。至江蟹、黄蟹，皆出诸品下。”[16]蔚迟蟹、潭塘蟹均为苏州阳澄湖中生长的蟹。太湖与阳澄湖、汾湖等一众太湖泄水道中的大小湖泊，因生态差异，影响了蟹的生长，使蟹的某些特性有了不同，大闸蟹也就有了同中有异的质地和风味。

二、太湖船菜中的“高蛋白”

其实，水产都富含蛋白质，这里所说的“高蛋白”是由太湖渔家的那句“银鳗昂鲶高蛋白”谚语而来，体现出了渔民们对太湖优质水产的自豪之情。银鱼已前述，这段说说鳗鲡、鲇鱼和鳜鱼。

（一）太湖鳗鲡

苏州传统鳗菜有黄焖鳗、清蒸湖鳗等。改革开放之后，为了更好地满足中外宾客的饮食需求，苏帮菜大师吴涌根先生不断创新，他的《新潮苏式菜点三百例》一书介绍了一批鳗鲡新菜，如香酥鳗排、鱼香鳗

16 《清嘉录》，[清]顾禄撰，江苏古籍出版社，1999年8月，第191页。

球、青衣龙段、酥嫩白鳗、香炸鳗鱼串、小笼粉蒸鳗等，让苏州的鳗有了新的风味。

太湖船菜中，用得最多的烹调鳗鲡方法，还是传统的清蒸、红烧等。这样的选择大致有3个方面的因素。第一方面，技艺的局限性。太湖渔家毕竟不是酒店饭馆的大师傅，大都是由渔民转行而来，烹饪技艺受到技术条件的限制。第二方面，风味的选择性。太湖船菜餐饮形成之后，要显现出自身风味的独特，其立足点就是必须借助食材的品质优势和获取食材的便捷优势，以食材来展现自然之味，树立太湖船菜的品质与风味特点。因而，以简朴的烹饪方法，表现食材的纯真之质，成为太湖船菜餐饮的选择。清蒸、红烧虽说有着一定的烹饪技术加入，但其加工程度还是相对较简朴的，都是立足于材质，通过火头、时间控制和相应的基本操作，显现太湖鳗鲡的原始味道。第三方面，消费者饮食的趋向性。太湖船菜餐饮起自苏州太湖边的渔村。消费者对太湖船菜也有期望和定位，即认为这是一种具有自然野趣、表现太湖渔家独特风味的饮食。

太湖渔家烹调鳗鲡的方法简单，也许可以让人们多回归一点味觉的自然感受力，增加识别与感知原始风味的能力，让人们固有的美食天性再一次释放。

（二）太湖鲇鱼

鲇鱼身上无鱼鳞，皮肤光滑，起水后可摸到鱼身上滑腻的黏液质。

民间有“鲇鱼肉团子，不吃是呆子”的说法，这是对鲇鱼的赞美。鲇鱼除了脊骨外，身体中无鱼刺，肉质细嫩，口感肥腴，是太湖水产中的上品。有人说，鲇鱼有泥土气，这要看鲇鱼来自何处。水质和生态条件较好的湖（河）区产地，鲇鱼还是极具“体香”的。将鱼治净后切成段红烧，加入葱姜酒去腥增香，盐糖酱油调味，待鱼成熟时收汁，便是一款致味的佳肴。太湖船菜中，鲇鱼大都是红烧的，因而最好热吃，冷了会影响口感。而且，因鲇鱼肉质中富含油脂胶质，冷后汤汁就会凝固，鱼肉也会失去热时那份嫩腴的口感。太湖船菜中的红烧鲇鱼，收汁后酱色红润，这是外观上的颜色，里面的鱼肉则是洁白的。咸鲜的口味里，有一份柔和的甜，使肉质更加腴美。而且，这一点甘甜味是少不得的，它会提升红烧鲇鱼的整体风味。

鲇鱼有灰黑或牙黄等体色，斑纹暗隐，身长、大头、大嘴，口边有鱼须。因为鲇鱼生命力强，在水质较差的水域也能生存，有人就认为它有些不洁，由此而产生本能的排斥，不去品尝鲇鱼。其实，注重食品卫生是好事，是饮食素养进步的体现。但鱼亦不可貌相，鲇鱼也可以成为风味美食，原因有三。其一是风味优良。鲇鱼有那么细柔肥腴的一团鱼肉，除了鳗鲡，淡水鱼中还有什么鱼能与鲇鱼的“肉团子”相媲美？其二是营养丰富。据说野生的鲇鱼可以生存几十年，可见其体能的强大，鲇鱼含有蛋白质、脂肪、矿物质、维生素、微量元素等营养元素，特别是含有较多的、被人们崇尚的不饱和脂肪酸，可见鲇鱼的营养价值之高。其三是养身保健。中医认为，鲇鱼性温，味甘，归胃经。有补中气、滋阴、开胃、催乳、利小便等功效，故而对身体虚损、营养不良、乳汁不足、不思饮食等状况的人们，具有一定的保健作用。年老体弱者、产后的妇女吃一点鲇鱼，尤见补益功效。英雄不问出身，餐桌上只要符合卫生要求、味道烧得好，对于鲇鱼无须三思，大快朵颐岂不快活？

太湖中只有一种鲇属，太湖鲇鱼嘴边只有两对鱼须，大的可长到60厘米左右。如果看到身体很长、鱼须多的鲇鱼，那是外地或是进口的鲇鱼品种。要论风味吃口，有待方家在细品慢咽中辨别。

中国传统文化中，人们常用一些具体的物象来表达内心的意愿。如一条鲤鱼，就可表达人们祈求升迁和获得名誉的心愿，美其名曰“鲤鱼跃龙门”。如桂花、鳜鱼，都能表示“贵”的意思。而鲇鱼，则可表示“年”。一朵莲花、一条鲇鱼放在一起，就是“连年有余”的意思了。《酌中志余》中写道：“八宝、荔枝、万字、鲇鱼是曰‘宝历万年’”。鲇鱼不仅美味，在传统文化中还有着美好的寓意。节庆之时做上一次、吃上一顿，也是讨个口彩。

（三）太湖鳜鱼

为什么要强调太湖鳜鱼？首先说一个客观的因素：地域不同，生长的自然环境不一，植物、动物或菌类，都会出现不同的特性。《晏子春秋》中说："橘生淮南则为橘，生于淮北则为枳，叶徒相似，其实味不同。所以然者何？水土异也。"就是因地域不同，而呈现不同生物特性的道理。其次，从现实状况来说，太湖鳜鱼肉质相对厚些（特别是腹部肉），而别的地方的鳜鱼鱼身肉薄。如做苏州传统名菜松鼠鳜鱼，要在鱼身上剞刀成花，肉薄的话做出来的松鼠鳜鱼就会肉粒不显，没有立体感，也就少了一分生动和灵性。

太湖中鳜鱼品种有鳜、大眼鳜、斑鳜等，后两种数量少，人们日常所见的大都是鳜。鳜，又称桂鱼、桂花鱼，喜欢生活在水流缓慢、水草茂盛的水域中，而太湖是一个浅盆形的湖泊，水不深，阳光可照入湖底，因而水草丰盛。在水草中生活着的各种鱼、虾、蟹等都是鳜的口粮。鳜鱼是食肉性的鱼类，它的嘴多大，就能吃多大的鱼虾。

好在太湖有宽阔的水面，鱼虾丰沛，保证了食物来源，太湖鳜鱼就有了肥硕的身体。由于经常游泳锻炼，那身肉质还保持得蛮结实，富有弹性。太湖船菜的鳜鱼菜肴，大都是清蒸、红烧的。太湖渔家自己做菜，还会烧鳜鱼汤。第一次遇到太湖渔家推荐红烧鳜鱼时，笔者曾问渔家："红烧的好吃吗？"太湖渔家肯定地说："好吃，非常鲜，非常肥。"鲜是肯定的，而"肥"是什么概念呢？红烧鳜鱼所呈现出的肥，是太湖鳜鱼肉身的真滋味，是由鱼身中水分、脂质、胶质、肉质，在慢火的烹烧中融合而成的质感，并在调味的作用下，和谐地展现出鳜鱼软腴的质地和鲜郁的风味。

太湖鳜鱼还有一个特点是香。妹妹饭店的蒋兆玉说："太湖鳜鱼有鳜鱼香。"就像栗子有栗香、枣子有枣香，羊肉有羊肉香、鸡有鸡香一样，太湖鳜鱼也有属于它自身的美好的气息。听蒋兆玉介绍后，笔者十分惊奇，因为从来没有注意过太湖鳜鱼之香。听她的介绍，似乎也只有太湖野生鳜鱼，才有这一份独特的气息。

太湖船菜是发展的，是随着消费者饮食需求而丰富的。如干锅鳜鱼这道菜，就是在满足人们消费情趣的过程中引入的鳜鱼菜肴。鳜鱼治净，葱姜入锅，油炸香后取出，将鳜鱼入油锅轻炸，待鱼皮失水凝固，呈浅褐黄色时取出备用。将辅料、辣酱等另锅炒和，加适量水烧出味；再将炸好的鳜鱼放入汤中一起慢火烹烧；加入酱油、盐、糖等调味；至所有食材软熟后取出，此时汤汁不多，放入小锅仔，配炭炉或卡式炉一起上桌。炉火微小，鳜鱼一直处在温热状态，酱香四溢。

其实，这样的干锅烹饪，与太湖渔家传统烹饪方法“老烧”，有些异曲同工之处。就风味而言，干锅鳜鱼必然有一些新的定位，如辣度，毕竟苏州地区吃辣还是“弱弱的”，但一定的酱香、辣香是不能少的，否则就会减少干锅风味，这就是在创新时要考虑的入乡随俗——随太湖船菜的俗，随苏州饮食风味的俗。所以，用的酱料、辣酱等，每一个经营者都会细心调配，制成“秘制”配方。饮食方式上，备有炉具，可以使菜肴在饮食过程中，一直保持温热，散着鱼香、酱香。这样，不会因饮食时间延长而致使菜肴冷却而减少风味。并且，这样的锅具、小炉子，极具形式感，增添了饮食情趣。渔鲜楼的张林法说：“常常有三口之家，或者小情侣，就点一个干锅鳜鱼，配两三样小菜，慢慢地品尝，轻轻地说话。”还说：“这道菜蛮好卖的。”

太湖船菜在引进、吸收和融合中发展，不断丰富，新的菜肴有机地融入了太湖船菜体系，让人们在满足饮食丰富性需求时，感受到太湖的自然之美、食材的风味之美和太湖渔家的人文之美。

三、相思中的四腮鲈

如果生活在1700多年前的西晋，就有机会与张翰相遇，一同品尝下那道秋风中的“鲈脍”。如果生活在100多年前，也可能有机会看到，那条被称为松江鲈鱼的鱼长什么样子。只是今天，你只能从记载的文字中，知道太湖泄水道之一的吴淞江中，有“四腮鲈”这回事。

《后汉书·方术列传·左慈》载：“左慈字元放，庐江人也。少有神道。尝在司空曹操坐，操从容顾众宾曰：‘今日高会，珍羞略备，所少吴松江鲈鱼耳。’放于下坐应曰：‘此可得也。’因求铜盘贮水，以竹竿饵钓于盘中，须臾引一鲈鱼出。操大拊掌笑，会者皆惊。操曰：‘一鱼不周坐席，可更得乎？’放乃更饵钩沉之，须臾复引出，皆长三尺余，生鲜可爱。”这条三尺多长的鲈鱼，真的是松江鲈吗？好在是“方术”，左慈变条大白鲸出来，也是可能的。

那么，这条四腮的松江鲈鱼到底有多大呢？在此先放一放，先了解一下四腮鲈是什么鱼。据《太湖鱼类志》中的分类，松江鲈“地方名：四腮鲈、松江鲈鱼”，属鲉形目、杜父鱼科、松江鲈属、松江鲈。另外，太湖中还有一种鲈鱼——中国花鲈，属鲈形目、鲈亚目、鮨科、花鲈属、中国花鲈。中国花鲈为近岸浅海鱼类，也能游到淡水湖泊中觅食，自然状态下，太湖中有，但不多见。由此可知，因归属不同，松江鲈也好、四腮鲈也罢，与中国花鲈的血缘隔得远了些。如果要说它们有何相似处，松江鲈、中国花鲈的生长习性使它们都能在海洋与江河湖泊之间洄游。再回过头来看，四腮鲈鱼的大小，不会超过20厘米，较大的为17厘米左右，重100克左右。而中国花鲈可长到60厘米以上。[17]

松江四腮鲈是洄游生长的鱼类。每年秋后的11月到翌年2月，成年的松江鲈鱼从淡水江湖洄游到近海沿岸浅水处产卵。待孵化后，幼鱼从4月至6月，游入淡水水域，一龄即性成熟。秋风起时，正是松江鲈鱼长得膘肥

17　本段内容参引《太湖鱼类志》，倪勇、朱成德主编，上海科学技术出版社，2005年5月，第235—240页。

体壮，进行洄游之时。《吴郡志》载：“（鲈鱼）生松江，江与太湖相接，故湖中亦有鲈。江鲈四鳃，湖鱼止三鳃，味不及。”这里所说的江，指的是吴淞江，是太湖主要的泄水河道之一。至于四腮鲈鱼在吴淞江与太湖中的味道如何不同，也只能望文生叹了。为何称“四腮”呢？“繁殖季节成鱼头侧鳃盖膜上具2条橘红色斜带，形似4片鳃叶外露，故名‘四鳃鲈’。”[18]原来，松江鲈要繁殖时，也如母鸡下蛋一样，脸要红起来的。秋后松江鲈洄游，开始从太湖游入吴淞江，脸亦更红了，三腮、四腮是在洄游的过程中，因鱼体内激素水平的提升而形成的。古籍中还有这样的介绍：“有四腮者，皮脆而肉厚，名脆鲈。”皮脆是因为鱼皮胶质凝结而成的，肉厚是鱼体肉质丰腴状态的描述，此两者似都可作为四腮鲈鱼的特征。

《隋唐嘉话·补遗》记载：“吴郡献松江鲈，炀帝曰：‘所谓金齑玉脍，东南佳味也。’”再加上张翰“鲈羹”的余韵，“松江鲈”真是让人魂牵梦绕。只是它的样子真让人好奇。太湖、吴淞江中有松江鲈，也有中国花鲈，同以“松江鲈”称名，但具体是哪种鱼，就让人有了很大的疑惑。人们在说到这条鲈鱼时，描述也不尽相同。如南宋杨万里在《松江鲈鱼》诗中称：“买来玉尺如何短，铸出银梭直是圆。”这是说松江鲈的体形是短圆形的。元代成廷珪在《谢雪坡送饶介之鲈鱼，介之有歌索次其韵》诗中有“松江之鲈长似人”句，如从尺寸上说，这“长似人”的松江鲈鱼，着实让人惊奇。

明代时用章的《远回吴中》诗：“船首看山兴不孤，西风吹我过姑苏。寒烟古木夫差墓，落日平芜范蠡湖。野店唤沽双酘酒，渔舟争卖四腮鲈。故乡咫尺明朝到，十载离愁一旦无。”如今，“渔舟争卖四腮鲈”的盛况是看不到了。“由于江湖鱼类洄游通道逐渐被隔绝等原因，松江鲈早在20多

---

18 《太湖鱼类志》，倪勇、朱成德主编，上海科学技术出版社，2005年5月，第236页。

年前在太湖几已绝迹。”[19]人工饲养的也只是花鲈。太湖畔，四腮松江鲈鱼的模样，依然只能从文字中领略。

第四节　太湖船菜中的渔家鱼味

据《太湖鱼类志》介绍：“太湖共有107种鱼类，隶属于14目、25科、73属。”[20]有些鱼有较好的经济价值，可以成为人们餐桌上的常客。有些鱼因数量少，或因鱼体小，不能成为人们经常食用的鱼产品，因而，就不具备经济性。如银鱼、鲚鱼、白鱼、鳗鲡等，以及青鱼、草鱼、花鲢、白鲢、鲫鱼、鳊鱼、季郎鱼、塘鳢鱼、昂刺鱼等20多种，都是太湖中常见而具有经济价值的鱼种。这些不同的淡水鱼调节着苏城的饮食，烹调出丰富的“鱼羹”。太湖船菜餐饮形成后，依然会顺着太湖渔家传统的烹饪习惯，用简朴的烹调方式，呈现太湖渔家的鱼肴。在此略论一二。

一、红烧花鲢

红烧是我国普遍的烹饪方法。因为有原生的大豆，有悠久的用大豆酿造酱油的历史。

红烧菜肴有不同的呈色方法。有加入酱油，使菜肴呈现酱红色。不同的酱油品种颜色深浅不一。大致上，秋油（母油）的颜色淡，是一种淡琥珀色；老抽色深，呈深酱紫色；生抽介于两者之间。还有用红曲粉着色的。红曲是一种呈现玫红色的真菌，加入蒸熟后的糯米，经发酵使糯米也变成紫玫红色，再干碾成粉就是红曲粉了。还有用白砂糖、冰糖，入油锅加温炭化，呈现焦紫色，称为糖色。通过加入量的多少，可以调节色的深浅。酒店菜馆会综合着使用这些“着色剂”，一般人家普遍以生抽、老抽

19　《太湖鱼类志》，倪勇、朱成德主编，上海科学技术出版社，2005年5月，第237页。

20　同上，第23页。

等酱油来着色，也能烧出浓油赤酱的美味“妈妈菜”。红烧菜肴的颜色，大致是在琥珀色到深紫色之间的色域。还会因食材特性的不一，如肥肉脂肪与瘦肉纤维，在同一锅中也会有不同的颜色层次。脂质多、密度大的就色浅，纤维结构松、脂质少的相对就要深些。

红烧鱼是太湖渔家的家常菜，大到青鱼、草鱼，小到银鱼、鳘鲦，都可以红烧。太湖船菜中“老烧”“熯”这样的烹调方式，也与红烧沾亲带故。

太湖水产“鲢亚科”下，有鳙属、鲢属。鳙，日常称花鲢；鲢，日常称白鲢。花鲢头大，有胖头鱼之谓。民间有“鳙鱼之美美在头，鲢鱼之美美在腹”的说法。

一次到光福湖鲜楼张林法店里，看到治净的半条（头段）花鲢放在盘中，不由得惊呼：“格样大条鱼！”老张说：“红烧，中午吃。”老张介绍，整条花鲢有10多斤重。家庭中不会烧这样的大鲢鱼，因此，常人见之不免有点大惊小怪。

虽说现在有了燃气灶具，但老张说：“这样的鱼红烧，一定要用柴灶烧才好吃。”庭院（太湖船菜经营者现都离船上岸，还在经营船菜的渔家会租赁房屋经营，故有庭院）中，老张砌了一个柴灶。因为烧木柴免不了有些灶尘，所以柴灶砌在院中，这样就可保持厨房的整洁。但柴灶与现代的燃气灶具真的有如此大的烹饪差异么？

老张说：“现在的天然气热值大，灶具是固定的风口与火口，哪怕调节得再小，有些需要小火慢煨的菜肴，还是会被烧糊、过火。不如柴灶，木柴热值不如燃气，有时不要火头，只需要灶内燃尽的余热就可以了。再加上炉膛空间大，火头大小、温度的高低，调整起来更加方便。”

我跟在老张身边，闲聊着家常。老张将准备好的花鲢拿到柴灶边，点燃一张旧报纸引火，然后向灶膛内加入柴梗、木柴，炉火就慢慢旺了起来。老张向铁锅中加了点清水刷锅，舀去水待锅内干后，便加入菜油。慢慢地，油面似有了些烟气，就将姜片、葱结、蒜头等倒入锅中，油花翻出，辛香的味道就在院中散开。然后将煸香的葱姜蒜等捞出，放在碟中（烧时还可用，且比没煸过的香）。

鱼头已从鱼下颌处剖开，额、背连着，摊入大铁锅中，就像蝴蝶张开了翅膀一样。看着煎炸的状况，老张调整着柴灶的炉门。炉门的开阖，是炉温调节的方式。关闭时，风从炉底风口进入，越过柴草，此时火就旺。而将炉门打开，炉内火势就会减弱，热量也就减小。煎炸将好时，老张又将一些鱼鳔放入锅中。然后，加入黄酒，盖上锅盖小焖一会，让黄酒的醇香在密闭的锅中去除鱼腥味。之后，逐渐加入生抽、老抽、盐、糖等，在此不赘述。只是有些还可多说几句。

老张在加入鱼鳔时对我说："等会你先点吃鱼泡泡（鱼鳔），这个最肥。"我们在家中处理鱼时，鱼鳔常常是抛弃不用的；有时在菜场买鱼时，也会请卖家帮着去鳞净肚，鱼鳔也常是不要的。而老张特地嘱我要多吃些，还说好吃，看来，关于鱼的水产特性，渔家最是清楚。老张说："加点鱼鳔，烧出来的汤汁浓。"这是指鱼鳔能够增加汤汁的浓稠度。想想也是，如果这些鱼鳔出自海鱼，如黄鱼等，并剖晒成干，不就是"鱼肚"么？这可是珍品。而且鱼鳔是低脂肪、富含黏性胶质蛋白的好东西。将鱼鳔扔掉，真的有点暴殄天物。

鱼在铁锅中不紧不慢地烧着，我与老张的闲聊也是有一句没一句的。我忽然注意到灶头对面码了半堵墙的一箱箱黄酒，就问："老张，这里喝黄酒的人多吗？"老张说："也不是，各种酒都喝的。"再问："你怎么放半堵墙的黄酒在这里？"老张说："哦，那是用来烧鱼的。""烧鱼？"我很是不解，说："我以为是仓库里放不下了，才把黄酒放到这里。怎么用这样好的瓶装黄酒烧鱼？"老张说："是啊！烧鱼一定要用好的黄酒，才能去腥，催出鱼的香味。"回想刚才烧鱼，老张是从箱子里抽出一瓶花雕酒来用的。不知这是不是太湖渔家的烧鱼秘籍，但在老张这里,肯定是的。看来,老张从太湖渔民转身成为太湖船菜的餐饮经营人,在职业转变过程中,不停地悟着“烧菜经”。这是渔家对烹饪技艺的精益求精。

老张折了两根筷子粗细、长短的树枝,放入炉内,然后关上炉门。我问:“只放这两根树枝就够了吗?”老张说:“现在汤汁收得差不多了,再慢慢收一点,不能大火。等树枝点燃后,炉门还要开一点缝,慢慢地烧。只要有一点热量就可以了。”

传统的炉灶是一个神奇物,它的作用与功能似乎具有“对话性”。灶内的火从旺到弱再到熄,温度由高到低再到余温的过程,与灶上锅内烹饪的食物有着对应的关系。它让食物从生到熟,添加的水由多到少,汤汁由稀薄到浓稠,味道由淡到浓郁……这样的关系中,铁锅与食物似在提问,灶中的火似在作出一个个回答。此时的老张,像是个导演,通过用柴的多少、炉门的开阖、风力的大小等,指导着火与食物的“对话”,乃至“表演”。而能够实现这样的调控,无疑是因为传统炉灶的那个炉膛。炉膛有着一定的空间,炉垫上的柴草与炉灶上的锅底间隔着一定的距离。炉内火势大时,火头可直接作用于锅底。炉内火势小或仅有余温时,热源与锅底就有一定的距离。炉膛空间内,热量均匀地辐射到整个锅底。锅底受热均匀,没有明显的热点,是传统炉灶的优势。而现在的炉灶,火点与锅底之间距离近,不能形成均匀的热辐射。火头关得再小,总有热点存在,难以调控整锅的温度,也就容易造成锅内接触点过热,边缘受热不均匀的情况。这里不是否定现代的炉灶器具,只是指出传统的灶头亦有其特点,发挥好这些特点,于烹饪而言,就能够烹制出具有风味的菜肴。

中国的饮食中,有“和”这一尺度。《左传·昭公二十年》记载了晏子与齐景公的一段对话:“公曰:‘与同异乎?’对曰:‘异!和如羹焉。水火醯醢盐梅以烹鱼肉,燀之以薪。宰夫和之,齐之以味。”这段对话借着烹调鱼肉说明除了鱼肉食材、调味料之属、宰夫调和方法等之外，“燀之以薪”也很重要。即如何烧，或者说，用什么炉灶、什么柴草、怎样的火候、多长的时间等，都会影响到味之“和”的。

老张的这款红烧花鲢就有“和”的境界，最起码让人品味时有这样感受。黏稠的汤汁裹着鱼身，鱼似卤在汤汁中。酱红汤汁的外衣下，是雪白的鱼肉。在小火余温的柔情里，盐、糖、酱味、葱姜蒜香、脂质、胶质等等融和成“你中有我、我中有你”的样子。红烧花鲢的鱼味就在这白与红之间展现，平平淡淡的过程里，有了实实在在的滋味。

二、汤鲫鱼

“十二月寒鲫赛人参！”这是太湖渔家对冬天时鲫鱼的赞美。随着春生、夏长、秋收、冬藏，贴了“秋膘”的鲫鱼，在冬季变得丰腴起来，内在也储存了丰富的营养物质。

太湖船菜中的汤鲫鱼做法：取一斤左右的鲫鱼，鱼治净后在油锅中稍做煎炸（传统做法是不油炸的），使鱼皮略定型，这样，在之后的加水烧煮时，鱼肉便不会软酥脱离鱼身，而破坏鱼的外形。在即将出锅时，再配以熟冬笋片、水发香菇片、火腿片、青菜芯等辅料，调味即成[21]。

汤色是乳白的，还未入口品尝，似乎已感受到了鱼汤浓醇的质感。乳白色汤汁的形成，仍要感谢之前的那一次煎炸。因为借助热力，可使一部分鱼脂分解，成为油液、胶粒。油与水本是不相容的，好在有火的加温、汤水的波动，鱼油粒变得细小，在烧的过程中不断分散开来，慢慢地乳化。这一煎炸，还能促成鲜味的增加。油温使鱼肉蛋白质凝固，在之后的烧煮时，组成蛋白质的氨基酸就容易析出。其中呈味氨基酸如谷氨酸析出后，在遇到调味的食盐时，两者一触即合，成为谷氨酸钠。这个无形的

21　参见《太湖镇志》，《太湖镇志》编纂委员会编，广陵书社，2014年8月，第329页。

鲜味精灵，便活跃在人们舌尖上。鲫鱼肉质本来就很柔和，容易解析，经如此这般的一番烹调，味肯定比人参来得鲜美。鱼肉蛋白解析之后，各类营养物质得到了有效的分离，有助于人们的消化与吸收，补益作用就能得到体现。旧时，苏州的女人们生完孩子坐月子，饮食中时常有鲫鱼汤这道菜，既补身体又催奶，下一代也是白白胖胖的。在传统的食养方面，鲫鱼性平，味甘，入胃、肾，具有和中补虚、除羸、温胃进食、补中生气之功效。看来，对体质虚弱的人而言，汤鲫鱼亦是一道可以常食进补的美味。民间有"鲫鱼头里三分参"之誉。

渔家传统方法做汤鲫鱼即使不煎炸也能烧出乳白色的汤汁，只是烧的时间要长些，火头要控制得当。长时间烹饪使得蛋白质、油脂质等从鱼肉中析出，并在鱼汤中充分乳化；长时间大火，水沸过度会使鱼肉脱骨而散。巧妙的烹烧促成了鱼汤的乳化，使鱼汤犹如奶汁一样纯白。

鲫鱼，古称鲋。"涸辙之鲋"这个成语源自《庄子》，还有"过江之鲫"等成语，都与这条常见的鲫鱼有关。品味鲫鱼，苏州亦讲究"时"，如苏州有句"九月鲫鱼红塞肉"的鱼谚。农历九月已经入秋，鲫鱼经夏季生长而肥腴，做一款鲫鱼塞肉的红烧菜，以其肥腴之质、鲜郁之味，来为人们贴秋膘。宰剖鲫鱼时要从后背剖开净肚。农历九月时中秋才过，苏州菱芰盛出，这一阶段的鲫鱼还被称为"菱塘鲫鱼"，是一时风味。清明之后的鲫鱼被称作"蚂蟥鲫鱼"，是指因气温升高，湖中一些如蚂蟥之类的生物会附着在其他水生物如螺蛳壳身上，因而，这些易附寄生物的食材，就不受人欢迎。还有"地"的因素。东山的乌背鲫鱼，以其背厚腹小、头背乌亮、鳞红肉嫩而受人称赞。有渔家情歌："姐妮生得红堂堂，一心要攀网船郎。勿嫌穷来勿贪富，贪那乌背鲫鱼泡鲜汤。"[22]旺山环秀晓筑养生度

---

22 《灿烂的吴地鱼稻文化》，杨晓东著，当代中国出版社，1993年12月，第103—104页。

假酒店的肖飞，有多年的从厨经历，对太湖中的鲫鱼可谓认识深刻。他认为东山三山岛附近所出的鲫鱼，肚肉最厚，味亦鲜美。为此，肖飞研制了一道“鲫鱼肚儿羹”，来显现这一独特的鱼肚风味。太湖东部多半岛，形成小湖区，东山三山岛处于小湖区与敞水区的交汇处。也许正是这里的水文、生态小环境，让这一处的鲫鱼有了“厚腹”的特点。

三、红烧季郎鱼

季郎鱼是俗称，还有激浪鱼、鸡郎鱼等叫法，学名为花鳎，生长于太湖水域的也称太湖花鳎。《太湖备考》中称其为“破浪鱼”，还介绍说：“细鳞肉腴，不易得。”《太湖鱼类志》也称：“花鳎是太湖习见的一种中小型经济鱼类。……肉质细嫩，肉味鲜美，为当地民众所喜食。”看来，还得来到太湖边才能有缘与“季郎”相见。

季郎鱼一般可长到二三十厘米，数量在太湖水产品中占比不大，因而人们就少见其芳容，但作为太湖边的渔家，则常会将其作为食材入肴而食。渔民的家常菜，对外来者来说就是独特的风味了。鱼的生长习性各不相同，有些鱼会随着水温的高低变化，或者产卵繁殖等阶段，出现停食或少食的情况，因此而消瘦。有些鱼在繁殖后，生命便画上句号。季郎鱼是个例外，无论冬寒暑热，四季更替，它均能进食，即便在生殖期也是如此，实实在在是个鱼中的“吃货”。季郎鱼肉质肥腴，也许就是这么吃出来的，而且它吃的多是小鱼小虾，乃至软体的螺蚬蛤蚌。

腴总是与肥相关，因而有了肥腴这个词。美食里，肥与腴还略有差别。腴是一种质感，它含着油、脂质和水分。它的质地如膏似胶，在柔软、细软里透出油润、水润感。这些油水并不是单独存在的，常蕴含于他物内。食物有了腴感，在口腔里会产生柔润感，含着油与水，却不见油与水。说季郎鱼“肉腴”，就是指鱼肉具有“腴”的独特的质地与口感。

因为季郎鱼肉中富含脂质，经红烧后就会形成天然芡汁。芡汁融和了鲜味，裹在细嫩柔腴的鱼肉上，又增加了“腴”的质感。季郎鱼是太湖渔家常吃的鱼，想来应该有非常好的味道。

四、红烧篙子鱼

太湖渔家还特地向笔者介绍篙子鱼，介绍时，周边的渔家妈妈们一致附和。看来，这不常见的篙子鱼，在太湖渔家的食谱中，也是有独特标识的。

《太湖鱼类志》中，篙子鱼在蛇鮈（音jū）属的蛇鮈条下，渔家妈妈看了书中的图片后说："不是！"然后指着后页的图说："是它！"原来，太湖渔家所说的篙子鱼是属鲤形目、鮈亚科、蛇鮈属的长蛇鮈，它还有船钉鱼、猪尾鱼等民间称谓。无论是篙子，还是船钉、猪尾等称呼，从其形象的描述都可以想象到，这条鱼有着细长、浑圆的身形，能长到二三十厘米长。

篙子鱼也是江湖洄游性鱼类，如今它的洄游通道常有各类阻碍，因而太湖渔家说："现在也难得捉到了。"看来，渔家也是蛮牵挂这条鱼的。连渔家现在也难得见到，也只能笔录于此，待缘而尝了。渔家妈妈还馋笔者，说："鱼头好吃！"在渔家妈妈的话语间，红烧篙子鱼似乎有着极美味的汤汁。

五、红烧草鱼块与爆鱼汤

青鱼和草鱼是太湖中的大型鱼类。青鱼最大可达一米以上，近百斤重，且寿命长，有达40龄的青鱼见于记载。草鱼也能长到三四十公斤。这样的大鱼，太湖渔家是如何吃的呢？掌勺的渔家妈妈说："青鱼是舍不得吃的，价钿贵，要卖钱的。草鱼么，烧鱼块吃。"即便是草鱼，估计平时也还是舍不得吃。即便吃，也是选体形较小的吧。当然，待客时所选的鱼要另说。

渔家船上人员多，草鱼切成块，红烧。船尾的灶舱中，必定能飘出一阵的鱼香。做红烧草鱼，要控制火头，起初大火沸汤，中火成熟，小火稠汁，鱼肉在浓稠的汤汁中依然块块成形，汁浓鱼鲜。太湖船菜中的鱼块是能令人大快朵颐、满足口舌的欲望的。"不够格"的红烧草鱼块，还是有可品之处的，肚裆部位的鱼块，有着软糯与肥腴的质感；背部的草鱼肉，会多一点弹性；鱼汁的鲜味穿行口间，因块形较大，口腔中的充实感让人多一分满足；加上鱼肉之香，就有点交响乐合奏的意思，融和而各美其美。

笔者在走访中还了解到，渔家不吃青鱼，除了上面所说的要“卖钱”的因素外，还因青鱼鱼肉的特性，故而不食。这个特性是指青鱼肉质较松，烹烧时容易松散而不成形，如此，给食用者就带来一些不方便。对吃饭快的太湖渔民来说，就有些“不够格”了。

爆鱼汤会在太湖渔家的传统婚宴菜单中见到。苏式爆鱼大都用青鱼、草鱼为食材，治净后取中段，切成大致1厘米厚的鱼片，放入调料腌制约1小时（或不腌）后，入油锅炸至金黄色（亦有炸至油萎后取出复炸至金黄色），或直接浸入卤汁中，或再复烧入味。直接浸入卤汁的爆鱼口感稍硬，复烧的则软。冬季，苏式暖锅中配料，也常用到爆鱼，切块后铺排在锅沿，鱼块能够吸收锅中汤水。爆鱼只是暖锅众多食材之一，且暖锅中汤水不多（常要添加），锅内还有别的食材，故爆鱼不会烧酥至烂而失形。

太湖渔家的爆鱼汤主料为爆鱼，辅料为笋片。后来看到，清代苏州人顾禄所著的《桐桥倚棹录》中记有“爆渗鱼”，主料为爆鱼，辅料为粉皮。将爆鱼再次爆炒后加白汤调味烧煮，随后加入粉皮而成。此菜在《苏州教学菜谱》中也记为“爆渗鱼”，而在《中国苏州菜》中记为“爆汆鱼”。可见，苏州用爆鱼做汤菜由来已久，只是太湖渔家将粉皮改为笋片，取名也更加直接，就叫“爆鱼汤”。

六、老烧鱼

“老烧”是太湖渔家的传统烹饪方法。太湖老烧鱼的汤汁都较少，是收得干、裹得紧的。汁少，是与酒家、家庭的红烧鱼的区别。太湖老烧鱼更多是在文火小煨中形成的，它浓缩了烧煮时溶析而出的鱼汤，故而使味显得有点“老”——那种浓厚的咸鲜之味。汁稠和而味鲜醇，老烧就有了自己的风味。老烧鱼也可用作冷菜，有的还当作面浇头，如笔者曾在东山品尝过“老烧鱼回锅面”。

老烧鱼用的鱼必定是新鲜的，好在太湖里鱼多，渔家在渔网里选几条鲜活的鱼不成问题。鱼的种类有鲫鱼、鲢鱼、白鱼等，也有用鲤鱼来做的，再小点的如银鱼也可老烧。

在光福、东山等地的陆地居民家中和饭店中亦有老烧鱼。这是太湖渔家饮食对陆地居民的影响，也体现出太湖老烧鱼的风味，确有可赏之处。我曾吃到过用腌制鱼烹制的老烧鱼，问太湖渔家媳妇，她们说：“那个不正宗。”看来，饮食文化中，有着坚守，有着传承，当然，也必定会有所变化。

第五节　太湖船菜中的时令小鲜

“时令”要求，是苏州在吃的方面的一条美食准则。“好食时新”“不时不食”“五日而一变”，都与时令相关。进一步说，时令不仅在于时鲜的独特性，还在于时鲜所呈现的特质与风味，有着一年仅一回的唯一性。于是，时令之物就进入了饮食之美的层面，在物质消费与精神品鉴中，小鲜也就显得不那么“小”，像昆剧中的“江湖十二角色”“二十个家门”似的，如生旦净末丑般有了角色的分配与各自的地位，在苏州饮食的这部大戏中，在太湖渔家饮食的曲调里，不可或缺。

一、贝类菜肴

太湖中的河蚌、螺蛳、蚬子等都属于淡水贝类，是太湖船菜中不可缺少的水产。太湖贝类独特的风味，常让苏州的饮食不时起些微澜。譬如，清明前的一粒螺蛳，被苏州人捧上了天，说那一丁点的螺肉赛过了大白鹅的肉。这样的状况，多少会让外乡人对着螺蛳端详一番。还有蚌肉金花菜，也是春季应时的风味，绿白相间，浮出些烟雨江南的雅意。

（一）酱爆螺蛳及螺蛳菜

太湖中螺蛳有多少种，真说不上来。常见的以壳色来分，有青壳螺蛳、褐壳螺蛳等。有的地方的螺蛳，壳尖上呈白色，当地就有了“太湖螺蛳白屁股”的说法。而外壳青绿色的青壳螺蛳，则以个头大、肉质细嫩著称。

酱爆螺蛳是太湖船菜的一款代表性螺蛳菜。说它具有代表性，是由于大多数时间，太湖船菜中都会供应酱爆螺蛳。它以风味打破了季节的限制，成为消费者喜好的尝鲜“小菜”。当然，也有做船菜的渔家，认为过了时令，螺蛳的质与味都会改变，因而会在一年中限时供应上市。

酱爆，是由调味与烹饪方式组合而形成的一种特色制法。酱是调味料，也是呈现酱香的主要来源。旧时酱有豆瓣酱、黄豆酱、甜面酱等，现在的酱料更加丰富多样。爆是烹饪方式，先是用热油急火将葱白、姜末、蒜瓣、红椒爆炒出香气，然后再放入螺蛳和酱料一起爆炒，再调味翻炒，焖锅入味，爆炒几分钟即可出锅。所以，酱爆螺蛳有着独特的酱香味，再加上螺蛳的鲜味、酱的鲜味，就演绎出经典的螺蛳菜。有首《竹枝词》道：“渔妇谋生不惜勤，朝朝唤卖厌听闻。螺蛳剪好还挑肉，炒酱以汤做小荤。”

太湖渔家说，螺蛳菜中还有“清炖螺蛳”，在螺蛳里加几片咸肉，以咸鲜口味见长。城市里称为“上汤螺蛳”。而“螺蛳肉炒韭菜”，是先要将螺蛳洗净氽水放凉后，再剔出肉；然后用螺蛳肉来炒韭菜（春韭最好，因而也是时令菜）。这样剔出肉，就像苏州菜中的虾仁、蟹粉那样，风味里蕴含着精致的韵味。

（二）湖蚌烧鱼干及湖蚌菜

湖蚌是太湖淡水蚌的总称。它的家族中也有很多成员，外形上有大有小，壳纹有粗有细。熠熠有光彩的淡水珍珠，就来自湖蚌的体内。湖蚌的生长需要水质较好的水域，还要有一定的水深，因而，从某种意义上说，湖蚌也是一个反映水域生态状况的显示器。

烹饪中，湖蚌的治净不难，剖开蚌壳后，只需去除腮部，再将腮侧污物去除，基本就可以了。但此时还不算完成，因为还要对湖蚌富含蛋白质的斧足做进一步处理，否则烹制后，会老韧得难以嚼动。

旧时，太湖渔家会用竹筅帚的竹尖，对着湖蚌斧足一阵舂打，斧足上会顿时布满麻孔小眼。或者用刀背对着富有韧性的斧足进行敲打，让其瘫软下来（渔家称为“拍松”）。这样做的目的，是使其蛋白纤维分割、断裂成小段。然后切成小块，汆水后用冷水一激，这是用热胀冷缩的方式，再一次使蛋白纤维断裂。经过这样一番处理，就可使湖蚌的斧足在烹饪后实现柔软适口的口感。

太湖渔家有许多烧湖蚌的菜肴，如蚌肉金花菜、湖蚌烧咸肉、雪菜豆腐烧湖蚌等。有一款“湖蚌烧鱼干”，我觉得很有渔家风格。此菜用的鱼干是“风鲤片”。将鲤片切成小块，与湖蚌一起烹烧。鲤片经过盐腌、控水、风吹、存储等过程，鱼肉蛋白游离出呈鲜氨基酸，一经烹烧，鲜味飙升。而与同样富含蛋白质的湖蚌相遇，真有点惺惺相惜，鲜味碰撞在一起，融在浓白色的汤里。品尝之余，便是舌尖的纠结与不舍，有点“多情自古伤离别”之感。

（三）蚬子汆汤及湖蚬菜

与太湖渔家聊到食材的来源，时不时会涉及渔网的话题。对于渔家而言，撒网只是平常事，但对我等外行来说，就像旅游途中遇到了美妙的景象，有些光怪陆离的眩目感。

渔家说，有些水产生活在湖底，有些则在水面，还有些在水层中间。譬如银鱼、梅鲚鱼、针口鱼等，都浮在水面，站在船上也能看到它们泛着银亮的粼光，此类称浮头鱼。还有一些，活动在水层中央或湖底，则称沉头鱼，如捕青鱼、鲤鱼等。捕获沉头鱼要用拖网。其他还有小兜网、丝网等等，渔家依着鱼类的生活习性，在不同的区域用不同的方式作业。渔网在渔家手中犹如画笔，是可以在太湖水中挥洒的“湖笔”。

贝类大都生活在水底，捞取要用到拖网。贝类生活的水域不仅要清，还要有一定的藻类，来保证其生长所需的食物。因而，贝类生活的水域里，有着一定量的沉水性水草，以及生存其间的浮游生物。所以，要捕得这些贝类水产，劳动强度也是非常大的。渔家说：“网与水草、草根纠缠勒一道，很花力气格。”

清代《吴郡岁华纪丽》中记有“白蚬登盘”条：“二月初，渔人网得之，称量论斗，价甚贱，调羹汤甚鲜美。或剖肉去壳，与韭同炙食之，村厨中常具也，不为贵。”

“登盘”，应是来到人们的餐盘中的意思，因而，湖蚬可说是旧时苏州二月间的一种节令美食。记载中，乡村的厨师经常做湖蚬菜肴，也说明了清时的湖蚬菜肴，一是羹汤，一是蚬肉炒韭菜。

太湖渔家的蚬子菜中，有蚬子炖蛋、咸菜炒蚬肉、蚬子汆汤等。蚬子汆汤也就是记载中所说的“调羹汤甚鲜美”。渔家介绍说，蚬子洗净后，待锅中水开，将湖蚬倒入，煮到所有蚬子壳都张开，再调味略烧一会儿即可。此时，蚬肉最嫩，蚬汤清鲜，且营养丰富。湖蚬生活在太湖底部。由于它富含营养，也是太湖出口水产中的一大品种。

蚬子价格不贵，烹调方式也非常简单，而有良好的饮食效果，让人有美味的记忆。

二、应时小鲜

太湖中小鱼品种多，有的前面已记过，有些因量少，无法进行市场供给，即便有“时”，也难以“尚”起来。当然，有一些小鱼在某些时段，还是蛮有热度的。

（一）塘鳢鱼

塘鳢鱼属于小体形的鱼，色黑褐，鱼体上有斑纹，斑纹常是不规则的散布状。它生活在“太湖沿岸、湖湾和河沟的底层，喜栖于水草丛生、淤泥底质的浅水区，游泳力较弱”[23]。最大个体也只有15厘米的样子，看似很弱小，但只要再看一眼它宽大的嘴及尖细的牙齿，便能猜测得到，塘鳢鱼是肉食者。那些藏身水草间的小鱼、小虾、水生昆虫、甲壳类水产等，都是它的佳肴。

因塘鳢鱼肉质细嫩，鲜美可口，江南沪、苏、杭地区的人们，把它“宠”得忘乎所以。特别在江南油菜花盛开时，它的身价远超猪肉。当然，价虽高，但也物有所值。苏州老菜馆里一道用净塘鳢鱼肉烹调的应时“爆款”糟溜塘片，让世人为之倾倒。这段时间，塘鳢鱼孕着鱼卵，即时之时新便有即时的美味，其价值就能得以体现。

熏塘鳢鱼，用苏式熏鱼的做法，鱼经油汆后用卤汁赋味。这款菜既可做热菜，也可配成冷菜，口感有所不同，但一样鲜美。特别是鱼卵经油汆后，受热而凝结，便有了特殊的鱼子“硬香”。并且，由于塘鳢鱼体形小，鱼卵含在腹中，入锅油汆时，鱼和卵都可接触到油的高温。在这样的高温下，香气被逼了出来。

塘鳢鱼的鱼卵是黄橙色的，应了一时的油菜繁花。等菜花结成了油菜籽，时令一过，塘鳢鱼的价格下降了，塘鳢鱼炖蛋，就可成为太湖船菜中的家常菜肴。塘鳢鱼炖蛋只需将鱼治净，加入黄酒、盐、葱姜等稍腌入味后，放入打匀的调好味的蛋液，上笼蒸熟即成。这是一款清鲜的小鲜，如在盛夏，人们饮食不思的时候，有此小鲜也可醒胃增食欲。

（二）昂刺鱼

昂刺鱼，也称盎丝，即黄颡鱼，外地有称盎公的。因其背鳍上立着一根粗大直立的硬刺，故而被形象地称为昂刺鱼。这根刺常让拾掇它的人手掌被扎出血来。昂刺这个称呼似在时时提醒人们这根刺所带来的风

---

23 《太湖鱼类志》，倪勇、朱成德主编，上海科学技术出版社，2005年5月，第251页。

险。水产分类中专门有黄颡鱼属，太湖里有黄颡鱼（昂刺鱼）、长须黄颡鱼、光泽黄颡鱼和瓦氏黄颡鱼4种。后3种数量少，日常见到的都是黄颡鱼。颡，额头也。黄颡鱼的身体上没有鱼鳞，光滑的皮肤有着黄、绿两种深浅不一的条纹。体长可有二三十厘米，在太湖水域属小型鱼种，却是一种肉食性的鱼，好在太湖中有足够多的小鱼虾让它品尝。

昂刺鱼肉质细滑，肉色洁白。口感柔嫩，嫩中带着肥腴。细嫩的鱼肉极易在简单的烹饪中呈现出鲜味。所以，昂刺鱼煮汤、清蒸、红烧皆可。笔者认为，品尝肉质的话，以清蒸、红烧为好，因为鱼能成形，鱼肉保质。红烧昂刺鱼，加点蒜也蛮香，加点腌菜烧烧也蛮鲜。清蒸昂刺鱼一般都要选体形相对大些的，如此才有卖相。如果煮汤，因昂刺鱼肉嫩易烂，把握不好鱼就没有卖相，在家中吃吃也就罢了，在饭店销售就会有出品不良之嫌。如果非要在汤中品尝鱼肉之味，可先将汤味调好，如汤中加入少量咸肉（或火腿）、笋片之类，待沸后氽入鱼，控制火头，稍沸即起。如此，细滑的鱼皮保持较好，汤亦有味。看到过在火锅里大煮昂刺鱼的场景，只求其味，卖相则不算佳。笔者品尝过“鱼圆昂片汤”，用白鱼做成鱼圆，配以昂刺鱼肉片，这样精致的太湖船菜，在今后应会不断出现。

太湖沿岸浅水区、入湖河流的汊口处，水草多而又水流缓，是昂刺鱼最喜欢待的区域。雨后，太湖周边山上泄水汇成小泾流入湖时，昂刺鱼还会贴着水草溯流而上，畅泳一番。《本草纲目》中还认为昂刺鱼具有“煮食消水肿，利小便”等多种食养功效。

（三）黄鳝

苏州是鱼米之乡，六七千年前就诞生了稻作文化，数千年的耕耘，将这方土地滋养成了水稻良田。湖河交映、沟渠纵横，田垄之间，黄鳝有了一方生育繁殖的家园。苏州还有句“小暑黄鳝赛人参”的食谚，春后苏醒的黄鳝在温暖的季节里饱食而长，也由此让好食时鲜的苏州人能应时而得黄鳝的美味。

红烧鳝筒，加些蒜，就是咸鲜带甘的口味。将黄鳝划成条，称鳝丝，剖成片，称鳝板，于是又可增加一些鳝菜。将一些粗壮的黄鳝去骨剞刀切段，拍粉后再卷成鳝筒，塞上肉，过油后肉粒爆出，就能烹调出一道“刺毛鳝筒”。肉粒间裹了汁味，更是浓稠。鳝丝可以做响油鳝糊（丝），也可做成爆鳝（烩鳝）。爆鳝面是苏式汤面的特色品种。吃爆鳝面时还要专门买一碟姜丝配着，这是苏州人的讲究，因黄鳝性寒，所以，要用姜来均衡一下。

响油鳝糊是苏州的代表性菜肴，太湖渔家也做鳝糊菜，只是不响油。渔家选黄鳝必须是鲜活的，当天划出鳝丝当天用，不会留到第二天。如果存放时间长，黄鳝的质地就会发生变化，鳝肉会变得“塌塌软”，没有弹性，渔家就认为不新鲜。因黄鳝的生长有季节性，一些太湖船菜经营者在10月后就不做鳝糊了，认为过了季节就不能呈现美好的风味。

（四）鳊鱼

苏州《十二月鱼谚》说“六月鳊鱼鲜如鸡”，农历的六月已是盛夏，暑热的江南常让人体感不适而不思饮食。所以，“笃笃”童子鸡汤，清鲜不腻的口感蛮合时令。只是，鳊鱼好像不能如鸡那样笃汤来吃，这个“鲜”又从何讲起？

先来识一识太湖中的鳊鱼。人们大都从鱼的外形来认识鱼的种类，如鳊鱼都有扁平的身体、小小的鱼头、长菱形的身形，因而，凡符合这种形象的均被人们以“鳊鱼”称之。其实，符合这样相貌的鱼，太湖中有鳊属、鲂属两类。鲂属中有团头鲂、鲂两种。鲂起初在太湖中不常见。团头鲂亦称团头鳊，原在太湖中没有分布。1968年，团头鲂引自湖北，首次人工放养，现在已成为太湖的经济鱼类。鳊鱼应是太湖中的土生鱼种。

那么“鲜如鸡”的鳊鱼是指哪种呢？从时间上看，苏州《十二月鱼谚》是早于1968年的，所以，应不指团头鳊。但团头鳊与鳊鱼一样，也具有肉质细嫩、肉味鲜美、富含脂肪的特点。再从生物学的特性看，鳊鱼达到性成熟后，“5—8月为产卵期，以6—7月最盛”[24]，团头鳊“产卵期在5—6月”[25]。以鳊、鲂的产卵期为美食时间节点，因此时鱼体最为肥腴，具有形成鲜美之味的物质基础。再以农历计，团头鳊的生长不在农历六月的区间内。所以，“鲜如鸡”的鳊鱼应是太湖原生的鳊鱼。

好在无论是鳊鱼还是团头鳊，都有最美味的时期，都有美妙的鱼味。

太湖船菜中的那条红烧大鳊鱼十分诱人。有苏州口味的咸鲜与甘醇，卤汁浓稠；鱼体形较大，有一定的视觉冲击力；肉质肥腴细嫩，洁白晶莹。而“鲜如鸡”是一种怎样的风味，美食方家可以自品。

（五）鲃鱼

“八月鲃鱼要吃肺”是苏州人的吃鱼经。太湖中的鲃鱼在丹桂飘香时处在鱼汛期，成为苏城一时风味。鲃鱼之美味，主要在其“肺”。鱼用鳃呼吸，此处之“肺”实为鱼肝，因其外形有些像肺，故名。此时的鲃鱼肝脂质饱满，十分腴美。用鱼肺烹制的“鲃肺汤”在清康熙年间朱彝尊的《食宪鸿秘》中已见记载，如今亦是苏州名肴。于右任还为其赋诗：“老桂花开天下香，看花走遍太湖旁。归舟木渎犹堪记，多谢石家鲃肺汤。”费孝通题有“肺腑之味”，这些题咏都是赞美鲃肺汤的。

鲃肺汤有着独特的风味，其一是质地细嫩，鱼肝那种嫩的质地是含着水的嫩，与法国鹅肝的嫩是不一样的。其二是鲜，鲃肺汤呈现出的是清鲜，其汤有多种食材，文火慢煨成汤。而汤不能浑浊，也不能如高汤那样浓白，只能是透彻的清。在清澈的汤中，透出纯净的鲜味。其三是香，有鱼香、肝香、脂香、鸡油香。鸡油香是因在汤中加入适量的鸡油而来；鱼香、肝香之外，脂香是最具特点的。很多时候，人们赞美鲃肺汤就因其浓郁而独特的脂香。那是一种弥布于口腔、鼻腔中久久不散的美妙气息。

24　《太湖鱼类志》，倪勇、朱成德主编，上海科学技术出版社，2005年5月，第108页。

25　同上，第110页。

鲃肺汤的吃法也有讲究，即“一个原则四个流程”。“一个原则”即热汤冷肝，就是汤要热时喝，鱼肝要冷却后品。而如何品，也要按照“四个流程”，即置、赏、品、味，依次而食。置，即在喝鱼汤前或者汤上来后，就将鱼肝从汤中取出，放置于净碟上，光面朝上；赏，是观赏鱼肝表面凝成水珠，俗称“出汗”，实是在冷却过程中，鱼的油脂受冷而凝结形成的含油珠粒；品，在品尝时不要嚼，建议用抿的方式来食用，如此，更能感受到鱼肝质地的嫩，也有助于香气的扩散；味，是体会与感受在品尝鱼肝时，弥漫于口、鼻间的那些香气，特别是在日常饮食中难以获得的脂香——浓郁的脂香真的能透彻肺腑。这条鲃鱼进入苏州《十二月鱼谚》还是名副其实的。

只是太湖渔家对鲃鱼的认识还要多一份源自生活的真切感受。渔家说，在经济困难的年代，常用鲃鱼肝熬成油备用。如吃面时，人们常加一勺熟猪油，太湖渔家在没有熟猪油时，就加一勺鲃鱼肝油。就风味而言，鲃鱼肝熬成的油还是蛮腥气的。渔家还说，船上有一些转轴、滑轮，有时不润滑了，就放两条鲃鱼进去，挤压之后，鱼油就会布满机关。因太湖渔家对鱼类的特性有更多的了解，在生产、生活中就有了更广泛的应用。

第六章　太湖船菜的山水风味和传统菜点

太湖渔家虽生活在太湖水域，然总会与周边陆地联系，因而，近湖水域及周边田园、山峦中所出的物产，也是太湖渔家饮食中不可或缺的食材。当太湖船菜餐饮出现后，更要准备丰富多样的食材、应时而变的时鲜，来满足消费者的饮食需求。好在渔村的集聚地——光福周边，湖山相依，田园肥沃，物产富饶。郑逸梅写有《谈山家十八熟》一文，将光福之地的应时物产，概而谈之："一为香雪海之梅；二为石壁之桃；三为窑上枇杷；四为熨斗柄杨梅；五为藕；六为菱；七为七十二峰阁前之笋，'啖之清香悦脾'；八为桂；九为玄墓山谷口之樱桃；十为桑，十一为茶，悉产于马驾山；十二为野蕈；十三为杏，十四为枣，十五为柿，错落于铜井、邓尉之间；十六为菘；十七为玉蜀黍；十八为石斛。"菱、藕虽为水生，但生长在山水之间（有"东崦荷花西崦菱"诗句），亦似山中之物。

这一章简介一些太湖船菜中，除水产以外的其他食材及相关菜肴。同时，将太湖渔家的一些传统菜肴、糕点等，也做一点介绍。饮食总是与自然、人文紧密联系的，而自然与人文又怎能说尽，所以，笔者对于太湖船菜、太湖渔家的饮食也只能举一而衍三。对应时而出的许多陆生蔬菜，在此就不赘述了。

第一节　太湖船菜中的水生蔬菜

得益于苏州地区的自然条件，山温水软的太湖山水间，蕴藏着无数的物产。太湖沿岸及太湖中的岛屿上，有各种水生蔬菜、陆生蔬菜、菌笋果茶、禽畜诸物。随着时间的流淌，丰富的食材也随时令更替变化着，明代的王鳌说“率五日而更一品”，那是生物踏着时间而来的节奏，也是苏州的饮食节奏。在过去，在没有现代种植养殖技术、储藏技术和全球化物流链的情况下，能够保持这样平稳、丰富的应时而来的食材供应节律，实属难得。也由此，养成了苏州“好食时鲜”的饮食习惯。难怪赵筠要在《吴门竹枝词》中写下“佳品尽为吴地有，一年四季卖时新”。

浩渺的太湖水，孕育出了诸多的水生植物，苏东坡学士那句“蒌蒿满地芦芽短”的景象，也在太湖边有规律地呈现。有些可食性强的水生植物，时不时地成为人们餐桌上的“时鲜”，被称为水生蔬菜。有些水生蔬菜完全在野外自然地生长，有些是人工培育的，有些是人工与自然结合，借助自然的力量进行养殖的。

一、“水八鲜”蔬菜

“水八鲜”是指莼菜、茭白、水芹、莲藕、荸荠、芡实、红菱、慈姑这8样水生蔬菜。人们对应着神话故事，还称之为“水八仙”。虽说没列入“仙”界，但也不失“鲜”味。其中，莼菜主要生长在吴中区东山镇陆巷附近的太湖水域，其他几样都是按着植物的生长规模，人工种植在太湖边及分散的水域（包括烂田）中。长期以来，苏州培育出了许多优质的“水八鲜”品种，使之成为苏州餐桌上长年不断的蔬菜。

（一）莼菜

1. 关于莼菜

莼菜，古亦称为茆。《诗经》中有“薄采其茆”的诗句，唐初十八学士之一、孔夫子第三十一世孙孔颖达曾疏："茆……江南人谓之莼菜。"可见，莼菜进入人们的视野，有很长一段时间了。

莼菜可食用的是它的嫩叶。小叶未张开时，呈梭子状，不了解莼菜的人，还以为这是未张开的荷叶。应该说，形态确实是那样子，但要小得多。因为，莼菜完全张开叶子，也没有巴掌的一半大，可想而知，莼菜的嫩叶有多么小。但作为食材，这大小却恰到好处。不切不分，只需将杂物拣净，摘去过长的茎梗便可。而且，只有成熟的莼叶才平躺在水面上，嫩叶都在水下，是不会露出水面的。

莼菜的叶茎外面，裹着一层透明滑腻的胶质，这是荷叶没有的。其主要成分是含量较高的多糖、多酚类物质，还有锌、硒、铁、钙及蛋白质。因而，在洗菜时千万不要将这一层胶质去掉。鲜莼嫩叶中也含着丰富的蛋白质、维生素、矿物质等营养物质。现代技术的研究，使人们更加深入地认识了莼菜的营养物质和某些食养功效——如增强免疫力、改善"三高"、补充营养物质等，可见莼菜有着食与药的功效与价值。

因为莼菜的嫩叶生长在湖水下面，所以采摘莼菜要有特殊的用具。苏州太湖边的人家用的是一个椭圆形的长型木桶。人置身在木桶中，前置一块木板支撑胸脯，如此，双手可伸入水中采摘莼菜。虽有陆游"轻舟摘莼菜"的诗句，看似轻松自在，可真正置身在桶中临水采莼，是非常辛苦的一件事。

"莼羹本是诗人事"（南宋徐似道），莼菜不仅是食材，还与文化融合在一起，成为一道具有人文意味的文化菜。在乡思的情愫里，也有它浓浓的风味。《晋书·张翰传》记载："翰因见秋风起，乃思吴中菰菜、莼羹、鲈鱼脍，曰：'人生贵适志，何能羁宦数千里，以邀名爵乎？'遂命驾而归。"因为思念家乡的美味而挂冠而去，可见张翰情浓，苏州菜味美。曾在苏州为官的白居易有"犹有鲈鱼莼菜兴，来春或拟往江东"之句。晚唐时，苏州人陆龟蒙有诗"君住松江多少日，为尝鲈鲙与莼羹"。住在苏州的皮日休唱和道："雨来莼菜流船滑，春后鲈鱼坠钓肥。"宋时苏东坡有句"若问三吴胜事，不唯千里莼羹"。到了明朝还有人专门写了《煮莼歌》，大谈对莼菜的感受。晋代苏州人陆机那句"千里莼羹，未下盐豉"的广告语，将莼菜夸成一个水中精灵，只需一点盐豉调味即可。

秋风萧瑟，引起人们的悲秋、乡思之情。张翰是"见秋风起"而思"莼羹"的，这个故事影响着人们的认知，让人们以为莼菜是只在秋时出产的。其实，莼菜春、秋均有，且春天生长的莼菜较秋时更嫩，品质更好。春天，太湖水温渐升，春莼萌发。贾思勰在《齐民要术·卷八》写道："四月莼生，茎而未叶，名作'雉尾莼'，第一肥美。叶舒长足，名曰'丝莼'，五月、六月用丝莼。入七月，尽九月、十月内，不中食，莼有蜗虫著故也……十月水冻虫死，莼还可食。"虽然每年4月到10月都可采莼，但天热期间因水温高后，水中各类生物也活跃起来，故而莼叶上会附生水中小生物，贾思勰认为"不中食"，有一定的合理性。而10月的秋莼，是莼菜的又一季应时风味。张翰因秋风起而思乡，想赶紧回来吃上时令的秋莼。为此，也有人调侃他。明代苏州人韩奕在《莼菜》诗中说："却笑张翰未知味，秋风起后却思乡。"

对于莼菜之味，明代李流芳在《煮莼歌》中写道："但知脆滑利齿牙，不觉清虚累口腹。血肉腥臊草木苦，此味超然离品目。"反映了莼菜有脆、滑、爽的质感和清虚超然的风味，以及那种不能表达的脱俗之味。当然，也有人对莼菜不满。北宋的彭渊材曾说："吾平生无所恨，所恨者五事耳。"这5件事为："第一恨鲥鱼多骨，第二恨金橘太酸，第三恨莼菜性冷，第四恨海棠无香，第五恨曾子固不能作诗。"可能因莼菜有"食之清胃火，泻肠热"的功效，导致了脾胃虚弱的人不宜吃莼菜。

1999年，由农业部林业局发布的《国家重点保护野生植物名录（第一批）》中，野生莼菜被列入一级保护名录。可见，在食用、应用莼菜时，也要注意保护太湖莼菜的种质、保护太湖莼菜生长的水域生态。

2. 莼菜风味

新鲜莼菜在洗净后，还可继续养在水中短时间存放，做菜时可随时捞起。如果要存放较长时间，就必须要杀青后再放。因为莼菜具有活性，洗净后放在水中，依然会不停地生长。而经热水高温杀青后，抑制了其活性，就可存放一段时间。杀青时必须在叶色烫至转色后立即拿出，过透冷水，方能保持莼菜色绿青翠，这也是莼菜杀青时的关键。如长时间烹烧，莼菜叶色就会萎黄，叶质软烂而影响菜品。

太湖莼菜色泽嫩绿，质地脆爽，有着莼菜独有的气息。因含有铁质，做好的莼菜菜肴放置时间一长，叶、汤便会因铁氧化呈黑褐色。要让莼菜菜肴碧绿又不泛黄、叶质脆而不软烂、汤清而不黑浊，都需要对莼菜的氧化特性有充分的了解。

莼菜叶茎因外裹黏质，调味很难进入到里面。烹制时，一般都以其他食材之味来助鲜。正因为很难有他味的渗入，莼菜叶茎保留着莼菜的真味。人们在咀嚼时，可真切地感受到莼菜的清纯——那份独有的清香、脆爽。而莼菜与赋味食材之间，要做到借味而不失真味。常有人用高汤来烹调莼菜，但要把握好度，调味莼菜的味汤也要以清纯为上。宋代杨万里有一首《松江莼菜》诗写道："鲛人直下白龙潭，割得龙公滑碧髯。晓起相傅蕊珠阙，夜来失却水精帘。一杯淡煮宜醒酒，千里何须更下盐。可是士衡杀风景，却将膻腻比清纤。"诗中的"清纤"，是正宗的莼菜风味。而这种"清纤"之味，在作家、教育家、出版家和社会活动家叶圣陶先生的味蕾中，又是如何？他在《藕与莼菜》一文中写道："这样嫩绿的颜色与丰富的诗意，无味之味真足令人心醉。"他强调这"无味之味"，在对物的体验中似乎还有些禅的感悟。

（1）莼菜银鱼汤（羹）

做莼菜银鱼汤（羹）时，以清汤（或清鲜的高汤）入锅，沸后放入银鱼（黄酒泡过），待再沸时则撇去浮沫，加入食盐调味。在起锅前，将焯过水、杀过青的莼菜放入，一沸即出。这样莼菜翠绿，银鱼雪白，味鲜质美。因莼菜外裹着黏液，口感柔滑。因焯水激冷的原因，菜的质地更脆嫩，食时能品味到莼菜独特的气息。做莼菜银鱼汤（羹）时，还可添加些辅料，如火腿末、干贝丝等。简朴的可加些肉丝，在增味的同时，也能让莼菜汤更贴近自然本味。

（2）莼菜氽塘片

莼菜有太湖的风味，塘鳢鱼是苏州的心头好，这两样风物合在一起，似乎理所当然。

莼菜洗净，过沸水杀青后备用；也可在菜肴将好时，将烫好的新鲜的莼菜直接放入汤中。塘鳢鱼治净后去头尾，剔骨，净肉中加黄酒、葱白、食盐等去腥入味。稍后，鱼片先入沸水，撇去浮沫氽熟调味，出锅前倒入莼菜；也可将调好味的塘鳢鱼汤倒入盛器中，再将莼菜烫过后倒入。如此莼菜鲜绿，鱼肉洁白，莼滑肉嫩，咸鲜淡雅。质感滑脆的莼菜，香气独到。塘鳢鱼肉的柔嫩能不能体现出来，也是这道菜肴的重要指标。烹饪不到位，鱼肉会有些柴。莼菜氽塘片的做法水里来水里去，实实在在体现着太湖边的独特“水”味，还有点“赖有莼风堪斫脍”（南宋文天祥）的古风。

（3）虾火莼菜

莼菜不仅可做羹，还能炒着吃。如“虾火莼菜”，就是用莼菜配上虾仁、火腿末清炒而成的。清鲜中呈现着莼菜之嫩绿、虾仁的玉白、火腿末的点点殷红，色、香、味里透着苏州的素雅，那是太湖船菜里的一片宁静的水色。这道看似平凡的菜肴，要求莼菜的嫩绿之色不变。虽说是炒菜，因莼菜外裹着胶质，菜品也是柔滑如羹。

（二）水芹

1. 关于水芹

我们平时食用的芹菜大致有3种：药芹、水芹、西芹。药芹是旱生蔬菜，西芹应是外来蔬菜品种，而水芹长在水田、沟溪与湖边，是由水中来、与水相依的一种芹菜。

水芹的下部有像穿了白色裤子一般的白茎，可并不是它原来的模样，而是经软化栽培的结果。当水芹长到一定时间，达到一定高度后，在种植地加深水位，让水芹没入水中，只露出头部叶子。或者在水芹长到35厘米以上时，用土埋住它下方的20厘米。如此，芹菜下方就见不到阳光，没有紫外线进行光合作用，芹菜的茎部就没有了叶绿素，于是就变得雪白。用土埋法栽培的水芹风味非常好，称“白头芹菜”，特别是白茎软嫩可口，馥郁的芹香中透着甜味。如果不经软化栽培，水芹茎部呈绿色，虽有水芹的香，质地却相对老韧。

虽说水芹春季、秋季都可种植，但考虑到要软化栽培，就有不同的选择。如春播后，在夏天进行软化栽培，会因高温潮湿给芹菜生长造成不良影响，收成减少，品质也不太好。因而，水芹一般都在秋季种植。况且，水芹嫩叶的萌发，需要26℃以下的气温，可见，水芹是一种较耐寒的植物。如再依照早水芹、晚水芹等不同品种错开种植，水芹就可从霜降一直到来年清明，都成为餐桌上受人欢迎的时蔬。

2. 水芹风味

水芹有优良的品质与风味，做菜一般都是清炒。水芹煸炒后，质地软脆，是带着水感的脆，这是嫩的又一种表达。煸炒好的水芹菜绿白相间，有一份淡淡的静，在桌头不争不躁。如果要配些其他搭头，种类最好要少，不能夺水芹之香。

水芹之香，真的如茉莉花一样，有淡雅的馥郁。菜未入口就有股柔润的气息，弥漫于鼻间。菜入口，那份柔和而凝聚的香，散布唇齿之间，在口腔里没有那种霸道的强烈感，却又充盈而饱满。水芹所含的挥发油散逸出时，能刺激中枢神经，促进呼吸，提高心肌兴奋性，加强血液循环。所以，独特的水芹香能提振精神。水芹还有清热解毒、利水消肿的功效。

《神农本草经》载："（水芹）止血养精，保血脉，益气，令人肥健嗜食。"

（三）芡实

1. 关于芡实

芡实，俗称鸡头米，因它长成的圆果上有一个尖"嘴"，似鸡的喙一般，故名。圆果大小比成年男子的拳头还要大一圈。剥开这个淡绿色的"鸡头"，里面有棕黄色的果实；再剥开果实，里面有白色的仁，这便是鸡头米了。作为水生植物的芡实，有水的地方就能种植，然而，播种后作物的种植环境与条件需注意维持，否则会影响到芡实的生长状态与最终的品质。虽说全国有许多省份都有芡实，但就质地而言，苏州的芡实有仁粒圆大、质地软糯的特点，在烹饪界有"南芡""苏芡"之名。

苏州栽培的是无刺种芡实，一般生长在浅水湖沼中。由于太湖水向东流淌，在苏州城东形成了河道、湖泊、水塘等多种水形态，还有大片低洼的水田，再经人们长期的培养，便有了可充分利用的水田、烂田。水田中种植水稻，烂田中种植如芡实、荸荠、慈姑、蔺草（做草席的原料）等水生作物。"频年水利擅三吴，榷筭菱租更芡租。茭荡日多河日壅，低田水涨便通湖。"清代袁学澜这首诗描绘了农人种植水生作物时的考量与情景。苏州葑门外的黄天荡（南塘），澄湖滩边的甪直、车坊等处，都是这类水生作物的盛产区。这些地方的田中，泥土淤烂，水位控制在膝盖以下，利于芡实生长。《太湖备考》载："芡实，亦出东山南湖。不种自生，俗呼为'野鸡豆'。"野鸡豆可以在较深的水域中生长，是有刺种，野鸡豆的吃口没有经过人工选育的芡实品种质地好。苏州按采收的早晚，培育出了红花芡实（早熟种）与白花芡实（晚熟种）。红花芡实的糯性更好一些。

鸡头米好吃，可种植过程十分辛苦。澄湖边的芡实田中，笔者看到芡农在给芡实洗叶子，不禁好奇地问缘由。芡农说："水中有浮萍，飘到鸡头叶上，会使叶子腐烂，影响光合作用。每天都要洗去叶上的浮萍。"只要有风，浮萍就会被水波带着漂到芡实叶上，所以，芡农每天要为芡叶清洗一番。如果没有见到芡农在阳光下弯着腰、半蹲着，在水中一片一片地洗叶，哪能想到如珠似玉的鸡头米，竟是在这样辛苦的劳作与精心的呵护中长成的。收获了，剥鸡头也是一件辛苦的事。剖开芡实，取出里面的果实，再将仁剥出，这剥仁的过程，须一粒粒操作：掐、摁、剥，还要当心，不能将圆粒的鸡头米剥残了，也是粒粒皆辛苦的。虽说现在有了机械剥壳机，但从鸡头米的完整度上看，手工剥出的完整度更高，品相更优。

清沈朝初有首《忆江南》，写了苏州生活中剥芡实的情形："苏州好，葑水种鸡头。莹润每疑珠十斛，柔香偏爱乳盈瓯。细剥小庭幽。"由于剥鸡头米费工费时，剥好的鸡头米价格也高，因而，寻常百姓家也会买了芡实果，回家自行剥出仁。于是，剥芡实就成了苏州一道应时的风景：商贩、农人沿街剥，以利销售；小小的庭院里，闲下来的家人也在剥，既有自家品食所需，余下的鸡头米出售后也可有一份收入，但都是饱含辛苦的。"细剥""庭幽"，也说出了劳作时的这份凝神、静气之状。

北宋时在横塘写过"梅子黄时雨"的贺铸，辞官后定居苏州。他写有一首《食芡实作》的诗：

钱侯官舍旁，走水来方塘。暑雨过初伏，斜阳生晚凉。风翻芡盘卷，万觜争低昂。犹疑秦鸡暴，擅此六国场。下榻延密客，开樽荐新尝。金刀剥老蚌，玉沙磨夜光。殷勤烦钉饾，未咀悲生肠。引领鄘卫西，百泉乃吾乡。水产富此物，数钱论斗量。朝餐取餍饱，无复炊黄粱。贪嗜比羊枣，况乎惟味良。十年去国仕，遇得才微芒。季鹰思莼羹，拂衣谢齐王。我亦散浪者，未许斯人狂。长歌定行矣，千载会相望。

贺铸的诗里，这一粒鸡头米似乎如张翰的"莼羹"一样，也是让人无限挂念的家乡之味。

2. 芡实风味

芡实品种多样，不同的品种会有不同的口感，还有采收气候、采收早晚之别。如头伐[1]芡实因受气温与植物内含养分等因素影响，颗粒相对就小些；同一个品种，也会由于头伐的原因，质地相对会硬些。烹饪时，根据菜肴或点心的品质要求，须了解芡实的品种、采收的情况等。如做“糖心鸡头米”时，所选的芡实颗料要大些，质地要水嫩些，还不能过于成熟。软糯是苏州“南芡”的总体特性，但在选择芡实时，还需按菜肴的具体品质要求，进行对应的选择。即苏帮菜烹调技艺中所谓的一物一菜、一材一菜。

芡实是食药兼具的植物。《神农本草经》载：“主湿痹腰脊膝痛，补中除暴疾，益精气，强志，令耳聪明。”苏州人总是把芡实当作具有保健作用的美食，浅尝一番，感受一季的风味，获得应时的补益。吃的方式上，以糖水鸡头米为多。将芡实仁入水烧熟即可，加入红糖增味，加入桂花增香（桂花、红糖亦具有食养功效）。做糖心鸡头米只需将新鲜的芡实仁入水一汆即可。此时颗粒外层受热，芡粉凝固，口感软糯，内部依然保持着新鲜水嫩的果质。如此，鸡头米在嘴里就有了层次感，糯而鲜脆。

现在有一款名为“荷塘小炒”的菜，用材有莲藕、红菱、荸荠、西芹、百合等，再加入鸡头米清炒而成。前几种食材有清脆的质感，与鸡头米配在一起，相似的质地产生美妙的食感。如果烹烧时鸡头米过熟，就会具有糯性，这就与前几种食材的鲜脆质感有所区别。并且，软糯的鸡头米在荷塘小炒的总体口感上不能趋同，影响整体口感。所以，新鲜鸡头米入锅烹调时间宜短些。还有，鸡头米的用量宜少些。再有，有的食材切成块，有的切成条，而芡实是圆粒的，在“形”上也不统一。笔者以为，“荷塘小炒”蛮符合江南的地域特点，但在做法与体现方面还可进一步探讨，让“荷塘”多一些清漪。

清袁学澜《续咏姑苏竹枝词》写道：“秋净澄湖菱芡多，渔村蟹舍绕烟波。山平水远人家静，塘上月明闻棹歌。”“菱角尖尖芡实圆，田头祭罢

1　头伐，苏州话，意为第一批次。

社生烟。卧闻瓜架虫络纬，正是秋凉搁稻天。”[2]秋天，是收获的季节，芡实也应时而来。现在，有了冰箱等冷藏家电，在芡实上市时就可多买些保存起来，可经常性地做做芡实菜，时不时地“养”一回人。

（四）其他“水八鲜”

“水八鲜”已说了三鲜，其他还有茭白、莲藕、荸荠、红菱、慈姑等诸种，在此就不一一展开了。每一种在苏州都有悠远的栽培种植历史，且培育出了一些优良的品种。从而使苏州人的舌尖更加挑剔，非要“时新”，非要“本地”产的不可。当然，好的东西，苏州引进来，那是当仁不让的。

慈姑中的“苏州黄”，少苦味而有栗香。苏州的“虎口荸荠”个大肉嫩汁多，肉质细净，味甘甜，在北方曾有“赛鸭梨”之誉。苏州地产茭白有大、中、小腊台品种，而“中腊台”“吴江茭”等品种，因洁白、质地柔软、纤维质少等特点而成为茭白中的佼佼者。“伤荷藕”以其优良的品质，在唐朝时已作为贡品进献。“早花藕”亦是品质俱佳。《光福志》记有：“崦中有凤凰墩、鸭墩，水田一顷，所产菱芡较胜他处。”苏州水红菱等都是果肉雪白多汁、质嫩而甘、水果性强的优良品种。还有圆角菱，因菱角退化，俗称光头菱；老乌菱两菱角似水牛角一样弯曲，新鲜时为绿色（成熟时为暗绿色），烧熟后就转成褐色或深褐色，故有乌菱之说。晚唐诗人杜荀鹤还有“夜市卖菱藕”的名句。

由“水八鲜”烹调而成的菜肴，不胜枚举。苏州童谣唱的“茭白炒虾”，是水产与水生蔬菜的结合，也是苏州生活中与水相伴的日常。

二、其他水生蔬菜

除了“水八鲜”这类经人们培育种植的水生蔬菜外，在苏州的水域中还有很多可入肴的水生植物，如莲藕的鞭根、芦芽、蒿草等等。在不同的

---

2 《姑苏竹枝词》，苏州市文化局编，百家出版社，2002年8月，第125页。

季节里，它们应时而出，成为一时饮食风味。

（一）蒿草芯

蒿草，一种野生的植物。鲁迅先生说“万家墨面没蒿莱”，这里的蒿通指野草。蒿草是长得较高的野草，具体是什么，各个地方所指可能并不一样。与“蒿”相关的植物，有些在日常中人们也会接触到，如平时菜肴中有筒蒿，还有艾蒿、芦蒿、蒌蒿等，不同的“蒿”具体的形态就不一样了。太湖渔家食用的蒿草芯，又是什么“野味”呢？

艾蒿，苏州人应该都知道。就是端午节时，与菖蒲、蒜仔一起扎成一束，挂在家门上的艾草。因艾有辛香，在端午时人们借它的香气来驱赶蚊虫。其实，旧时艾蒿是悬挂于床头的，蔡云《吴歈》中写的“蒲蓬卯蒜挂床前”便是一证。将艾草晒干，锤成绒，还可制作艾条来熏灸，起到防病治病的作用。

筒蒿，又称蓬蒿。植株不高，由数寸长到两三尺之间。是一二年生草本植物。筒蒿与蓬蒿是一种东西，还是分别的两样植物，历史上有不同的看法。清代吴其濬在《植物名实图考》卷四《蔬类·茼蒿》中写道：“茼蒿，《嘉祐本草》始著录。开花如菊，俗呼菊花菜。汪机不识茼蒿，殆未窥园，李时珍斥之固当，但茼蒿究无蓬蒿之名，蓬、茼音近，义不能通。《千金方》以茼蒿入菜类。蓬蒿野生，细如水藻可茹，而非园蔬。”从这段文字看，好像参与讨论的人还蛮多。如今餐桌上，有蓬蒿菜，食叶为主。有茼蒿，细细的茎，色青绿，食其嫩茎为主。因春季、秋季、冬季都可播种，在人们的餐桌上，筒蒿总是变着样子前来。这一叶一茎是同一样植物生长的不同阶段，还是两样不同的植物，也可讨论一番。

蒌蒿，亦称芦蒿，还有许多别名。但蒌蒿与芦蒿是不是相同的植物，又有一番争论。汪曾祺、陈武两位先生都认为这是两种不同的植物。现在还有人工种植、野生等差异，变数似乎更加大了。苏东坡有“蒌蒿满地芦芽短”诗句，可见初春时，植物萌发，蒌蒿与芦芽均长出来了。不管怎么说，苏学士对这个短短的植物之芽，还是忍不住赞上两句：“久闻蒌蒿美，初见新芽赤。”充满生命力的芽头，看上去真诱人。苏学士所说的蒌蒿，应是野生的那种吧，在早春新芽萌发时，采其嫩茎芽食用。

光福太湖渔家食用的蒿草芯，采自芦苇丛中或湖边岸旁。苏州光福当地亦有人称芦蒿芯的。这是一种什么样的植物呢？要下定论，实在有点心虚，但还是想探索一番。

光福人介绍说：“这是雄茭白，是长不成茭白的。”这一说真有点豁然开朗，这不就是“菰”吗？旧时，菰归在“六谷”之列，六谷即稌、黍、稷、粱、麦、菰。“菰”结出的果实称为菰米、雕胡，唐代前还一直将菰作为粮食作物来种植。后来，因为菰的根茎下部感染上黑粉菌，导致不能正常生长，从而肿胀成纺锤状的肉质茎，人们称之为茭白。因为这个肉质茎很美味，并且有产量高、采收时间长等特点，久而久之，人们便将种植茭白作为生产目的，而加工麻烦的菰米的种植就淡出了人们的视线。到如今，把菰放到人们面前，也不知是什么植物了。好在，多少还是留下一点信息，因不再人工种植故而给了它一个诨名——野茭白，又称为“雄茭白”，其他地方又称“茭儿菜”。《太湖备考》中，将能长茭白的称“菰”，归在“蔬之属”，将不能长茭白的称“茭”，归在“草之属”[3]。

同一植株有了两种形态，一个因感染真菌致病而得宠，一个因健康被遗忘，这是人们选择的结果。真令人感慨。宋代周弼有诗《菰菜》：

江边野滩多老菰，抽心作穗秋满湖。拂开细谷芒敷舒，中有一米连三稃。剖之粒粒皆尖小，整齐远过占城稻。不烦舂簸即晨炊，更胜青精颜色好。寻常艰得此欣逢，默计五升当百丛。雨多水长倍加益，十里定收三十钟。野人获之亦自足，何用虚靡太仓粟。连日秋风思故乡，况复家田

3　《太湖备考》，[清]金友理撰，江苏古籍出版社，1998年12月，第304、305页。

有茅屋。坠网重腮鲈已鲜，莼丝牵叶又流涎。急归收获苹溪畔，细拨芦花撑钓船。

诗中描述水滩中的老菰在春天抽穗，在秋天结菰米的情形。既有未被黑粉菌感染的野茭白，又有感染真菌结成的茭白，把一物两态都说到了。

我们现在所说的蒿草芯，应是生长在太湖边水域中的菰吧。每年春季，菰抽穗，生长到五六月时，人们采集菰的嫩植杆，剥去绿色的外皮，留下雪白的内芯食用。蒿草芯应是菰除了菰米、茭白之外的另一种形态吧。

笔者见到的蒿草芯大致有大拇指那样粗细，色白，水嫩，稍一抖动就会折断。蒿草芯与筒蒿、蒌蒿相比，后者茎色青绿，茎枝较蒿草芯细，而蒿草芯如葱白粗细，茎枝也是一层层的同心圆圈，质地的水嫩远超葱白。蒿草芯没有葱白那种辛香味，淡淡的，好像水一样，这样的“无味”真有一点出尘的意思。笔者也是难得接触到，品尝过“蒿草芯炒肉丝”，白色的蒿草芯与淡粉色的猪肉丝融合在一起，感觉不到有荤的存在，也不仅是素的味道，只是在平常里，有了不平常的清淡。

春末夏初，“健康”的菰在这段时间日夜长大，凭着天生丽质的嫩白，成为太湖边的一道颇具风味的水生野菜。一句“蒿草芯”的俗称，有着“菰”前世今生的种种因缘，菰草似乎从来都没有孤独过。《诗·小雅·鹿鸣》道：“呦呦鹿鸣，食野之蒿。”“蒿”曾与鹿相伴。

（二）四叶菜

四叶菜生长在水中，我们平时接触到的都来自苏州西山岛。西山岛位于太湖之中，有着得天独厚的自然条件，在那片水泽之中，四叶菜静静地生长着。

四叶菜是多年生的水生蕨类植物，学名田字草。叶由对称的四瓣小叶组成，形如“田”字，民间俗称“四叶菜”。每到晚间，四枚小叶合成一瓣，又有“夜合草”的别称。据说古诗文中提到的“蘋”“白蘋”，都指此草。这里姑且认为是同一物。蘋，音pín，指田字草、四叶菜。从《诗经·召南》吟的“于以采蘋？南涧之滨”中，依稀可见那待嫁少女，在“南涧之滨”采四叶菜的身影。《左传·隐公三年》说：“苟有明信，涧溪沼沚之毛，蘋蘩薀藻之菜，筐筥锜釜之器，潢污行潦之水，可荐于鬼神，可羞于王公。”“羞”同“馐”，所以四叶菜也可敬奉神灵，且可上得王公贵族的餐桌。

宋代寇准有首词道：“波渺渺，柳依依。孤村芳草远，斜日杏花飞。江南春尽离肠断，蘋满汀州人未归。”“蘋满汀州”，春天的水域里，生长着嫩绿的四叶草，春暖水软时节，正好携手相伴踏青游湖，多美的意境。自4月到11月，四叶菜在春、夏、秋三季均有上市，可以说是一种供应时间较长的水生植物。四叶菜大都在自然状态下生长，故而又以野菜待之。《苏州乡土食品——纪实与寻梦》将四叶菜列在“西山野菜”[4]之目。四叶菜具有清热、利水、解毒、止血的功效，在炎热多湿的季节，吃一点四叶菜是具有保健作用的。一些中医的书籍中，也有关于四叶菜的记载。

人们一般食用四叶菜的嫩叶与嫩茎。由于“嫩”，烹调时就不能过度，要保持它的柔嫩的质地。烹调后四叶菜叶质柔滑，有肥腴的口感，且散发着四叶菜固有的清香。四叶菜的亲和力极高，与它相遇时老少咸喜，那份独特的口感，常会让人有“素味平生”之叹。太湖船菜经营者总是想方设法要将四叶菜采购回来，以太湖边的自然风物，奉享宾客。

（三）菱窠头

菱是南方常见的水生物，水红菱、老乌菱、和尚菱等等，都出自水中。种菱要在水中架菱床，即将几根柱子插在水里固定好，在水面位置，用线绳将柱连起，围一些细竹，如此菱床便架好了。将菱苗缠在线绳上，待菱萌芽蔓开，水面形成一片绿色的“毯子”。这一床水菱郁郁葱葱，成了菱塘。种菱人把新长成的水菱嫩茎芽采摘下来，这便是菱窠头，也称菱蔓

---

4 《苏州乡土食品——纪实与寻梦》，陆云福主编，古吴轩出版社，2006年11月，第234页。

头、菱头。

水菱的嫩芽也能吃？这或许会让人感到诧异。其实，这就像春天吃枸杞头、马兰头、蕨菜头、香椿头一样。入夏后吃个菱窠头，是呼应着自然，在水乡是自然而然的事。菱窠头毕竟是水菱的附产品，虽不能说是什么地道的菜，但作为一时的风味，依然有它的清鲜。菱窠头洗净后切成寸段可煸炒而食，亦可焯水后，拌入盐、糖、酱油、麻油等调味料冷拌。

太湖渔家入了餐饮这一行，菜肴的丰富性中还要有独特性。菱窠头这样的食材入肴，让太湖船菜更接地气，多了些太湖的水味。

从前城市周边有许多河道，大都分布着菱塘，现在几乎没有了。远离城区的乡村湖塘、河渠等处，还有种菱的老农。一条小舢舨，悠然浮在水中，老农不急不慢地侍弄那些菱。有时觉得，那伺菱的老农是在拾掇自己珍爱的儿孙。菱窠头这样的水生蔬菜，供应量也日渐稀少。明代的江盈科，曾在苏州做过长洲县令，写有一篇《北人食菱》的小文："北人生而有不识菱者，仕于南方，席上啖菱，并壳入口。或曰：'啖菱须去壳。'其人自护所短，曰：'我非不知，并壳者，欲以清热也。'问者曰：'北土亦有此物否？'答曰：'前山后山，何地不有？'夫姜产于土而树结，菱生于水而曰土产，皆坐不知故也。"现在，菱窠头也不是人人都知的，但还可寻而偶得。

太湖船菜的菜谱里，还有如水芋艿、莲鞭等太湖边的水生植物可作为烹调的食材。这些菜一般都是应时而来，在菜单里没法体现。因而，点菜时问一声有没有时令的野菜，说不定就会有惊喜，或许能够偶遇而得尝野味。

第二节　太湖船菜中的禽与畜

太湖渔家饮食中水产品较多，但依然会有禽、畜入肴。尤其是经营太湖船菜餐饮后，菜肴结构中禽与畜必不可少。如何以渔家的烹饪方式形成具有特色的禽畜菜肴，从家常菜中升华出太湖船菜的特色风味，还须在发展中不断总结与积淀。

一、太湖船菜中的禽类菜

鸡、鸭、鹅、鸽、鹑都是常见的禽类，这里仅举较具地方特色的介绍一二，以便人们对太湖船菜中的禽类菜和其风味有所了解。

（一）野鸭

《太湖备考》载：“凫出太湖，深秋方来集，至冬而盛会，每群飞而过，其数千万。捕者以网取之，俗呼野鸭。”太湖中有野鸭23种[5]，品种数量几乎占到全国常见野鸭的一半。旧时，秋冬的野鸭是时令美味，现在，许多野鸭都被列入保护名录，如“1983年3月，我国与日本共同签订了保护候鸟及其栖息环境的协定，太湖中有19种野鸭为协定中保护对象”[6]。保护候鸟与其栖息环境，最终目的还是保护人类自己的生存环境。

饮食传统如何在现代生态保护、绿色发展中兼得，正考量着人们的智慧，要在新的问题面前寻求新的方式。现在，有人工饲养（须经农业部门批准）的野鸭，成为餐饮烹饪的食材。从保护生态的大局出发，口舌之欲的控制是十分必要的。这里，仅作为对过往的传统野鸭入肴的记录，记叙如下。

野鸭煲汤是一道风味菜。相对而言，野鸭经烹调后，氨基酸析出较多，因而野鸭汤的鲜味呈现更为突出。而且，野鸭体内油脂相对较少，就有了清鲜不腻的汤质和风味；又因含脂少，鸭肉口感就不太腴嫩，不适合大快朵颐。因而，野鸭汤在烹饪上要火功到位，品尝时方可慢啜轻饮。秋冬寒冷，一碗清鲜的热汤，几缕清瘦的鸭肉，虽说太湖渔家的饮食中少有“精细”的烹饪，但这样自然的食材，这样真真切切的野鸭汤，

---

5 《太湖镇志》，《太湖镇志》编纂委员会编，广陵书社，2014年8月，第143页。

6 同上。

有着与生俱来的清雅风味。传统太湖渔家菜肴中有“太湖野鸭煲”，以野鸭为主材，配以“水发香菇、熟冬笋片、泡发鱼肚、青菜心等为佐料，加进葱姜、酒等烹制而成，野鸭煲呈现棕黄色，鸭型完整，酥烂脱骨，香醇味佳”[7]。

清廖文锦在《香山杂咏》中写道：“黄菊萧疏黄叶枯，新寒光景画难摹。纸窗错黑风声壮，鸭阵遮天过太湖。”并注：“西太湖寒，南太湖暖。天将大冷，则野鸭结阵，自西面南，过则漫天皆黑风声随之，居人以卜寒暖。”寒潮袭来，这野鸭飞得有点狼狈，好在还有太湖这一泊温暖的水域，还有沿湖芦荡、茭草的湿地，饵料充裕，聊以过冬。

（二）太湖麻鸭

太湖边的人们将野鸭驯养成家鸭，已是远古的事。太湖麻鸭就是这样被驯化、选育的品种。转为人工饲养后，因旧时大规模的野鸭孵坊集中在苏州娄门一带，在娄门形成稚鸭销售的集散地，人们习惯将太湖麻鸭称为娄门鸭。因其“鸭性情温和，产蛋量高，肉质细腻，含脂适中，口味较好”。2015年1月，《江苏省畜禽遗传资源保护名录》（江苏省农业委员会公告第3号）中，“娄门鸭”列入遗传资源保护名录，同时还被列入濒危品种，作为全省重点抢救性保护对象。太湖边的这味鸭菜顿时变得珍贵起来。同时列入省保护名录的还有“昆山鸭”，那是在娄门鸭基础上经多年培育而成的优质禽类品种。

苏州是水乡，有饲鸭的优良环境，饮食与饲养，相辅相成。苏州的“鸭菜”——酱鸭、卤鸭、甫里鸭、海参鸭、风鱼鸭、母油船鸭、出骨母油八宝鸭……道道鸭肴鸭馔，展现出苏州人对鸭的喜爱。

“风鱼鸭”记录在清代顾禄的《桐桥倚棹录》中，是由鸭与风鱼（属

7 《太湖镇志》，《太湖镇志》编纂委员会编，广陵书社，2014年8月，第329页。

鱼干类）组合而成的一道蒸菜。“太湖卤鸭”在太湖船菜中普遍食用，其色艳红（加入红曲粉故），味带甘甜，咸头适中，肉质柔嫩。以清鲜为风味的“老鸭汤”之类，实在是江南的特色鸭菜。

（三）太湖鹅

太湖鹅身披洁白的羽毛，冠、喙、胫、掌均呈橙红色，有着“白毛浮绿水，红掌拨清波”的形象。太湖鹅以“耐粗饲，适应性强，性成熟早，产蛋多，仔鹅皮薄，皮下脂肪少，肉质细嫩”等优点，成为中国优良的鹅类品种，现已列入《国家级畜禽遗传资源保护名录》（全国仅10种鹅列入保护名录）。太湖中的西山岛上，有太湖鹅的养殖基地。

饮食中，鹅的烹饪方法多种多样，盐水、糟香、红烧、白笃等都能烹调成一款美味的鹅菜。太湖糟鹅是以陈年米香糟来烹制的，在端午时节成为一时风味。大致是用三四斤重太湖鹅，治净后加葱、姜、黄酒烹烧一个小时，出锅后在鹅身擦上精盐，剖下头、脚、翅，鹅身剖为两爿，放入糟钵中，加入大曲酒，钵口有糟布扎口。制糟用原汤，先撇去浮油，加入盐、白酱油、花椒、姜末等拌匀静置，待冷却后再加入香糟、黄酒，再次拌和后，倒入糟钵。钵口糟布滤去汤中杂质，糟液浸没鹅体，如此经数小时后即能糟成。太湖糟鹅风味咸鲜，糟香馥郁，无油腻之感，食之能健脾醒胃。老鹅汤可清炖，也可再加入些其他辅料增添风味。可加扁尖、面筋，如加菌菇，菌味不能过浓，以防与鹅肉争香。秋冬时节，红烧鹅块应市，在稠赤的酱色中，鹅肉醇厚的鲜香之味着实诱人。

（四）田园鸡

鸡是最常见的禽类，也是人们在饮食中常用来补充营养、调节风味、改善伙食的主要食材。旧时，鸡大都是农家在房前屋后、果园竹园中饲养的，作为副业以此来增加农家收入，生活中鸡犬相闻就成为常态。现在，更多的在专业饲养场、工厂化养殖场等进行养殖，养殖规模、供应数量都非常大。翅根、中翅、翅尖、鸡腿、鸡胸、鸡爪等，人们可以按需购买。还有蛋、肉轮殖等养殖模式。经济和产业发展后，鸡在市场上就成为大众食材，有点像青菜萝卜一样。农民家养的几只鸡，就有点像宠物，成为他们的伴。只不过在肉质、鲜度、香气等方面，散养、集养、工厂笼养等不同的养殖方式下，鸡的风味就有些差异，还需要在众鸡中进行一番选择。

以鸡的状态来说，童子鸡、老母鸡、大公鸡等，风味吃口也是不同的。

还有消费方面的因素。人们追求美，要健身减肥，而鸡胸肉具有高蛋白、低脂肪的优势，是有销售市场的。江南夏天炎热湿闷，会引起心烦、食欲不振的疰夏情况，因而用童子鸡笃汤，清鲜之味很是应季。春冬时的母鸡笃汤，汤质浓腴、香气馥郁，焖焐后肉质酥软，汤质醇厚、鸡肉鲜美。寒冷的时节连汤搭肉来一碗，不仅能获得美味，还可以大补元气。至于公鸡，因脂质含量相对较少，人们多将它用来热炒或红烧。

栗子烧鸡，从菜名看极其大众，却是可以说说的一道名菜。它与苏州菜中“三黄焖”之一的“栗子黄焖鸡”有着前世今生的关系。清代苏州人顾禄的《桐桥倚棹录》一书，描述了苏州当时的风土人情。书中记录了100多道当时的苏州菜，其中就有“黄焖鸡”。20世纪20年代，苏州厨师结合《随园食单》中的“栗子炒鸡”，创出了“栗子黄焖鸡”这道苏州名菜。太湖船菜中的栗子烧鸡，应是其民间版本。原因一是这样的栗子与鸡的组合，估计是借鉴而来的。太湖渔家毕竟不是专业厨者，对于菜肴的创新有局限性。二是渔家的烹调有较大的弹性，不会如专业厨师那样，对烧、焖、煨等方法的控制精准到位。在烹饪过程中，太湖渔家必定会用文火来烧。三是调味的拿捏也会存在差异，可能太湖渔家的栗子烧鸡咸味会重一点，酱油可能会多倒一点。专业的厨师看来，会觉得这样的菜做得有点“粗气”，但栗了烧鸡的特色还是存在的。

加入栗子，是这道菜的点睛之笔。渔家所用栗子必是苏州太湖边如西山、东山、光福等处出产的栗子，称为“本山栗子”。受太湖小气候影响，以及经过苏州农民的长期选育，本山栗子果肉质地细腻甜糯，栗香清鲜，果肉含水率43%左右，含糖量可达15%。故苏州地产栗子具有较强的水果性，质地鲜嫩、香气清越、口味清甜，特别适合入肴为菜。太湖渔家烹调的栗子烧鸡与餐馆相比，虽还有这样那样的问题，但栗香与鸡香却一点也不减。随着太湖船菜餐饮的发展，进入餐饮行业的太湖渔家烹调技艺不断提升，烧出的栗子烧鸡亦会如栗子黄焖鸡一般，成为经典。

栗子在秋天成熟，母鸡已长肥，经过文火与时间的作用，以香嫩为风味质地，色泽棕黄、咸甜适口的栗子烧鸡、黄焖栗子鸡，正是秋冬时节的应季美食。

二、太湖船菜中的畜类菜

（一）羊肉

太湖周边，有丘陵山地。之前，养羊是山居和沿湖农家的副业。苏州太湖边主要有山羊、湖羊两个品种。山羊主要是短毛白山羊，在《江苏省畜禽遗传资源保护名录》中称“长江三角洲白山羊（海门山羊）”。太湖湖羊是太湖平原地区独有的品种，是在长期的选育中形成的羔皮、肉食兼用的羊品种，也是列入国家保护畜禽目录的品种之一。

苏州地区有羊肉饮食风俗，一般都在秋冬季节。这中间既有羊的生长繁殖因素，又有养生保健因素。人们认为羊肉性温，有益气补虚、温中暖下、补肾壮阳、生肌等功效，在冬季食用更能进补身体。大多数羊肉菜都在秋冬上市。太湖船菜餐饮在秋冬时节也会引入羊肉菜肴，增加经营品种，满足消费者的饮食需要。

从大的范围看，苏州的羊肉特色风味较多，如吴中的藏书羊肉和东山白切羊肉、吴江的桃源羊肉、太仓的双凤羊肉、张家港的锦丰羊肉等，都很出名。太湖船菜集中地主要在苏州吴中区的光福、东山等处，羊肉食材就会就近引入。

藏书羊肉发源于藏书地区。由于距光福路近，每当秋末入冬时，太湖船菜中也会增加藏书羊肉菜品，点缀风味。藏书羊肉以短毛白山羊为食材，白汤、红烧等菜品丰富多样，形成体系的“藏书全羊宴”已是名宴。百年传承的“藏书羊肉烹制技艺”已被列入江苏省非物质文化遗产保护名录。有这样的历史渊源和饮食特色，太湖船菜将鱼、羊进行组合，“鲜”就不请自来。

东山白切羊肉以太湖湖羊为食材烹制，形成白切羊肉独特的风味。传统以民间作坊烹制为主，销售形式也十分传统：一根扁担，前后竹筐；筐内存肉，上覆竹匾；匾可遮盖，亦可盛物；小刀小秤，分切称重；荷叶包裹，稻草缠扎。由于距离远，太湖船菜一般不用。东山边有太湖船菜餐饮时，冬季就会用白切羊肉作为时令菜肴。这是一地的特色，显出一地的风味。

（二）猪肉

农耕社会，猪与农民的生产、生活有着紧密的联系。种田需肥，猪的厩肥能给种植业带来增产丰收。同时，猪肉提供的营养，又可补充人们所需的蛋白质、脂肪和其他营养物质。如此，生产、生活都有了保障。汉字中“家”这个字，便是由“宀”（意为屋）、“豕”（意为猪）两部分组成的，说明人们的生活与猪畜的饲养，在以种植业为主的中国农耕社会背景下，有着十分紧密的联系。

太湖流域是著名的鱼米之乡，由此，各地培育出了诸多优质猪种，统称为“太湖猪”。太湖猪中的梅山猪、二花脸猪、枫泾猪等现列入了《国家级畜禽遗传资源保护名录》。东太湖边同属“太湖猪”的横泾猪，如今已消失，十分可惜。太湖船菜兴起时，应是用到过横泾猪的。

苏州好食时新，虽说猪肉一年四季可食用，无关季节气候，但苏州饮食中，将猪肉菜分着季节来吃，还是蛮有讲究的。如春天吃樱桃肉、夏天吃荷叶粉蒸肉、冬天吃酱方，还有其他猪肉风味如酱汁肉、乳腐汁肉、虾子白切肉、走油肉等等。不时则不至，过时则不候，将一块猪肉也吃出了一份相思、一年的守望。太湖船菜餐饮的猪肉菜肴，也在这样的季节、时令变动中，应时而上市。

太湖渔家婚宴的大菜中，有一道猪肉菜肴称“大方肉”。由于渔家举办婚礼一般都在冬季，因而，对应着苏州四季的猪肉菜，这块“大方肉”应属“酱方”之列，但又不是酱方。渔家对这方肉的称谓是直接的，就是一大块见方的红烧肉。苏州饮食业称“酱方”显得文气，说得专业；太湖渔家称为“大方肉”，体现着婚礼中的喜庆、宴席上的阔绰。大方肉在烹调方法上大致与酱方相仿，与酒店饭馆相比可能细节上还有些距离，但酱红光亮、咸中带甜、酥而不烂、入口而化的风味特色是相似的。婚礼大菜中有称“四喜肉”“八块肉”的，均是以五花肉为食材切成的四方形红烧肉。“八块肉”每份8块，每块2—3两重。人有四喜，按照宋代汪洙所写《神童诗》所说的：“久旱逢甘雨，他乡遇故知；洞房花烛夜，金榜挂名时。”婚宴中这么一附和，倒也蛮贴合场景的。

中国农耕社会发展中，培育了无数的食材，一脉相承的中华文明里积淀了无数的美味，而文化又无时无刻不影响着人们的生活。丰富、多样、美味与文化这些因素，让人们想要在婚宴中回归传统。所以，如红烧蹄髈这样的菜肴，在婚宴上似乎还是不能缺少的。一些传统饮食习俗，在传统婚庆宴席上得到了传承。由此，一些将失传的传统事物，包括饮食、技艺等，都须在“活化”状态下才能传承下去。“活化”就是能让人们愿意消费、乐于消费，如此，这些事物、技艺就有了延续、创造的动力，以及生存、发展的前景。

笔者走访渔家时，还了解到太湖渔家婚宴中曾有“环爪汤”。环爪，苏州称膝踝通。猪的这一部分上连蹄髈，下连猪爪，似一个膝关节。环爪外具猪皮、内含筋质，有丰富的胶原蛋白，故而烹饪后口感肥腴，十分美味。也有称“猪爪汤”的，这是传统渔家婚宴中的汤菜。对重体力劳作的渔家来说，这一味浓汤在菜宴的组合中是非常必要的。

太湖大船渔家说，火腫也常会在一些菜肴中搭配运用。品种大都是金华火腿。这种饮食习俗的形成，大致有这几个方面的因素：一是太湖大船渔家经济条件相对较好，具有一定的购买力；二是太湖渔家婚庆时广泛采购，火腿等食材是必买品，让宾客们能体验到火腿带来的美好风味；三是渔家须要储备一些食品，供不时之需，而火腿就是便于储藏保存的食材之一。以往，太湖渔家饮食中使用火膧比较随意。走访中，笔者了解到一款“火膧鸽子汤”，以饭店酒楼的眼光来看，这可算是一道渔家的美馔吧。

（三）兔肉

如今，太湖船菜乃至太湖渔家的饮食中，兔肉似乎不再出现，而过去应是经常会食用的。走访太湖渔家时，笔者发现太湖渔家的婚宴菜中，均有“红烧兔子”这道菜，而且，还归在“老菜”之列，可见其入肴已久。

太湖边山峦连绵，园田连陌，草泽丰茂，还有农家的各类蔬味茎果，这些都可作为兔子的饲料。因而，农家养兔是旧时的一项副业，以残余农作物作为饲料，真是变废为宝的循环利用。

兔子生长快，数量就多，作为食材就有了供给保障。而且，兔子的肉香还挺特殊。好客热情的太湖渔家常会做一份美味的红烧兔肉招待来宾。将兔肉治净，切成寸块，焯水后捞起。将生姜、蒜粒、八角、桂皮等入油锅煸香，再将兔肉入锅略作翻炒后，即可加黄酒焖烧去腥，然后加水，急火烹烧后，转文火烧至兔肉熟软，其间加入酱油、盐调味，起锅前收稠汤汁，进一步调味。

兔肉质地细腻紧实，甚具风味。有丰富的营养物质，且有高蛋白、低脂肪、低胆固醇等优点，为保健、美容菜肴。就中医食养功效而言，兔肉味甘、性凉，入肝、脾、大肠经，具有补中益气、凉血解毒、清热止渴等作用。

第三节　太湖船菜中的陆生蔬菜

依托于苏州这方土地，太湖船菜餐饮的食材除了渔家的水产，以及上面所提到的水生蔬菜和太湖禽畜外，还有许多沿岸所出的物产。

园田中的陆生蔬菜有一派欣欣向荣的景象。一棵青菜在四季里变着形态——纤娇、曼妙、敦厚，是苏州餐桌上少不得的长“青”之色。苏州市吴中区在农业现代化发展中提出的“六加一”工程中的“一棵菜”工程，是要充分利用太湖畔这一方园田、数千年农耕文化的结晶，可持续地服务于经济社会。丰富的陆地旱生蔬菜（因有水生蔬菜故另提陆生旱地蔬菜），应着季节时令而来，又在气候的“微调”中呈现着多样性，故苏州的菜单上的蔬菜品种，常常只能以“时蔬”来标识。时蔬——水陆相济，应时而出，何其丰富。

山峦中的菌笋蕨果又各具风味。食用菌的丰富性自不待说，而其风味着实令人垂涎。苏州的饮食崇尚风味，哪怕一点小味小香的差异，都会让人赞不绝口，乃至会趋之若鹜地去轧闹猛尝鲜。有人会疑惑，这真的好吃吗？为了这些风味，清代苏州人吴林著有《吴蕈谱》一书，将接触到的吴地所产蕈（食用菌）记录起来。成为继南宋陈仁玉《菌谱》、明代潘之恒《广菌谱》之后的又一部食用菌著作。《中国农学书录》[8]《中国古农书考》[9]等中外研究者的著录中均将其收录。当下饮食业依靠产业发展与物流运输，人们餐桌上的食用菌越来越丰富。苏州野生菌中似只有松蕈（又称塘蕈），还坚持着本地的特色。

苏州太湖边有山亦有笋，如小圆笋、大档笋、燕来笋等，苏州都是以口味和风味来认定“出处”的，如大档笋，苏州就尚宜兴产的[10]。旧时每逢时令，从宜兴过太湖到苏州，必是一行快船，敲锣吆喝，让前面的船只避

8 《中国农学书录》，王毓瑚编著，农业出版社1964年9月，第209—210页。

9 《中国古农书考》，［日］天野元之助著，彭世奖、林广信译。农业出版社1992年7月，第263页。

10 主要指宜溧山地所产。山地是蜿蜒于苏、浙、皖3省边界上的一系列山地的总称。

让一下不致撞船。如此急匆匆，就是怕耽搁时间后，船舱内饱含水分的竹笋一阵猛长，将船身顶破。一路行来，会在苏州澹台湖边的五龙桥处形成交易集贸地。之后，循澹台湖往东经京杭大运河到苏州东边的葑门、娄门，或过五龙桥经西塘河过外城河到南门，或到城河后再向西到胥门、阊门，随后再分散到苏州城内。太湖渔家集居的冲山，本是依山滨水，常用地产笋来烹饪。经营太湖船菜餐饮后，也扩大了进货的范围。对于地产笋，以稻秧出、燕子来时，山间萌发，俗称“燕来笋”的小竹笋为佳，且渔家可以就近采食。燕来笋比竹筷还细，切成寸段焯水后，就可与肉丝、雪菜等炒出鲜香的风味。

山中蕨菜在春时采摘，芽头如小儿拳般大小，焯水后可当令烹调，也可晒干后备用，之后烧一份蕨菜干烧肉，也十分有风味。

苏州太湖边的东山、西山、光福等处都是花果之乡。枇杷、杨梅、白蒲枣、橘子、栗子、白果等果园遍布，果品丰盛。许多果品均能入肴成菜，如枣、橘、金橘、白果、栗子等。

无数经过长期培育的优质食材，踏着苏州饮食的节奏而来，时令变幻出的不同风味均融入太湖船菜餐饮中。在此不再展开介绍。

第四节　太湖渔家的传统菜肴

太湖船菜源自太湖渔家的饮食，在发展中又有提升，不断吸收与创新。有些传统的渔家菜，已经淡出人们的视线，离开了太湖船菜餐饮的桌头。但如果忽略这些传统的渔家菜肴，去理解太湖船菜，了解太湖渔家的饮食时，就会觉得模糊。这里，笔者将了解到的一些渔家的传统菜肴做简要记录，聊备日后查考。

一、发菜汤

“发”是一种美好的心愿，举世皆然，太湖渔家也不例外。太湖渔家传统婚宴中，第一道菜必须要上“发菜汤”，取其“发”的美好意思。这是太湖渔家传统的饮食习俗迎合了人们对新时代经济发展与美好生活的期盼。

发菜汤的主要原料是发菜、莼菜、干贝等。发菜，学名为发状念珠藻，生长在沙漠或贫瘠的土壤中。其颜色黝黑，单枝形细长，丛生，像女士的一团长发，因而得名。李渔在《闲情偶记》写道：“菜有色相，最奇而为《本草》《食物志》诸书之所不载者，则西秦所产之头发菜是也。浸以滚水，拌以姜醋，其可口倍于藕丝、鹿角菜。”能品出藕丝的味道，真佩服李渔先生的舌尖味蕾。取藕丝、鹿角菜来相比，因其均含有胶质，具有相似性。发菜以“滚水”泡开，发丝直径可涨发到1毫米左右，柔而滑糯，调味后可食。从食药同源的角度看，天然发菜具有解毒清热、宣肺化痰、调理肠胃的作用，对降血压也有一定的功效。

太湖渔家的这款发菜汤，还用到了干贝。干贝在呈现鲜味的同时，也有助于保持汤质的清纯。干贝由海中扇贝的闭壳肌风干制成，呈颗粒状。山珍海味中，“下八珍”里列有干贝，可见其也是风味的珍品。干贝有丰富的蛋白质，且富含谷氨酸，因而极具鲜美之味，烹饪中，也是一款常被用来提鲜调味的食材。干贝因为干硬，用前需要预制，经泡发、蒸软后方可用。

制作发菜汤时，将猪骨所吊的浓汤烧沸后放入发菜和干贝。干贝要提前泡发（用黄酒），再撕成干贝丝。入料后待水再沸时撇去浮沫，加酒去腥，加盐调味。起锅时加入已杀青的莼菜即可。发菜汤中嫩绿色的莼菜漂动，深褐色的发菜在汤中隐现，白色的干贝丝融和其中，使发菜汤有了一份素简的格调。

发菜在中国的主要产地有甘肃、内蒙古、青海、宁夏、河北等，生长于海拔1000米到2800米的干旱贫瘠土地中，具有固氮能力，可为土壤提供天然氮肥，这对贫瘠土壤的改善具有极大的生态意义。在自然界，发菜生长缓慢，据说，“一年大致增长6%”，“如果采集2两重的发菜，便会破坏相当于16个足球场面积的草原”（《地理·荒漠化的防治》），而且被破坏之后的草原恢复极其困难，也由此增加了草原沙漠化、沙尘暴天气等生态灾害。因而，中国将发菜列入《中国国家重点保护野生植物名录》，国务院在2000年发布了《国务院关于禁止采集和销售发菜制止滥挖甘草和麻黄草有关问题的通知》。所以，食品行业现在是不能销售发菜的，餐饮行业也不能将发菜用于菜肴制作。保护生态环境，是每一个地球人共同的责任。

随着环保意识的增强和法律法规的出台，有关传统发菜汤的记忆将只留在太湖渔家的心头。

二、高丽肉

高丽肉是太湖渔家的一道美味菜肴。从这道菜的制作与特色看，应是从外面引进的一道菜肴，久而久之，成为太湖渔家的“私房菜”。听渔家讲，高丽肉是道“老菜”，以前渔家在举办重大活动进行宴请时，或者在重大的节日里，才会制作这道菜。

高丽肉的食材主料是油肉（太湖渔家对猪肥膘的称谓，此用硬膘）、鸡蛋和面粉。制作大致分3个步骤。第一步是将猪肥膘切成长5厘米、宽2—3厘米，厚1厘米的片状备用。鸡蛋清必须打发，加入适量面粉搅拌成糊状。第二步是起油锅，锅中加入猪油，将肥膘用面糊裹匀，放入油锅中炸；炸到面糊呈金黄色捞起控油。第三步是把肉盛入盛器，撒上白糖即成。高丽肉色泽金黄、外脆里嫩、腴润甘甜、香醇可口。

有人会说，这不是熬猪油炸油渣么？两者做法相似，但操作方式与目标是不一样的。油渣是熬猪油时的副产品，主要产品是熟猪油，炸油渣是为了将猪肥膘中油脂全部析出。高丽肉裹面之后进行炸制，控制油温的大小和传递的速度，使面糊失水而变得脆硬，此时，猪肥膘受热溶化成软脂质，形成腴而润的口感。

高丽肉在其他地方烹制时，还有更精致的做法，只是太湖渔家在生活中，只能调整方式来烹制，如在面粉中加入鸡蛋清。这样的调整，就显出渔家在“新”与“实”的平衡中，满足现实生活中饮食提升和丰富菜肴的美好心愿。

传来是偶然，延续则有必然。高丽肉落户太湖船，与太湖渔家的生活密切相关。其一，渔家日常饮食结构中，水产是重要的内容，而猪肉等则相对较少。吃肉就成为调节日常饮食品种的一件事，因而受到欢迎。其二，渔家劳动强度大，还要面对风寒侵袭，体能消耗大，所以，补充高热量的食物是一种身体的需求，这从而影响到渔家的饮食偏好。其三，甜味，这种美好的口感，对生活在太湖中以捕鱼为业的渔家而言，是一份珍贵的味道。由于生活俭朴，太湖渔家日常生活是清俭的。渔家会储备一点糖，但数量有限。很多时候，储备的是红糖，那是作为保健、营养品来准备的。因而，太湖渔家只有在重要的日子里才会制作高丽肉。渔家的这道高丽肉是从哪里学来的？高丽是朝鲜半岛的古国，处于太湖地区的太湖渔家怎么会与高丽有联系？之前说到，太湖大船渔家造船、修船的优质木料，要从东北采买回来，而朝鲜与我国东北地区接壤，也许，在这些活动中，太湖渔家品尝到高丽肉后将其引入了自己的生活。

与有一定年纪的渔家妈妈们聊渔家的饮食时，她们对高丽肉味道的赞美溢于言表，异口同声——“好吃！”只是，现在很少做了，似有惋惜之意。

三、瓜齑

齑（音jī），大意是捣碎的姜、蒜、韭菜等，古时亦指剁切得较细的瓜、菜等。宋人孟元老的《东京梦华录》卷四“食店”有云：“菜蔬精细，谓之‘造齑’。”

它历史悠久，《周礼·天官·醢人注》中就有关于齑的记载：“凡醯酱所和细切为齑。”说的是用呈酸之物、酱料等，将切细的食材腌拌和腌制，既可保存食物，又是赋予食物以风味。“细切为齑”，说明“齑”是对切成细小食材的统称。周朝的宫廷里，还有专做此类菜的人员。

不过，别认为“齑”就此带上了富贵气，在民间，制齑实在是一件平常的事。唐代韩愈专门写了一篇《送穷文》，文中说道：“太学四年，朝齑暮盐。”他在太学读书的4年时间里，每天早餐的小菜就是“齑”，估计是一些切得细小的腌制咸菜。晚饭，只用盐来伴饭，没有些许菜肴。真是寒酸穷困之极。也因此，中国有了“齑盐”一词，来表示人们清贫的生活。清代李庄的《启蒙巧对》中有“齑盐乐，菽水欢”，是通过启蒙教育，要人们安贫乐道。

以这层意思来说，齑在饮食中，表示了迫于生活贫困的一种无奈，在菜肴结构里与风味无关。只不过现实生活中，对生活的无奈与对风味的追求，是绞在一起的两股长索，还将纠缠下去。

其实，苏州的日常生活里，也常用到“齑菜”。如天气炎热，人们没有胃口，于是就跑腌一点青菜梗来伴食，人们俗称“盐齑菜”。其他还有如用雪里蕻、乌笋叶等切细后跑腌，也都属“齑菜”。夏天出汗多，盐齑菜炒毛豆子，可以给身体补充钠、钾元素，可算是一道应时的保健菜。还有如腌制的萝卜丝、乌笋丝、笋丝、鞭尖丝等，都是属于齑菜一类。

瓜齑应为“齑菜”之属，应是用瓜果、根茎之类为原料制作成的，无疑是切得细小的、腌制过的食物。《红楼梦》中有一段：“宝玉却等不得，只拿茶泡了一碗饭，就着野鸡瓜齑忙忙的咽完了。”贵胄之家，吃一碗茶泡饭似乎有些了不得，但百姓家中，开水泡饭是常事。野鸡瓜齑在苏州不是常有之菜，但雪菜烧鱼却是常见的。特别在冬天，就着雪菜鱼冻吃碗热泡饭，一阵咸鲜、一阵清淡，热一阵、凉一阵，风味一波波涌现在舌尖。瓜齑可是名菜，瓜齑的名头不在于它有多珍贵，而是因其实在普通，普通得你触摸不到它的历史源头，也就是没有一件重大的事项让它一举成名，但它又实实在在地与人们的饮食连在一起。瓜齑上得富家的菜谱，也到得百姓家的饭桌，是大家的共同喜好。

齑菜时不时出现在人们的饮食中，原料有菜、笋、瓜、豆、根、茎等不同，风味有咸、蜜、醋、辣等不一，质感有软、脆、韧、酥、水、油等差异。齑菜的丰富性，不胜枚举。

太湖渔家的“瓜齑”是什么样子？主要的原料有3样：萝卜、豆腐干、虾米（开洋）。萝卜切丝，盐腌后控水挤干；豆腐干切丝；虾米泡发至软。将萝卜丝、豆腐干丝、虾米拌匀入味后，用热油一烫，再拌匀即成。

笔者向太湖渔家了解的时候，大家对瓜齑的描述都是相同的。因而可以确定，太湖渔家所说的“瓜齑”，只属于太湖渔家，是太湖渔家饮食中的特色。渔家的瓜齑似乎有我们平常的咸菜炒百叶（千张）、咸菜炒干丝的影子，但添加了虾米，这样的组合似只有在太湖渔家中才有。如果从之前所归纳的太湖渔家饮食特色——腌、干等菜肴较多的情况来说，这款瓜齑菜也能体现一点，只是组合的方式变化了。

瓜齑是太湖渔家的一道传统菜肴，常作为冷菜入席。

四、佮蛋汤

佮，有相合、聚合，还有通力合作等意思。如结交朋友，两个人的性格不同，合不到一起，就会说是佮不拢。如果要通力合作，就是佮起来一道做。不管哪一个，佮均有着合在一起的意思。由此可知，佮蛋汤就是将某些食材合在一起烹制而成的一款羹汤。

太湖渔家的饮食中，佮蛋汤是既普通又考究的一道菜。说它普通，是因为使用的原材料只有鸡蛋、笋。说它考究，是要花功夫将普通的东西做出一定的花样来，且具有美观度。

制作时，首先要将鸡蛋的蛋白、蛋黄分开，各自搅匀后再上笼蒸，蒸成糕状。蛋糕出笼冷却后，先切成2毫米左右厚的薄片，然后切成菱形。冬笋或咸水笋等焯水后，也切成薄片，再改刀成“麻苏片”（渔民称法，即菱形片）。做汤时，先用熟猪油起油锅，加入香葱煸炒出香味，再加入骨头汤作为原汤；汤沸后将菱形的笋片、蛋白片、蛋黄片等一一放入，调味后即成。

佮蛋汤菜品黄白相间，菱形片浸在汤水中；蛋质软而笋片脆，口感清爽；咸鲜口味，汤质不寡。汤中泛着猪油和香葱的气息，色、香、味均衡。

佮蛋汤是鸡蛋和笋片“佮”到一起烹调成的菜。是将普通的食材做“精致”的菜肴，所追求的是食的差异性——与日常的饮食有所区别。在视觉的感受上追求色彩的层次与变化的统一。说实话，从鸡蛋到菱形片的过程，较为烦琐，需要花费一定的时间，有一定工作量。就餐馆饭店而言，这样的菱形片更多的也只能作为菜肴的点缀或配菜，不会作为主要食材。只是太湖渔家的生活环境限制了食材的种类，所以，他们只能通过某些变化，使日常的食材能够物尽其用，并更好地满足宴饮的需要，从而进行生活中的饮食调节。

佮蛋汤含有太湖渔家饮食中对“美”的追求。此菜一般都出现在太湖渔家较为隆重的宴席上。如果有幸遇到了这样的菜、这样的汤，请细细品味。

五、鱼圆子汤

鱼圆子汤，从菜名看已经非常的“渔家”了。太湖渔家说，这是一道家常菜，味道蛮好的。还说，如果来了客人，是不能拿这道菜来招待的。好吃而不能招待客人，这是为什么呢？渔家说：“因为卖相不太好。”也就是说，鱼圆子汤虽味道鲜美，但外观差了些。

文化总是深潜于人们的意识中，不知不觉地影响着人们的行为方式与生活习惯。这道味道还不差的鱼圆子汤，因为菜品外观的原因而上不得台面。其背后是中国传统文化中，“礼”所形成的价值判断、社交评价等，影响着太湖渔家待客、交往时的行为。

太湖鱼圆子汤的主要食材不多，主要有鲢鱼、银鱼、白虾、粉丝。先将鲢鱼去头尾，剔出脊骨，用刀将鱼肉刮成鱼茸；银鱼剁碎，与鲢鱼茸一起拌匀，再加入一定量的盐搅拌；将鱼茸捏成鱼圆，入锅氽烧至断生，鱼圆浮起即起锅备用。白虾是现成的，粉丝用热水泡软即可。做鱼圆汤时，清水入锅，沸后汆入鱼圆、白虾，去浮沫后再放入粉丝，调味后起锅即成。

由于鱼圆子汤中加有粉丝，时间长了会涨发，汤就有点浑浊，因而，太湖渔家就认为卖相不好。可在冬天，一锅热腾腾的汤，对忙于捕鱼作业的太湖渔家而言，有着暖胃暖身、饱腹垫饥的即时功效。

著名学者、作家周国平说过："真正打动人的感情总是朴实无华的，它不出声，不张扬，埋得很深。"鱼圆子汤是朴实无华的，是不张扬的家常菜，深藏在太湖渔家的餐桌上。太湖渔家保持了相互间的尊重、礼敬，保持了渔家纯朴的情感。

六、渔家素肠

太湖渔家有一款菜肴，可以说是名不副实，菜名叫"素肠"。

饮食中，素与荤是对应的。荤菜类多为畜、禽、鱼等；素菜类大都为植物与菌菇类食物，如蔬菜、果品、菌菇、豆类、笋蕨等。以所含蛋白质来分，一是动物性蛋白，一是植物性蛋白。提到"素"，基本就与植物、菌菇等联系在一起。

太湖渔家的这款素肠，却与素菜全无关系。基本操作是先用鸡蛋液制成蛋皮，把猪五花肉剁成肉酱，加姜末、黄酒、食盐等调味，然后，在蛋皮上薄薄地铺上一层肉酱，再将蛋皮卷成圆柱状。接着，用4根筷将其分为四等分，贴压在上面，然后用线绳扎紧。这样，蛋皮卷起的圆柱就不会松开。再上笼蒸熟，取出后改刀切成厚片即成。由于扎紧后4根筷子会压迫到圆柱，在蒸熟定型后，切开的截面就有了海棠花那样的4瓣圆圆的花形。一层黄色的蛋皮，一层粉色的肉酱，还有层层叠叠的螺旋效果，犹如盛开的复色海棠花一样。所以，虽说是素肠，其实一点也不"素"。

渔家素肠在烹制上，虽说没多大的技术难度，而菜品也能做到色、香、味、型俱全。蛋皮透着些干香、蛋香，与肉香和谐地融在一起。咸鲜的口味，老少皆宜。笔者觉得这就是一款太湖渔家的妈妈菜。在安排好全家饮食的同时，如此精心地提升饮食的丰富性与美感，离不开执掌厨房的渔家媳妇和一代代的渔家妈妈们。

渔家素肠这道菜，应是学习得来，并经过变化而成的。陆地的酒楼饭馆或者居民制作的素肠，是用豆腐衣、百叶（千张）等豆制品来做的，这多少还与“素”搭些边。太湖渔家常年生活在水域，不能经常采买豆制品，而蛋——鸡蛋、鸭蛋，可存放一段时间，因而，用蛋皮来代替豆制品。太湖渔家饮食上的这种借鉴与变化，乃至融合外来饮食的这种能力，是太湖渔家生存与发展的不息生机决定的。

七、红烧整（全）鸡

整只烹制而成的禽类菜肴应是较多的，苏州菜中如烧鸡汤、三件制等均是整只烹制，还有如油鸡、燠鸡等，亦是整只菜肴。再如鸭类菜中的母油船鸭、八宝葫芦鸭等亦是整只烹制。太湖渔家传统菜肴中的这只红烧整鸡，是如何烹饪的呢？据说，有些渔家婚宴中要用到此菜。

红烧整鸡在烹调技术方面，并不是很难很繁复，与一般的红烧菜相仿。因一次烧整鸡，得用大锅，所以，对火候的控制就要极其当心。否则上下受热不均匀，会出现烹制过头或未到位的情况。冬天婚宴时，可将鸡烧成后再复蒸加热。笼架可码多层，一次性全部蒸好。考究的也可现烧后焐在锅中，待时取出。

既是婚庆宴席上用的大菜，则必须有一定的仪式感。红烧整鸡上席，不只是简单地将鸡往盆中一放，还要配搭辅材方可。听太湖渔家讲，红烧整鸡要铺蛋皮丝。即鸡蛋制成薄皮，再切成丝；然后将黄色的蛋丝铺垫在盛器里，如一个“鸟巢”一样，再将鸡放上去。如此，金黄色的蛋丝上，盛放着一只酱红的整鸡，确实有视觉的冲击效果。不由得想到那句“满城尽带黄金甲”，脑中映现那种由饱满的金黄色带来的辉煌场面。太湖渔家这一盆铺着金黄色蛋丝的红烧整鸡，以一种“铺张”的形式呈现出隆重仪式感，成为婚宴的一道大菜。

八、明月参

明月参也是太湖渔家婚宴中的一道必备的菜肴。菜名很有诗意，让人想起“海上生明月，天涯共此时”的诗句来。在欢庆的时刻有这样的情思，定是重情义又重乡土的人。

明月参主要的食材是海参。之前说过，太湖渔家办婚事，要到附近镇上的南北货店采购食材，其中就有海产品，如海参、干贝、开洋等。明月参这道汤菜中用到的海参、干贝，都是干货，要提前预制才可使用。还有蘑菇、香菇、面筋等作为辅料。各类食材预制后均要切成片（段）、或撕成丝备用。明月参是汤菜，因而，须加些高汤调配，然后把食材逐一放入锅，烧沸便成。因有干贝提味，汤质醇而咸鲜，菌菇的香气衬托着海参，使入口的海参也有了鲜香醇厚的味道。加入的面筋吸收了汤水，有了更为可口的风味。

海参是珍贵的食材，在“八珍”之列，具有较好的食养价值。太湖大船渔家在婚庆时，必要有这样的海味入肴，以示隆重。而搭配的食材——那些菌菇、面筋就显得有些家常，好像背离了“门当户对”的组合原则，但这不影响太湖渔家的一份诚意。珍品与常物合在一起，真实地体现了太湖渔家生活的质朴，以及生活环境的局限性。渔家在举办婚宴这样的大事时，在力所能及的范围内，只要是能够采买到的食材，都会购买回来。让婚宴菜肴尽可能地丰富、充沛。如何更好地搭配、更精致地烹调，对于忙于捕鱼作业的太湖渔家来说，多少会有些力不从心。不计成本地购买海鲜，这样的善意的表达成为渔家无声的话语。

第五节　太湖渔家的糕点

苏州是鱼米之乡，苏州的米，衍生出丰富多样的苏式糕点、苏式小吃。苏州古城里、乡镇间，不仅有丰富苏式糕点，还有许多风味特色小吃。太湖渔家虽生活在船上，主要活动在水中央，饮食中依然如江南人一样也喜食糕点，由此有了些太湖渔家风味的独特糕点。形、色、味俱全，蕴含美好意愿的糕点，成为太湖渔家生产、生活中离不开的食品。

一、太湖渔家糕点的寓意

太湖渔家在日常饮食中，或者某些特定的活动时，都会制作糕点。有些饮食习俗与糕点品种与苏州的相一致，如元宵节吃汤圆、清明节有青团子、端午节吃粽子等。还有一些，则是与渔家的生产、生活相结合，如造船、祭祀等活动中，所要具备的糕点，常常有太湖渔家的特色。这些糕点不仅品种风味多样，还寄寓着太湖渔家的心愿。

太湖渔家新船造成，即将下水时要举行一场庆贺仪式，会供奉一些食物。其中有馒头，有糕点，“还有一个聚宝盆，……盆里堆放用米粉捏成的鲤鱼、石榴、佛手、桃子、万年青、竹笋等实物”，这些具象性的糕点极似苏州船点。只是用在太湖渔家新船下水的仪式中，也就蕴含了太湖渔家的文化寓意：石榴表示着红红火火，多子多福；佛手表示着福气、力量；桃子表示着吉祥、长寿；万年青意为大吉大利、阖家团圆、国泰民安；竹笋代表着新的开始，蓬勃发展、节节高。这样的糕点，在具有一定的技艺与形式的同时，还与太湖渔家生产活动及精神意愿密切相关。让具象的糕点说话，让多姿的糕点表达，这是太湖渔家糕点丰富性、艺术性的表现。列举如下。

定升糕：又称定胜糕，是一物两名。定同锭，锭，是糕的形状，代表了金锭、银锭等金银钱物；升，即不断提升、增长。意为利好绵延，钱多财雄生活富裕。定，是定心、安稳；胜，顺利、成功。意为功业必成，一定成功。故而两个名称都寄托了美好的心愿。苏州习俗，在造房、造船、乔迁等过程中，必购定升糕馈赠亲友和相朋，表示在新的起点（阶段）中，家业、事业、学业、商业等一定能诸事顺畅，获得成功。

糖元宝：糖，甜蜜之意；糕点做成元宝状，表示钱财、富足。因而，糖元宝就有了恭喜发财、甜蜜圆满等意思。

蜜糕：蜜，指甘甜如饴；“糕”音谐“高”。蜜糕有甜甜蜜蜜、感情融洽、高高兴兴、生活美满等意。

米花团：吴语“米花”音谐“眯花”，即眯眼笑之意。是一种高兴的状态。意为喜庆欢心、畅怀舒心、心满意足等。

红米饭：即米中拌入红赤豆。因“红”与“鸿”“洪”音谐，故红米饭有鸿运高照、洪福齐天等意。

馒头：蒸制时，因涨发，馒头变得高、大，有了不断发展壮大、步步高升等美好寓意。

云片糕：苏式糕点之一，以糯米为主料，加入白糖、果仁等多种辅料做成，色白香甜，长条形，条切成片，透出白云之状。故而有平步青云、不断提升等意。

这些是形、意结合的糕点，还有因包装而来的名称，如袋袋糕[11]。旧时，太湖渔家在定亲时送盘，礼物中会有糕。盘中之糕不是裸放的，太湖渔家会将糕放入彩印着“八仙”图案的纸袋里，俗称“袋袋糕”，音谐“代代高”。中国的“八仙”文化，有着深厚而丰富的内涵，八仙是民间信奉的、仙界的性情人物。八仙的图案，有着吉祥如意、中庸和美的意蕴。因而，生活中常会请“八仙”来共庆同贺，送上最美好的祝愿。

二、丧礼中的五色团

太湖渔家哀悼文化中，如清明时节上坟，要“用米粉做成红、黄、青、白各色小团子用竹子扦插在坟上”[12]，让群儿哄抢，称“抢七色团”[13]。旧时，

11　《灿烂的吴地鱼稻文化》，杨晓东著，当代中国出版社，1993年12月，第93页。

12　《吴县水产志》，《吴县水产志》编纂委员会编，陈俊才、唐继权主纂，上海人民出版社，1989年10月，第323页。

13　《灿烂的吴地鱼稻文化》，杨晓东著，当代中国出版社，1993年12月，96页。

人们认为抢得越快，亡者往生越快，亲人的转运也会很快到来。为什么太湖渔家要在清明节上坟祭祖这个特定的时间做五色团子？可能与中国文化中传统的“五行”观有关。五行关系中有着阴阳的演变，关乎世界万物的形成，这是远古时中国先人对世界的观察与认识。《孔子家语·五帝》写道：“天有五行，水火金木土，分时化育，以成万物。”太湖渔家在清明上坟时，将糕点做成五种颜色，是否期待着“分时化育”，让故人超度新生？

生活是创造的源头。这些糯米粉制成的多种颜色的团子之中，融入了渔家的现实生活、精神世界。如果能更多地接触太湖渔家的饮食，了解太湖渔家的饮食文化，就会对生活在那一泊湖水中的苏州太湖渔家有更深切的了解。

三、太湖船娘五彩团

冬至，在苏州是一个重要的日子，是不能忽略的节庆。“冬至大如年”是说苏州的冬至的隆重程度，不亚于春节过年。

太湖渔家在冬季这段时间，是非常忙碌的。但依然会过冬至节，过得实实在在。如何实在？看看太湖船娘五彩团就可知一二。

糯米粉做的五彩团子，并不是用五彩的糯米做的，而是在白糯米粉中，添加了不同颜色的瓜果蔬菜汁，从而使糯米粉变得多彩起来。颜色大致有红、橙（黄）、绿（青）、紫等。如红色是加了胡萝卜汁，黄色是拌入了南瓜茸，绿色是加入了苋菜、菠菜液，紫色是和了紫薯泥，白色是糯米的本色。太湖船娘五彩团每种颜色的馅料都是不同的，有甜味，有咸味。咸味的有肉馅、萝卜丝馅、荠菜豆腐干馅等，甜味的有豆沙馅、芝麻、百果馅（核桃仁、枣仁、瓜子仁、花生仁等等）。时不时也会用太湖鱼虾做个馅，也就多出几种风味。

做糯米粉也有讲究。要将糯米洗净后，先用一天时间来浸泡、涨发，让糯米的支链蛋白结构变松散。再将浸泡后的糯米磨成粉，苏州称为“水磨粉”。然后待粉沉淀，滤去水分，才能成为干湿相宜的糯米粉。这样做出来的糯米粉是细柔的，它的黏性经水浸泡后，得到了适当的调节，也就显出它的轻柔来。做成的五彩团要沸水入锅，待团子浮起即成。太湖船娘五彩团属于汤团类，汤团的口感要滑、糯，视觉上要透、润。

盛在碗里，五彩团闪着水光，表皮是透明的。水润的五彩团闪着明亮的光泽，团子表面有如琼脂般通透，透着植物的色调，透着自然的情调。每一只团子都是如此鲜润，似清泉里升起的彩珠。咬一口，团子接触唇齿的这一瞬，满满的水润感。糯米经浸泡之后，形成一层透明粉层，展现出水滑的特点。咬下去还是有糯米的黏性，只是多了一分细腻与绵软。除了馅料的风味，粉的质地、特点，也是糯米团子好吃的重要因素。所以说有好粉，加上好的制作技艺，才会有好的糯米团子。

太湖船娘五彩团是有点奢侈的。冬季，是太湖渔家最繁忙的捕捞季节，将宝贵的生产作业时间用来做如此繁复的五彩团，不得不说，太湖船娘五彩团含着有一份对于天地自然庄严而崇敬的心。没有影响人们生活、思维方式的民族（俗）文化，没有对于家族、家庭的美好期待与祝愿，这样的美食习俗，是难以一代代流传下来的。

天地自然在复苏，人的身体也在觉醒。觉醒的过程中，身体需要有相应的物质能量补充，现代营养学和中国古代的养生保健中都有这样的主张。太湖船娘五彩团中，谷、果、蔬、肉均衡搭配，无论是传统的“五色”“五味”，还是现代的营养结构，五彩团都符合了均衡的要求。

有人说，从太湖船娘五彩团中可看到清明时节那串五色团的影子。这是源于同一文化背景里的不同表现样式。以文化创新的视角看，五彩团还有更大的发展潜力。因为它基于悠久的稻作文化，反映了苏州的饮食风味和太湖渔家的生活，又极具美感，有充饥、营养、休闲的饮食功效。如此一来，有着物质与文化两翼的五彩团，飞翔只亟待一个时机。

四、渔家萝卜丝团

远溯6000年前，苏州利用水的优势，加上通过多种水利工程（沟、渠、蓄水池等）的建设，为水稻生产创造了良好的条件。从而使苏州这一方土地，在历史上有了“苏湖熟，天下足”之誉。在不断的培育下，苏州有了无数的稻谷品种，明代苏州人黄省曾撰有《稻品》一卷加以记载。稻的广泛种植与食用，推动了苏州稻谷食品的发展。苏州的苏式糕点大多以稻米为原料，展现了苏州“饭稻”的丰富多彩。

团子，以糯米粉制作而成的一种食品。太湖渔家也做团子、吃团子，当然，是有太湖渔家风味的团子。就说这个萝卜丝馅的团子，萝卜丝馅不像新鲜萝卜丝那样脆嫩，而是口感有些粗韧的。馅料的味汁饱含在萝卜丝里面。所以，舌尖就会产生“索源”反应，也就是追寻味的源头。渔家萝卜丝团子的馅汁会随着咀嚼不断泛出。它不像新鲜萝卜那般，一入口，味道就尽然展现，还有一些辛味。渔家萝卜丝团子味的表达，是内敛的，是有层次的、柔和的味的呈现。

太湖渔家靠岸时必定会采购很多东西，以备船上生活、生产之用。因而，像萝卜这样的蔬菜，一次也会买很多。量多了就需要储存，于是，就将“干制”法运用起来。将萝卜切成丝、晒干。需要食用的时候，用热水一泡，软化一下就可以烹调了。

新鲜的萝卜丝经太阳晒、湖风吹，水分蒸发了，成了萝卜丝干。而晒的过程中，萝卜内含物质也在变化着、转化着，形成新的物质，产生了新的气息。有人说，这是“太阳味”，只有在太阳的照射下，在光、热、氧的作用下，才会形成的一种气息。晒干的萝卜丝在用来做馅、做菜前，先用开水泡一泡。就像被唤醒了一样，这些干缩的萝卜丝纤维便会柔软起来，但并不娇嫩。沥干水分，加入调味汁或其他馅料，这些新的汁液就会渗入萝卜丝中。这一过程中，干萝卜丝会像贪吃的饕餮一样，将味汁吸入体内。

因为萝卜丝增加了韧劲，所以就有了咬口嚼头；因为萝卜丝干饱吸了味汁，所以吃团子时，味道就会在咀嚼时源源而出；因为经过了干制，新增了更加多样的气息，渔家的萝卜丝团子，也就有了渔家的味道。这样的风味，对渔家来说是那么的平常，对我们而言，只能是难得的偶遇吧。不过，太湖渔家萝卜丝团还是可以大众化的，回去后晒一些萝卜丝来做团子馅，就能重温渔家风味了。

听太湖渔家说，大的萝卜丝团子直径有8寸到1尺，非常好吃。真想象不出，吃那样大的团子是怎样的一种体验。渔家说，因为团子大，所以做的时候，先要将糯米粉蒸熟，然后才能做。如果按一般方法蒸，因糯米粉厚实，里面就可能蒸不熟。并且，蒸熟后，太烫了会下不去手，冷却了糯米粉又要变硬，导致无法做团子，所以，必须将蒸熟的糯米粉温度控制在一定的范围内才行。

五、针口鱼馄饨

针口鱼本是小鱼，用它来做馅料，必定是很费功夫的，所以，要吃这样的馄饨还要定制。处理针口鱼，先要去除头，然后取出鱼肠，再将鱼拍扁，接着去除鱼的龙骨（脊骨）和鱼尾。如此只留下针口鱼净肉，再斩成肉末。配料用猪肋条肉，因其肥瘦参半，做成馅料的质地会具有一定的油润度。肋条肉可用新鲜猪肉，也可用咸肉；听渔家说，传统做法大都用咸肉，其味道有与新鲜肉不一样的鲜头。鱼、肉比例大致在7∶3之间。因混有猪肉，馅料的质地就会有紧实感，两者调配，紧实中还保持着柔软的质地。

可能，做一份银鱼馄饨，就可省时省力些，对鱼的处理相对方便些。只是风味，总是在独特性中显现，之前介绍中讲到，针口鱼本身富含油脂，所以，针口鱼馅料所呈现的味质，必定也是腴嫩的。当然，要品尝到这样的“功夫”馄饨，除了定制还得有缘。“功夫”在渔家饮食中还有着不一样的奢侈。

六、米花团

米花团是用糯米做成的团子，在馅料外面裹上糯米后蒸熟即成。米花团也有多种颜色，这是因糯米粉中加入了蔬果汁调和而成。米花团的馅料丰富多样，如咸味的有鲜肉馅、萝卜丝馅、鱼茸馅（如以白鱼茸为馅）

等，甜味的有赤豆沙馅、芝麻馅等，还有复合的口味，如油酥馅，那是在米粉中加入油、糖、盐等调配而成。米花团外面裹的糯米要先经浸泡涨发，太湖渔家说，一般只需10分钟即可。泡过的糯米带着一定的水分。将包好馅的糯米团子在湿糯米上一滚就可上笼蒸熟。

七、红橘团子

红橘团子也是用糯米粉做成的，其造型、色彩如太湖边山上生长的橘子。做时在糯米粉中加入适量的食用红色素，加入开水调拌均匀，将糯米粉捏成扁圆形团子，然后，用木梳在团子上压出印迹，就像橘子紧裹着橘瓤一样。橘子顶部可点缀两片翠色的叶子。喜庆的日子，如新媳妇回门时，红橘团子都会出场亮相。

第六节　太湖渔家的其他食品

其他食品是指除了粮食、菜肴、糕点之外美食。人们在日常生活中也会吃到这些食物，如水果、糖果等。只是，这些食品常在太湖渔家的饮食、会宴等仪式之中亮相，承载了太湖渔家的饮食文化，便多了一层意蕴。

太湖渔家之前用的蜜饯、糖果等都是苏州地方产品。因为苏州食品具有独特的制作工艺、美好的风味和优良的品质，故而冠以“苏式”彰显特色。

一、苏式蜜饯

苏式蜜饯是界于南方潮汕蜜饯、北方京式蜜饯之间的一种特色蜜饯，以酸、甘、咸的复合味型风味为特点。据说传统苏式蜜饯有160多个品种，如奶油诂梅、金丝蜜枣、白糖杨梅、九制陈皮、大青梅等，都是代表性的苏式蜜饯品种。

太湖渔家在婚宴上，一般会用到12种蜜饯，大致有冬瓜糖、大青梅、奶油话梅、糖佛手、苏橘饼、金橘饼、橄榄、杨梅干、山楂、金丝蜜枣、九制陈皮、桃爿等。下面做下简介。

（一）青梅、话梅

青梅、话梅都是苏式蜜饯之一，制作原料为新鲜梅子。苏州是梅花产地，明代苏州的文徵明在太湖边的山峦中访梅寻梅，写下这样的见闻：“玉梅万枝，与松竹杂植。冬春之交，花香树色，蔚然秀茂，而断崖残雪，上下辉映，波光渺弥，一目万顷，洞庭诸山，宛在几席，真人间绝境也。”太湖边的光福、西山等处，都有成片梅林。苏州的植梅历史悠久。清龚时珍《病梅馆记》中，亦提到过光福邓尉山的梅花。清顾禄在《清嘉录》中记道：“暖风入林，元墓梅花吐蕊，迤逦至香雪海，红英绿萼，相间万里，郡人舣舟虎山桥畔，襆被邀游，夜以继日。”描写了梅花盛开之时，苏州城里人到光福观梅赏花的情形。

因而，冬春之交时赏梅花，到入夏便有梅子可采。梅子没有完全成熟时色青，称青梅，此时可采摘下来制作苏式蜜饯，如青梅干、大青梅、奶油话梅、加支梅、甘草梅、紫苏梅、脆梅、口香梅、盐津梅……

大青梅是鲜青梅用糖蜜渍后制成的苏式蜜饯。青梅含有较多果汁和水分，质脆，色青黄，口味甘酸。经蜜制后酸味大减，甜度较高，口感脆爽。奶油话梅口味为甘、酸、咸的复合味。咸梅坯通过清漂拔淡后，要经过一定时间的甘草水浸渍，因而甘味深入梅核，使话梅不仅果肉具有甘酸之味，果核也能长久地回味。以往有些人乘车会晕车，上车时含一枚奶油话梅在嘴里，甘酸味就可减轻晕车的症状。青梅、话梅等都是苏式蜜饯中著名的小吃，还具有醒胃健脾、促进消化、提神解乏等功效，是人们休闲、茶食常备食品。

（二）糖佛手

制作糖佛手的原料并不是佛手果，而是胡萝卜。胡萝卜经剖切、成形、预制、糖渍和烧煮等工艺，制成的糖佛手色泽金黄透亮，剖切的果条似五指，因形如佛手果而得名。食材虽然普通，因有了工艺的注入故而就有了别样的风味，糖佛手橙红的色彩，亦为宴席添了一份喜庆、甜蜜。

（三）糖橘饼、金橘饼

橘树栽培在苏州有着悠久的历史。就说唐代的白居易到苏州为官，亦常在太湖及周边山峦寻访名胜。他有两首诗都写到了太湖沿湖山、岛上的橘子。其一："水天向晚碧沉沉，树影霞光重叠深。浸月冷波千顷练，苞霜新橘万株金。"树影、霞光、月影、冷波、新橘等一串视觉影像让白居易十分惊喜。其二是《拣贡橘书情》："洞庭贡橘拣宜精，太守勤王请自行。珠颗形容随日长，琼浆气味得霜成。登山敢惜驽骀力，望阙难伸蝼蚁情。疏贱无由亲跪献，愿凭朱实表丹诚。"白居易精挑橘子，送给长安的皇家尝鲜，以"表丹诚"。将具有地方特色风味的土宜献给皇上，虽不贵重，其心可嘉。白居易实在会做官、做人。

糖橘饼、金橘饼都是用苏州太湖边出产的橘子、金橘做成的苏式蜜饯。将橘子四面剖开，取出里面的果肉，经制坯等工艺后，再要多次用糖烧熬、用糖汁浸渍，才能使橘果内达到一定的含糖量，烧熬冷却之后蜜果干燥无糖汁，裹上白砂糖粉后，即成橘饼、金橘饼。苏州的橘饼又称"苏橘饼"，大多以生长于东山、西山的"料红橘"为原料制作，成品皮色橙红，橘香满盈。金橘饼多以地产"金弹"品种为原料制成。

经过蜜制后，橘皮中含有的苦味消失了。但它们依然具有一定的食养功效，如具有开胃消食、理气解郁、止咳润肺等功效。如今生活条件越来越好，甜食有点过多，所以还是要适当控制。糖橘饼、金橘饼作为苏州传统风味小吃，还是蛮有特色的，还可用来开胃消食。

（四）橄榄

苏州不产橄榄，与橄榄的联系却十分紧密。过年时节，泡的茶里要放枚橄榄，称为"元宝茶"，借其清香回甘。橄榄上市后，人们还会专门买些来备着，随时泡一杯橄榄茶当作茶饮。苏州太湖边的光福舟山村，现在是核雕之乡，手艺人在小小的橄榄核上施展技艺，一把刻刀能将人物、山水、故事等等通过不同的技法形象地表现出来。所以,在苏州用橄榄来做蜜饯,似乎是自然而然的事。

苏式蜜饯中的橄榄品种多种多样,甜橄榄、甘草橄榄、敲扁橄榄、盐津橄榄……其味或甜,或咸,或咸甜兼有,都在橄榄的清香中变着花样。太湖渔家的婚宴上,一般用甜橄榄、甘草橄榄,取其甜香之味。橄榄有清热解毒、利咽化痰、生津止渴、除烦醒酒的功效。如小时候喉咙痛,只要不发烧,用三分钱买一包咸橄榄来泡水喝,就能缓解喉咙的不适。

(五)杨梅干

杨梅干也是苏式蜜饯之一,是用太湖边产的杨梅做成的蜜饯。6月,苏州地产杨梅陆续上市,品种较多,如乌梅种、大叶细蒂、小叶细蒂、绿阴头、浪荡子、石家种等十几个品种。颜色上除了乌紫色,还有紫红色、白色。20世纪80年代初,笔者在东山还有幸遇到过农民称之为"桃红杨梅"的品种,其色粉红如桃花,果形较小。农人说:"老树种,小果卖不出去,自家留着吃吃。"确实,尽管小,吃口依然鲜洁、甘甜,水头足。不知此品种如今是否还在,真可收藏进"吴中珍果博物馆"。

杨梅是我国原生物种,太湖地区是著名的杨梅产区之一。明代王鏊《姑苏志》称"杨梅为吴中佳果"。明代田汝成《西湖游览志余》载:"宋时,梵天寺有月廊数百间,庭前多杨梅、卢橘。苏子瞻诗云:'梦绕吴山却月廊,杨梅卢橘觉犹香。'客有言闽广荔枝,无物可对者,或对以西凉葡萄。予以为未若吴越杨梅也。可正平诗云:'五月杨梅已满林,初疑一一价千金。味方河朔葡萄重,色比泸南荔子深。'则古人亦有举而方之者矣。"明代文震亨《长物志·蔬果》载:"杨梅,吴中佳果,与荔枝并擅高名,各不相下,出光福山中者最美。彼中人以漆盘盛之,色与漆等,一斤仅二十枚,真奇味也。"可见吴中杨梅之誉。清沈朝初《忆江南》道:"苏州好,光福紫杨梅。色比火珠还径寸,味同甘露降瑶台。小嚼沁桃腮。"

苏州用梅杨做蜜饯由来已久,明沈周《熏杨梅》诗中道:"摘落高林带雨枝，碧烟蒸处紫累累。肉都不走丸微瘦，津略加干味转滋。鸟口夺生鲜恐烂，龙睛藏熟久还宜。珍餐品作杨家腊，报寄须当费我辞。”杨梅蜜饯种类多样，如杨梅干、清水杨梅干、白糖杨梅干等均有风味。杨梅具有消食、除湿、助消化、止泻、利尿等保健功能。民间常用杨梅泡酒，用来治痢疾。杨梅干酸甜适中，具有果香，亦能生津止渴、消暑解烦。

（六）糖山楂

山楂不是苏州地产果品，苏州人从外地进坯后，再制成各色苏式山楂蜜饯，品种如甘草山楂、盐津山楂、甜山楂等，都是甘、酸、咸的口味。加工时，有的要居缸泡泡甘草水，有的要用糖熬煮多次，工艺因山楂蜜饯品种而定。

山楂味酸，蜜饯制作中会去掉较大部分酸味，然无论哪一种山楂蜜饯，酸味依然存在。这种酸酸甜甜或者酸酸咸咸的味道，是能够生津开胃的，也有助消化。

（七）冬瓜糖

冬瓜糖的做法大致是将冬瓜去皮、去瓜瓤后，切成长10余厘米、宽约3厘米的条状。然后放入蚬壳灰水中浸泡10多个小时捞出，再清漂至白色，如此冬瓜条坯就有了骨子，在之后的加工中不易变形；再水煮1小时，捞起滤水之后将冬瓜条放入浸缸，在上面撒上一层白糖，让糖分慢慢置换出冬瓜条中的水分，让冬瓜条“吃糖”。如此操作前后要十几次，之后是糖熬，这步骤主要是将冬瓜条吸入的糖液中的水分蒸发出去，大致经过3次之后，糖液达到一定浓度，冷却后糖液会凝结。此时，再将冬瓜条裹上糖粉，从而使一条条冬瓜糖不会黏在一起。苏州的八宝饭中，也要加入冬瓜糖。

冬瓜糖是一种传统的风味糖果，冬瓜除了含有一定的蛋白质、碳水化合物、维生素、矿物质元素等营养要素外，还能够润喉去燥、化痰止咳、利尿消肿、清热祛火。这样的保健功能，使小吃变得重要起来。

（八）蜜枣

苏州的蜜枣习称金丝蜜枣，是苏式蜜饯的代表性产品。

苏州虽不是枣乡，但也产枣，品种还不少，如有白蒲枣、马眼枣、秤砣枣、赤枣、水团枣、野桂圆枣等等，其中白蒲枣产量最多。马眼枣是著名的枣品种，只有在东山镇的三山岛上才有种植，其种植历史可追溯到北宋。

苏州一般都用白蒲枣制作蜜枣，其果呈椭圆形，大小均匀，果表平滑无沟纹，果皮绿白，是制作蜜枣的良材。首先，要在白蒲枣身上剞刀，过去的吴县花果食品厂要求每粒枣果表面要剞120多刀。一方面，剞刀后便于糖液入枣，再一方面，成品枣皮上就会出现致密的、黄色透明的线条，故而被称为"金丝蜜枣"。剞刀后，按果形大小分类，烧制时便于统一火头大小、时间长短。清洗后入锅烧煮，同时加入白糖。经急火、文火交替，一次次按要求添加白糖，直到枣子达一定含糖量后起锅，沥去糖液后进入烘焙阶段，进一步蒸发枣内水分；然后进行整形、复烘，蜜枣就做好了。此时蜜枣质地脆松，可以储存较长时间。这样的金丝蜜枣入口沙酥，吃口甜糯。苏州人还常将蜜枣作为其他食品的辅料，如放入粽子，称蜜枣粽，八宝饭里也要放入去核蜜枣。

枣的营养功效广为人知，它含有蛋白质、碳水化合物、矿物质、维生素、微量元素。枣的状态不同，人们食后的营养功效会有差异，如红枣、黑枣、鲜枣等，每一种都有各自的食养、药用功效。蜜枣具有补益脾胃、养心安神、滋阴养血等功效，好处多多。加上有甜蜜的口感，精致的工艺，因而深受人们喜欢。

（九）九制陈皮

苏式九制陈皮旧时曾被作为贡品进贡。其用材为产于苏州东山、西山的橙子。剖开橙子取出橙瓤，然后对橙皮进行加工。先用锋利的钢刀（长约15厘米，宽约6厘米的扁薄刀，锋口淬钢）将橙皮的表皮片下，要求不能带有下层白色内皮。因橙皮有圆弧，故片下的表皮如大拇指的头节大小。经过一系列制作工艺，成品九制陈皮色泽黄亮、片薄而匀（吴县花果食品厂的九制陈皮成品，因片薄故放在手心会因受热而两侧卷起，曾是出口产品的实物标样），味甘、咸、辛复合（辛味有而不强），具橙香、陈香、甘草香。陈皮有生津止渴、理气开胃、消食健脾、提神醒脑等功效，是保健佳品。

二、其他食品

太湖渔家的婚宴，新郎、新娘家要尽心接待宾客，新郎在接新娘的亲朋时，待客礼数更加周到。在饮食方面也希望能够做得更好，因而，食品必定是丰富的。除了上面说到的蜜饯类食品之外，还有糖果、糕饼、干果、水果等。在此仅列一些食品名称，以备查考。

糖果类主要是苏式糖果，如有花生糖、芝麻糖、粽子糖、丁果糖、囱管糖、寸金糖、牛皮糖、酥心糖、胶切片……后来，有了西式糖果，如各种硬糖、奶糖等。太湖渔家宴席上，一般摆放12只盛装糖果的“碗”。糖果有甜蜜、喜庆之意，用以待客，最合适不过。

糕点类主要是苏式糕饼，后来有了一些西式饼干、糕点。主要品种大致有方糕、椒桃片、绿豆糕、酥糖、云片糕、小桃酥、麻糕、橘红糕、玉带糕、鸡蛋糕、大光明饼干、鸡蛋卷……宴席上，一般也是放12只“碗”。“糕”与“高”谐音，有高高兴兴、步步高升等寓意。装在“碗”中，也要摆成塔状造型，层叠起来。宴席中摆放的这些糕点，可使宾客们在宴前填饥。面对这么多糕点，遇到喜事节庆人们高兴参加，也是理所应当。

水果类有橘子、桂圆、荔枝、香蕉、苹果、甘蔗、西瓜、菱芰、荸荠等等，太湖渔家婚宴中一般是选4样摆放。原来，太湖渔家大都在冬季举办婚礼，再加上水果也没有如今这样品种多，因而，地产的菱芰、荸荠、莲藕等具有水果性的水生植物，也用来当作水果。其他则是如橘子、苹果、香蕉、甘蔗等冬季在苏州市场供应的水果。

干果类有核桃、长生果、南瓜子、香瓜子、桂圆干、荔枝干等。婚宴时，这些干果装盘后与糖果摆放在一起，因而，在“碗”的数量上，常会一起计数。

糖茶。太湖渔家的许多活动中都有糖茶出现，如新娘进入洞房后要喝糖茶，赕佛时女眷、小孩也会在宴饮时喝糖茶，“上岜”饮食时，妇女、儿童也有糖茶喝。这个糖茶是什么茶？原来是用桂圆干冲泡的茶饮。因桂圆含糖分，调配时再加入一定的红糖，故而就有了糖茶之谓。

第七节　太湖渔家的宴席菜单

聚集、交流是人的社会性特点之一。相聚必然会有饮宴的需求，并由此进一步加深交往的情感、人与人之间的关系。曹操在《短行歌》中除有“对酒当歌，人生几何”的感叹外，还有“契阔谈宴，心念旧恩”的相逢情思，可见欢宴可增强人与人之间的情感。太湖渔家的生活中固然有宴会宴席，在太湖船菜餐饮兴起之后，“太湖渔家宴”更加纷呈，每一家经营太湖船菜餐饮的酒店酒楼，都有各自的太湖船菜宴席。

一、太湖渔家婚宴菜单

之前，太湖渔家举办婚宴均在罛舟渔船上，不会去酒店饭馆中举宴。婚宴、婚礼期间所用到的丰富的菜肴食材，均要在婚礼之前自陆上采购。因为在举宴的过程中，渔家很难中途再上岸去采购东西。加上婚期前的准备、婚期中的各项饮宴、上花坟等饮食活动，因而，备材相当丰富。

不同规模的渔家婚宴中菜肴的数量不等，太湖大船渔家婚俗，最起码要有36只“碗”，即36道菜肴，总体上太湖渔家婚宴的菜宴是丰盛的。至于有百余道菜肴的婚宴，应称之为盛宴。只可惜笔者在走访中，没有收集到如此齐全的太湖渔家婚宴菜单，只能笔录在此，待以后有缘补充。

这里的婚宴菜单，除了菜肴之外，还将在婚宴上必须用到的水果、糖果等一并记录。因为这些食物也是婚宴食品的组成部分，体现着太湖渔家婚宴的饮食风俗。这里只能就基本的情况进行记录，或者说只是举例。

（一）“吊角盆子”

在大桅、头桅的船甲板上设宴，渔家宾客陆续来到后，会在筒基板四周围坐入席，筒基板船舱的盖便是太湖渔家的婚宴餐桌。筒基板四周放置的诸般食物，称“吊角盆子”。这是宴前“热身”阶段食用的一些食品，大致有水果、糖果、蜜饯、糕饼等，例如：

水果，用4品。一般有橘子、甘蔗、香蕉、苹果、菱、荸荠、藕等品种，后来，渔家搬至陆地生活，举办婚宴的时间不集中于冬季，因而随着举办时间季节变化，水果品种也更加丰富。

糖果，用12品。有花生糖、芝麻糖、粽子糖、丁果糖、囱管糖、寸斤糖、牛皮糖、酥心糖、胶切片等，这些大都是苏式糖果。后来，西式糖果出现，就增加了各种硬糖、软糖品种。如今还有巧克力等各类喜糖组合套装。

干果，搭配在糖果中。有核桃、长生果、香瓜子、南瓜子、荔枝肉、桂圆肉等。

蜜饯，用12品。如冬瓜糖、大青梅、话梅、糖佛手、苏橘饼、橄榄、杨梅干、蜜金橘、糖山楂、蜜枣、九制陈皮、柿饼等。这些大都是苏式蜜饯。后来，市场出现了单独包装的潮汕式蜜饯，又增加了一些新的品种。

糕点，用12品。如方糕、桃胶片、绿豆糕、麻酥糖、云片糕、小桃酥、麻糕、鸡蛋糕、大光明饼干、蛋卷、橘红糕、玉带糕等。这些大都为苏式糕饼。当然，随着时间的推移，糕点类食品品种也会与时俱进，可选的品种也会更加丰富。

（二）排茶

在“满月酒”时，新娘与父母亲朋来到新郎家参加宴会，宴前有“排茶”暖场，除了茶饮，还备有米花团、定胜糕、黄金糕、肉馒头4品。

（三）正宴

婚宴开始，大都按冷盘、炒菜、热菜、大菜、汤菜、点心的顺序而上菜。太湖渔家婚宴中出菜，要按“成双作对”的原则，即一菜一汤一起上。

冷盘，用16品。如白切猪肚、白切猪肝、白切猪心、猪头糕，白切羊肉、五香牛肉、油氽虾片、糖醋排骨、火腿肉（片）、香肠、白斩鸡、白鱼干、糖醋爆鱼、松花皮蛋、糖水红枣、苏式肉松、葱油海蜇、油氽花生等。冷菜内容可以变化，但数量上必须有16品。

炒菜，用16品。其中有新菜、老菜之分。新菜有炒蹄筋、炒干贝、炒虾仁、明月参、炒蘑菇、炒香菇、炒木耳等。老菜有炒鸡丁、炒鹅块、炒肉片、炒肉丝、炒鱼块、炒腰花、炒猪心、炒什锦、炒三鲜（鱼圆、肉皮、肉圆）、炒肚子、炒素肠、高丽肉等。还有一些炒菜荤素搭配着炒，如笋片炒肉片、韭芽炒肉丝、荸荠炒腰片、冬笋炒牛肉丝等，这一类搭配的菜肴数量很多。

热菜，用16品。在笔者走访过程中，了解到一些老渔民将有些热菜也归在炒菜类，统称为热炒。也许在他们的概念中，这些都属热的菜肴。稍年轻一点的渔民，就有了热菜的分类。如鳝丝（糊）、红烧鳝筒、红烧鳗鲡、红烧甲鱼、红烧鳜鱼、清蒸白鱼，清蒸鲳鱼、红烧羊肉、红烧兔肉、栗子烧鸡、笋干烧肉、咕老肉、糖醋黄花鱼、糖醋带鱼、面筋塞肉等。如果说热菜也有16品，这个婚宴中的“碗”就不少了。

大菜，用4品。如四喜圆子、红烧蹄髈、四喜肉、八块肉、红烧全鸡、酱鸭等。传统婚宴中的大菜，一是要显得庄重。展现一些完整的菜肴，如全鸡、全鸭等。二是反映习俗。传说婚礼大都具有约定俗成的程式，因而，具备了某些菜肴，就能体现出正式感，表达出尊重。包括宴式、菜肴内容等。三是受到文化的影响。即各地的婚宴必具有所在地人群的固有文化特征。如在苏州，一只猪蹄髈或者是一方大肉，似是婚宴中必备的。

汤菜，用4品。汤菜是宴席结构中必备的菜肴，其中有老汤菜、新汤菜。新汤菜有莼菜汤、干贝汤、佮蛋汤、火腿拉丝汤等。老汤菜有蛋饺汤、爆鱼汤、鸡汤、猪脚（环爪、环筒）汤、鸽子汤（加火膧）等。太湖渔家婚宴中出菜，要求“一菜一汤”，成双作对地上席。其中的“汤”，有些是宽汤的热菜。

糕点，用6品。如蜜糕、红细团子、八宝饭、红橘团子、白木耳、油氽饺子、春卷、藕粉圆子、猪油糕等。

太湖渔家婚宴中的有些菜肴以新菜、老菜来区分，由于新、老时间跨度较大，其实也总是在变化发展中。这里，将还收集到的一些菜肴名称也记录于此，如冷盘有卤猪腰、卤鸭舌、卤鸡爪、卤水豆瓣等；炒菜有炒银鱼、咖喱炒鸡、炒黄花菜等；热菜有红烧鹅块、红烧草鱼块等。以上所记的大都是荤菜，如果加上时蔬、菌菇等，婚宴菜肴的数量就更多了。

大船渔家说，婚宴正酒之外，其余时间的酒席都称为“散酒”。此时，可以上一些正酒中不能上席的菜肴，如虾松、氽针口、醋萝卜、红烧笋干、油氽猪肉皮（加小肉圆）等。

罛船宽敞，船上已搭起喜棚，船板成为酒桌，伙艄中热气腾腾。宾客们围席而坐，一道道渔家婚宴菜肴端上“席”来，席间漾满笑声。

二、太湖渔家宴菜单

由菜而宴，形成体系，是某种餐饮业态趋于成熟的标志之一。风味特色从初步的萌芽，到被大众认识、接受和喜欢；从菜肴的创立到不断发展；从展示菜肴的风味，到表现饮食文化、区域文化……一步步地发展，一样样地融合，一次次地凝聚，一道道地展现，“太湖渔家宴”便是太湖船菜餐饮发展中结出的果实。

太湖渔家的宴席有传统的样式，如上面所举的婚宴，宴席上菜肴的数量是非常多的。成为太湖船菜餐饮之后，面对的是广大的消费者，有餐饮经营空间的局限，有消费时间的限制，因而，太湖渔家的宴席形式必须要有所改变，要与人们的餐饮消费习惯相结合。

饮食层面上，以调整为度。会宴前，迎宾茶水依然保留。中国是茶的故乡，有着悠久的茶文化，待客的一杯茶，是客套也是心意。宴前的小吃、果品数量大为减少，有需要也是以味碟形式呈现，四味碟、八味碟即可，且每碟菜量须减少。菜肴的内容，以太湖水产品为主，搭配禽畜菜肴、应时蔬果等。菜肴的数量，充分满足客人人数与消费要求。每一席的菜肴，一般都有十多道。菜肴结构上，保持着太湖渔家宴席的基本构成，即有冷菜、热菜、大菜、点心、主食等。

技术层面上，以适应为主。菜宴保持苏州中式餐饮宴席程式，冷菜先上席，以丰富的味道、质感、色菜等，激发人们的食欲。热菜有炒菜、大菜之别。运用多种烹调方式，或炒、爆、熘、煸，或炖、焖、煨、焐。味道由清淡而浓郁；色彩由淡雅而缤纷。食材水陆相参，荤素搭配；用料以渔家特色为基础，使用应时食材。老菜新做、新菜融入，在传承中不断创出渔家新风味。

服务层面上，则不断吸收完善。从开始时的不知如何进行餐饮服务，到能够掌握消费者消费需求、心理，有针对性地进行服务。餐饮服务从简单的摆盆、上菜，进而形成了规范的餐饮服务标准，掌握了从消费者需求出发进行菜肴介绍与点菜等服务的技巧。

2010年9月，由江苏科学技术出版社出版，陆军主编的《中国江苏名菜大典》将“太湖渔家宴”收录其中：

冷菜：金袍财鱼、贡品针口鱼、油炸鳑鲏、油爆大虾、葱香南瓜、大湖白斩鸡、太湖酱萝卜、白虾干。

小食：太湖炝虾、酱爆螺丝、清炒茭窠头、白玉翡翠。

热菜：清水大虾、荷香白鱼、激浪伏波、塘鳢鱼炖蛋、本味鳜鱼、莼菜银鱼羹、雪里黄刺鱼、黄焖湖鳗、莲子鱼头、霸王别姬。

点心：三鲜饨馄。

水果：水果拼盘。[14]

---

14 《中国江苏名菜大典》，陆军主编，江苏科学技术出版社，2010年9月，第357页。

虽然这份菜单不能完整代表太湖渔家饮食文化，但作为苏州10款名宴之一[15]的“太湖渔家宴”被《中国江苏名菜大典》收录，让太湖渔家的饮食有了文字的记载。这份有很多不足之处的宴席菜单，也反映了“太湖渔家宴”在实践与总结的过程中，需要不断完善，不断提高。

经营太湖船菜餐饮的饭店酒店，每家都有自己的拿手菜、当家菜，每家都能举宴，来展现丰富多样的太湖船菜。它是开放的，能吸收新的饮食文化和菜宴样式，推动太湖船菜的创新发展；它也是稳定的，因为由太湖渔民在经营，保持着太湖船菜的特色风味与渔家样式；它是独特的，渔家群落依托太湖渔家的饮食文化创造并闯出了太湖船菜餐饮，具有苏州太湖渔家的个性。太湖渔家宴定会在未来的发展中不断丰富，蕴含着太湖渔家饮食文化的新的宴席也会层出不穷。

“2013吴中餐饮服务成果提升交流展”上，在被誉为“太湖船菜第一楼”的湖鲜楼酒家创始人张林法的带领下，太湖船菜展示了一席“太湖渔家宴·湖鲜宴”，并荣获唯一的特金奖。湖鲜宴通过一道道船菜，呈现了太湖边山水相依的渔村、湖鲜景象和吴地饮食文化。如以“竹之韵——农家小景”为主题的一组冷菜，让人们感受到了上岸定居后的太湖渔家，有了农家的生活气息。“太湖三剑客”以“太湖三白”为食材，讲述了春秋时期吴国勇士的故事。唐代诗僧齐己有一首名为《剑客》的诗：“拔剑绕残樽，歌终便出门。西风满天雪，何处报人恩。勇死寻常事，轻仇不足论。翻嫌易水上，细碎动离魂。”这道菜似是想说明，“太湖三白”如剑客一样充满豪气，无畏地昭示着太湖的美味美食；也暗含着太湖渔家在改革开放中，勇敢地闯出了一条新的发展之路的无畏精神。“狮球狂舞”让人们感受到了渔家的喜庆与欢乐。而一道“太湖明珠”，将白鱼肉做成鱼圆，

15　《中国江苏名菜大典》记录的苏州十席名宴：水乡船宴、吴中第一宴、藏书全羊宴、太湖渔家宴、吴王宴、芦荡情缘宴、金秋阳澄蟹宴、万三宴、阳春三月醉沙洲宴、姑苏小吃宴。

点缀上虾仁、鱼子，让人们看到了太湖船菜的精致之处。那道“湖水映菊花”，就让人似乎看到了太湖渔家媳妇在中秋的月色里“走月亮”的情景。一道“湖里鲜蔬荟”将“水八鲜”中的鸡头米、水红菱、莲藕等白色的食材进行组合，清雅鲜洁。从这样的湖鲜宴中可以看到，太湖渔家宴、太湖船菜不但保留了清蒸、红烧等传统的烹调方法，还接受新的烹饪技艺，并从立意、组合、烹调等方面，不断创新发展。

“太湖渔家宴·湖鲜宴”菜单：

冷菜：竹之韵——农家小景（6小碟一组）。

热菜：满载而归、雨后春笋、珠圆玉润、狮球狂舞、太湖三剑客、桂花鱼卷、金橘湖宝、柔情绵绵、太湖明珠、湖里鲜蔬荟。

汤菜：湖水映菊花。

点心：曲项向天歌、太湖宝兜。

2018年，苏州市烹饪协会、苏州市饮食文化研究会组团参加由中国饭店协会主办的第十九届“中国美食节”。以“中国苏州菜”为主题，苏州16家餐饮单位展示了16席主题宴，其中，吴中区太湖厨房展示了一席“太湖渔家宴”。美食节后，“太湖渔家宴”被中国饭店协会认定为中国名宴。

太湖渔家的饮食文化是悠远的，有着渔家传统饮食的古韵。太湖渔家宴是年轻的，有着新时代太湖船菜餐饮的新风。假以时日，太湖渔家宴一定会更具风韵，并成为太湖渔家饮食的文化标杆。

第七章　关于太湖船菜的几个认识

太湖船菜餐饮一出现，就获得了市场的积极反响，受到了消费者的喜爱，必有其内在原因。

这一章主要是围绕着太湖船菜中的相关问题，谈一些自己的认识和感受。譬如说，太湖船菜为什么会得到人们的认可，成为苏州菜体系中的一员，我们如何来感受太湖船菜，等等。虽说好吃就是一切，就是肯定。只是落笔于此，多少要说个一二。

太湖船菜餐饮受市场接受的可能性，大致有这样几个方面：从餐饮业态上看，其餐饮场所具有独特性。就食材来看，展现着太湖淡水水产的自然性。从烹饪技艺角度看，有着太湖渔家的纯朴性。从人的生理感受方面看，太湖船菜符合人们对于饮食之美的需求。从社会文化方面看，其彰显了苏州作为江南鱼米之乡的文化秉性。

太湖船菜餐饮所呈现的餐饮样式、风味特色、饮食文化等独特性，以及人们从饮食过程中所获得的饮食美感，使其脱颖而出。随着社会的发展，人们追求生活品质的提升、生活方式的多样，在饮食方面也有着丰富性、多样性的消费需要。因而，太湖船菜餐饮的出现，正迎合了餐饮消费的新需求，为人们接受并受到欢迎，就这点来说，有些水到渠成的必然性。

第一节　太湖船菜之味的认同与归属

一、源自苏州菜的“本味”宗旨

“味是餐饮的灵魂！”[1]太湖船菜具有太湖渔家的饮食特点与风味，自有其独特之处，有味之“魂”的存在。太湖船菜中崇尚的自然之质、本味等，与苏州饮食文化的追求是相同的。

苏州的饮食文化一直主张注重“本味”，讲究原汁原味。那么，“本味”是怎样的一种味觉感受？

（一）关于本味的认识

“每个人都活在自己的味道世界里，这个世界在童年初期就形成了，并伴随着生命的进程而演变。每个人的味道世界，是由古老的演化规则与伴随终生的高能量食物、文化熏陶与商业信息产生冲击所创造的。”（[美]约翰·麦奎德《品尝的科学》）人类的饮食，从最初的果腹到追求味的美好，追求食材的珍异，追求菜的珍贵，是一个逐渐形成与发展的过程。中国5000年文明绵延至今，以农耕为主的生产方式让农业文明与饮食文明有机地结合在一起，使中国的饮食穿越数千年而一以贯之，踩出一个个坚实的足印，留下了农业发展与饮食开发并行的足迹。孙中山在《建国方略》中指出：“烹调之术本于文明而生，非孕乎文明之种族，则辨味不精；辨味不精，则烹调之术不妙。中国烹调之妙，亦表明中国文明进化之深也。”

茹毛饮血的远古，人们也会对食物的温度、食物的质地、食物的新鲜度、食物的味、食物的气息等从味觉、嗅觉、触觉等方面进行辨析与选择。当人们学会了控制与使用火后，又增加了对食物的成熟度等因素的辨析与

1　中国烹饪大师、“常熟蒸菜烹制技艺”传承人张建中先生之语。

选择。当人们做起了陶器，懂得了烹煮，以咸鲜之味为主的基础，又渐成人们辨析的内容。当人们认识到微生物的作用时，酒、酱、醋等发酵食品又一次丰富了人们的味觉。同时，食物的储存也有了新的方式，延长了储藏的时间。于是，人们的饮食有了飞跃，人们升华出了对味之美的需求。

有了调味之后，就有了美感追求，无论浓淡，最起码食之必须要有味。如此，食就超越了维持人类生存的基本需要阶段，人们对食、对食之味有了更丰富的心理追求。

人们对味的认识，早期应是孤立的。甘、酸、苦、辛、咸等都是人们在饮食过程中体验到的，如采撷的果子，因生熟、品种等的不同，就会让人有不同的味觉感受。当人们认识到盐对于身体的作用，如增加体力、提振精力等，盐，就进入了人们的日常饮食。久之，人们将所接触到的各类味道，概括为“五味”。如此，就有了对“味”的饮食需求，并由此来评判好吃与不好吃。

夏末商初，有一位厨子向前跨了一步，开始了烹调、饮食方面的理论总结，并形成了最早的烹调理论。这位厨子就是被誉为中华厨师之祖的伊尹。

尹是官名，相当于宰相，“众正官之长也”。他协助商部族的首领成汤，灭亡了夏桀，建立了商朝，前后辅助5位商王共计50余年。伊尹不但是杰出的政治家，其他方面也成绩斐然，如在上古文化的巫、史、医等方面也有作为。在那个朝代，他的治国理政、军事谋略等有着非同寻常的革新内容。毛泽东这样评价：“伊尹之道德、学问、经济事功俱全，可法。生于专制时代，其心实大公也。识力大，气势雄，故能抉破五六百年君臣之义，首倡革命。”伊尹的变革精神与实践，也让中华饮食有了新的起点。

伊尹与成汤的故事，缘于一道鹄羹。鹄，天鹅。成汤吃这样的食物应是无数次了，而这一次，鹄羹用玉鼎盛着，羹质柔和味美，与日常的菜肴反差极大。于是，成汤问：“这是谁做的？”如此，就有了伊尹与商成汤的初次见面。《楚辞·天问》中有这么一句“缘鹄饰玉，后帝是飨”，汉时王逸在注释中写道：“后帝，谓殷[2]汤也。言伊尹始仕，因缘烹鹄鸟之羹、修玉鼎以事汤。”记的就是此事。当然，鹄羹的烹调是一个复杂的过程，但透过这一味美食，成汤对伊尹有了初步的认识。因而之后，伊尹将烹调的一些原理融合进治国之道的实践中。

烹调理论上，伊尹总结和创立了“味”“材”“烹”“调”“质”“地”“时”等理论，记载于《吕氏春秋·本味篇》中，此摘一段如下：

汤得伊尹，祓之于庙，爝以爟，衅以牺猳。明日设朝而见之，说汤以至味。汤曰：“可对而为乎？”对曰：“君之国小，不足以具之，为天子然后可具。夫三群之虫，水居者腥，肉玃者臊，草食者膻。恶臭犹美，皆有所以。凡味之本，水最为始。五味三材，九沸九变，火为之纪。时疾时徐，灭腥、去臊、除膻，必以其胜，无失其理。调和之事，必以甘、酸、苦、辛、咸。先后多少，其齐甚微，皆有自起。鼎中之变，精妙微纤，口弗能言，志弗能喻。若射御之微，阴阳之化，四时之数。故久而不弊，熟而不烂，甘而不哝，酸而不酷，咸而不减，辛而不烈，淡而不薄，肥而不腴。”

“味”，即味道。伊尹“说汤以至味”，意为向成汤讲述什么是美味。可见，伊尹突出了对“味”的认识与品鉴，开启了由“食”向“品”的饮食审美跨越。从理论的内容看，伊尹对味的认识，不只是味觉上的感受，还有嗅觉、触觉等方面的感受。食物之“味”是立体的，因而对味的感受，也应是多方位的，可称之为“大味”，其中食物本身的滋味，可称为“小味”。由此可以看到我们如今对于菜肴“色、香、味、形、质、温、意、养”等饮食评价的滥觞。伊尹还指出：“凡味之本，水最为始。”可能是古时炊具较少的缘故，烹饪中炙烤的形式较普遍。虽也能使食物成熟，但要体现食物之味，就可能受到局限。因而伊尹指出了“味”与“水”的关系，并以“最

2　殷，商迁都于殷（今河南省安阳市西北小屯村）后改用的称号。

为始”来加以强调，食材之味形成于“水烹”，水烹能使食材之味融入水（汤、汁）里面。如长时间炙烤，则会烤焦，使食物变硬无法食用。而水烹则可进行长时间、多次数的烹饪而不会使食物焦枯。水烹过后，食材与汤汁融为一体，成为味的重要来源；食材析出的物质丰富多样，因而，味就会多变且丰富。水烹比炙烤更有利于味的呈现，这也是伊尹所说“最为始”的原因。

“水烹”的观点为伊尹后面的“九沸九变”“调和之事”等烹调技术的实施，奠定了理论基础。无论是客观现实的感受，还是现代的科学研究，“水”与“味”的关系都得到了一致的认同。现代烹饪常常运用多种技艺，使食材之味能更加彰显，而水烹依然是最基本的烹饪方式。再从灶具的发展看，鼎、鬲、甑、甗等器具的出现和运用，也是在炙、烤等方式上形成的新的烹饪方式。

“材”，即对食材的认识。伊尹说：“夫三群之虫，水居者腥，肉玃者臊，草食者膻。臭恶犹美，皆有所以。”我们遇到的食材有各种气息，无论好坏，都是生物在自然界中自然生成的。因而，识材辨材不仅要有这样的认识，更要在烹调过程中，懂得如何运用气息，使食材中那些独特的优良风味呈现出来。即人们追求的食材的自然味道。

“烹”，即用火烧煮，调节火候，并把控好烹调的各个阶段。伊尹说：“五味三材，九沸九变，火为之纪，时疾时徐。灭腥去臊除膻，必以其胜，无失其理。”针对不同的食材，火的大小、烹饪的次数与时间长短等，都会对去除腥、臊、膻起到不同的作用。同时，要根据季节、食材特性等因素，观察烹制过程中，食物在鼎、鬲、釜等炊具里的变化，把握火候和时机。这种食材的变化与烹调的把控是极其微妙的，正所谓“鼎中之变，精妙微纤，口弗能言，志弗能喻。若射御之微，阴阳之化，四时之数。”餐饮中的“烹”，是对火的有效把控，在变中求新，即便“九沸九变”，也要“无失其理”，呈现食材最美、最恰当的品质——这也是适口性的要求。同时，从“九沸九变”“时疾时徐”中，也体现了“水烹”的过程中，不但有武火，还有文火的运用。而且，既要使食材“灭腥、去臊、除膻”，还要呈现出美味，须要有较长的烹饪时间，以文火慢烹，如此才利于“变”出美味。

“调”，即调味，味的呈现。伊尹说：“调和之事，必以甘、酸、苦、辛、咸。先后多少，其齐甚微，皆有自起。”对于味的调配，是以“五味”为基础调合的，或多或少，虽说每一样都用得不多，但都有着各自的功用，对“味”的总体呈现，都发挥着作用。某一种风味的形成，都能体现“五味”调和的结果。“五味”之因与“风味”之果，在烹调过程中实现了有机的结合，或者说统一、均衡。这是适口性的又一要求。中华烹饪中的“帮口”及其子脉中，那些大同小异的特色风味，都有着“调和”的统一与差别。在与成汤对话的时候，伊尹已看到统一与差异之间的关系。成汤问他“可对而为乎”，现在能这样做吗？伊尹回答：“君之国小，不足以具之，为天子然后可具。”你的国太小了，不能具备所有的食材，只有拥有天下、当上天子后，才可能取天下之材，才能做到调和。可以看出，伊尹所说的“其齐甚微”，是建立在宏观（大一统）的认识理论构架中的，只有合理的、适度的取舍，才能“皆有所起”，才是调和。

“质”，即食材的质地。伊尹说：“故久而不弊，熟而不烂，甘而不哝，酸而不酷，咸而不减，辛而不烈，淡而不薄，肥而不腴。”这里，前两句是对菜肴之质而论，后6句，是对味觉与口感而论。其中“咸而不减”大意是要有咸味但不能过重，否则会削弱食材、菜肴之味。烹调技艺体现在掌控与拿捏之间的合理运用与控制。

无论食材如何、烹调方法如何、烹调过程如何，其菜肴的最终结果，就是要充分地呈现食材之味，并适度地调以甘、酸、苦、辛、咸等，助推食材呈现其“味”。不能适度地呈现“味”，也就不会得到致味。致味是美好之味，通过烹调，食材的“本味”到达一个适度的状态，也就能获得致味。

（二）苏州菜与本味

《吕氏春秋》中伊尹对于“本味”的理论总结，也是第一次对食物之“味”的形成、控制、实现以及定位做出比较系统的论述。这段论述对后世的影响很大，单就烹饪而言，数千年来，现实中许多烹调依然遵循着这样的原理。苏州菜对于味的认识、关于烹调的运用，就遵循着这一原理。

明末清初的史玄在《旧京遗事》说：“京师筵席，以苏州厨人包办者为尚。”清郑光祖《一斑录·杂述二》载：“食客至者，不克同所嗜也，若吴下烹饪著名已久，自前明张江陵云：‘自出都门，至此始得一饱。’嗣后，各省筵宴莫不治吴馔以乐嘉宾。而他方人士来吴，亦从未有不悦吴中所嗜而转思其地者矣。”清常辉《兰舫笔记》称：“天下饮食衣服之侈，未有如苏州者。”对苏州菜的风味都有一番肯定。清徐珂《清稗类钞》载：“肴馔之各有特色者，如京师、山东、四川、广东、福建、江宁，苏州、镇江、扬州、淮安。”此论树立了“苏州菜”的旗帜。清宣统皇帝溥仪的弟媳爱新觉罗·浩著写的《食在宫廷》一书中，对清宫的饮食这样描述：“清朝建国之初，还留有满洲族遗风，对饮食不太考究。到乾隆时代，逐渐考究起来。下面略微说一下清朝烹饪的风味特色及其由三种不同的风味构成的情况。……其一是山东烹调……其二满族固有的烹调……其三是苏杭烹调。……乾隆四十三年，乾隆帝在巡幸东北地区时，还命苏州厨师张东官作为御膳房厨师随行。”乾隆皇帝还饶有兴致地将105道他认为好吃的苏州菜记录下来，这些菜肴保存在清宫的《苏造底档》中。

前章有述，苏州文化从“尚武”转为“崇文”，是历史为苏州翻开的新一页。饮食文化亦是一样，转而追求文雅精致的艺术形式和风度格调。对味亦是至真至纯，追求食材的本味，以较少的调味料，展现食材的自然之质，实现味的有机融和。除了急煸快炒，还善用炖、焖、煨、焐等文火水烹方式。苏州菜所追求的本味，与伊尹所主张的“本味”是一致的。从以下几方面可看出。

“四时之数”是伊尹指出的烹饪中的注意事项。对应着“四时之数”，选材、用材，合理地烹调。以“时令”为度，“率五日而一变”，将自然的节奏与人们的饮食联系在一起，是苏式饮食所尚也是苏州的饮食情调。你会看到，人们因为吃了一粒本地产的应季青蚕豆而沾沾自喜，这是苏州与自然的一次唱和。烹与材、材与菜、材与时、时与菜，在苏州菜中，烹饪必须与“四时之数”结合在一起，才有“苏州味道”，这是必须遵守的铁律。

均衡五味。明代苏州人韩奕在《易牙遗意》中称，苏州菜崇尚“浓不鞔[3]胃，淡不槁舌”。“浓不鞔胃”，即伊尹所说的“酸而不酷，咸而不减，辛而不烈，肥而不膑”。这是苏州菜之味的定位，适应着人体生理的均衡。烹饪中遵循着“其齐甚微”的原则，即各类调味既要有但又不显，这是味的融和。苏州菜清淡，但并不是淡而无味，而是清淡中要透出食材之味、调和之味，更要衬托食材的自然之味。无论是较快速的煸炒，还是长时间的煨焐，都要求“不压”“不夺”食材的本质风味。

许多人说苏州菜甜，这是因苏州菜调入了“甘”味。这是“崇文”之后的苏州味道。其实，食甜并不是苏州固有的，而是在南北文化交融中形成的饮食习俗。宋代沈括在《梦溪笔谈》中提道：“大业中，吴郡贡蜜蟹二千头、蜜拥剑四瓮，又何胤嗜糖蟹。大抵南人嗜咸，北人嗜甘，鱼蟹加糖蜜，盖便于北俗也。”由这段记载可知，历史上北人“嗜甘”，因而苏州送去的蜜渍鱼蟹，是为了增加甜味，顺应北人的饮食口味与习俗。现实中，似乎北人都不喜甜味，不过，只要透过一些传统事物，依然可以见到北人喜食甜味的痕迹。以蜜饯为例，南方的潮汕式蜜饯以咸味为主；苏式蜜饯以咸酸甘复合为主；北方的京式蜜饯以甜味为主。南北蜜饯的口味差异，多少透出些北人嗜甘的习俗。再如北京烤鸭，那几片鸭背上脆香的鸭皮，也要醮

3　鞔，音mèn，古通“懑”，闷胀的意思。

着糖来品味，依然有着嗜甜的意思。

苏州菜是注重调和五味的。苏州菜中有“甜出头、咸收口”的说法，这是用糖助鲜，引出咸鲜之味的烹调方法。“君臣佐使”，有效地抑短扬长，实现烹饪目标，这是苏州菜“五味”之“和”的呈现。

肥而不腠。腠，腻也。苏州菜有“入口就化，肥而不腻”的要求，如樱桃肉、酱方等代表性大肉，都要求“肥而不腻”。水产中的黄焖鳗鲡等菜肴，也要求吃口滑润、肥而不腻。肥源于3个方面，一是食材自身拥有较多的油脂；二是经过烹饪而使食材质地软腴；三是在烹调过程中，使食材保持一定的水润质感。关键是不能产生“腻”的食感。腻在此可理解为黏滞、不爽、不顺溜等。不腻就是爽润、顺溜，还有软腴的质感。如果菜肴有腻的食感，还会引起人们的反胃、避食等不良生理和饮食感受。因而，烹调后的菜肴既要有肥腴的口感，又要让人们吃在嘴里感到顺畅，没有反胃的感觉。

久而不弊。苏州菜有“酥烂脱骨，不失其形”的要求，是指食材内在已经酥熟，外形还要保持形状的完整，即伊尹所说的“久而不弊，熟而不烂”。樱桃肉经长时间焖煨，猪肉皮质已经透明，而那樱红亮丽的身形依然完整，肉皮、脂肪、瘦肉层次分明，肉皮剞成方形的小块，如樱桃般的剔透。母油鸭也要经长时间文火烹饪，虽肉质酥烂，依然要保持鸭形完整，味透骨肉。不能把菜肴烧得过于熟烂，或者没有了嚼头，这是“不弊”的起码要求。

善用文火。伊尹说：“凡味之本，水最为始。”苏州菜的烹饪以“水烹”“汽烹”为主要方式，通过对火候的控制，使食材呈味之质得以保留。如此，才可保持“真味俱在”，呈现“味之本”，亦利于五味调和。如何实现味之本和真味？伊尹说：“鼎中之变，精妙微纤，口弗能言，志弗能喻。”把一切都交给水、时间、火与温，使食材在水、温、时中实现华丽转身。以现代的认识看，“水最为始”有以下大致原因：一是食材的物理变化。食材质地的变化影响到菜肴的质地与风味。原来较硬的食材，经过烹饪变得柔软，呈现出胶柔腴润的状态，改善了口感，增加了品尝时的舒适性（适口性），又利于人体的消化吸收。二是水解作用。食材中呈味物质游离析出，并融于水中，经适度的调味，呈现鲜味。在文火烹饪中，实现“其齐甚微”的五味融和；同时，文火能以较弱而均衡的热量，使水减少对食材的冲击，避免造成“形变”。三是酯化乳化作用。特别是荤菜食材，经烹饪后会分解成脂肪酸和甘油，此时，加入酒或醋，就会形成酯类物质，散发香味。再有，经过长时间的文火烹制，汤汁中的油呈乳化状，如此，汤就有了醇厚之味而非清汤寡水。即便是看似清澈的汤汁，亦具有味的质地。因而，“水最为始”于“味之本”而言，是必要的前提。如今，像“苏帮菜烹制技艺”“常熟蒸菜烹制技艺”等均入选省、市级非物质文化遗产保护名录。

以崇尚本味为特色的苏州菜烹饪体系和苏州的饮食文化，在很大程度上依循着伊尹的烹调学说，可从《本味篇》中找到苏州菜的源头。四季有着自然的节律，农耕创造了稳定的所出，“好食时新”离不开自然与人为的共同作用。于是，对于这些应时而来的食材，亦当在适度的人工烹调下彰显出食材最美的自然本质、自然风味。

（三）调味与本味

饮食的发展，有创始，有传播，有传承；在发展过程中，有延续，有跃动，有转变。每一地域又会因自然、历史、人文的差异，形成不同的饮食风味。调味赋味是烹调中常用的入味方法，因而，调味料的多少，会对食物之味产生影响。为了满足口腹欲，人们对于调味品的研究与开发，不断地进行着。那些调味料，从自然之物发展到合成之物。

自然之物如葱、韭、姜、蒜、芥、花椒、桂皮、梅子等，合成之物如盐、酒、醋、酱等。合成之物是人工生产品，旧时，人们对发酵已有了初步认识。譬如说酒，由粮食、果物发酵形成。醋也是如此，因发酵物及风味的不同，醋还有“酢”“醯”“酰”等称谓。它们成为人们日常饮食的重要调味品。

周代，酱应是非常重要的调味料。一心要恢复周代制度的孔夫子，在饮食上也遵循着周“礼”的规定，提出“割不正不食，不得其酱不食”的饮食规矩。

《周礼》的记载中，有着非常庞大的、分工细致的食官制度，以及与“食”相关的事务。如做酱的人称为醢人，制作酸菜的称醯人[4]。醯，本意是醋，这里通指带有酸味的酱腌制品。由于醯呈酸味，因而，常用自然界生长的梅子调味，如此，食物之味也多变起来。此外，酱的品种也丰富多样。《周礼·天官·膳夫》记：“凡王之馈……酱用百有二十瓮。”《周礼·天官·食医》中讲道：“（食医）掌和王之六食、六饮、六膳、百羞、百酱、八珍之齐。”可见，酱有“百酱”之称。“百酱”的制酱材料有鸡、兔、雁、鹿等禽畜及其内脏；有鱼（及鱼卵）、蟹、虾、蛤等水产；有蚁卵、螳螂等昆虫；有芥类等蔬果。这些“酱”如何与食物搭配，才能让食物更加好味？《礼记·内则》载：“食：蜗醢而苽食，雉羹；麦食，脯羹，鸡羹；折稌，犬羹，兔羹；和糁不蓼。濡豚，包苦实蓼；濡鸡，醢酱实蓼；濡鱼，卵酱实蓼；濡鳖，醢酱实蓼。腶修，蚳醢；脯羹，兔醢；麋肤，鱼醢、鱼脍，芥酱；麋腥，醢，酱；桃诸，梅诸，卵盐。”这一段介绍了食物、调味料的搭配规定。如：在煮鱼时，要加入鱼子酱，在鱼腹中塞入寥菜；在煮鳖时，要加入醯酱，在鳖腹中塞入寥菜；吃肉干时，配以蚁酱；吃肉羹时，配以兔肉酱；吃麋肉片时，配以鱼肉酱；吃生鱼片时，配以芥子酱；吃生麋肉时，配以醯酱。这样的搭配，久而久之就成为一种约定、一种规矩，孔子视之为“礼”。孔子所处的时代，周王室已衰，所以，孔子一番呼吁，还身体力行，肉切割得不成规矩，就不能吃；饭菜没有相应的

4 《〈周礼〉饮食制度研究》，王雪萍著，广陵书社，2010年10月，第50页。

酱来搭配，那也不能吃。

从这些故往的事例中可知，人们知道了味，知道了如何搭配。但这都是“外在”的味。这些“外在”的味并不是食物之味的全部，而要呈现这些内在的味，“水烹”是最好的方式。如鳜鱼、鲫鱼烹烧成鱼汤，加食盐调味，鲜味便油然而生，鱼香飘逸。如果切成生鱼片，蘸着芥末、酱油吃，其味与鱼汤相比，更多的是生鱼肉的质地（如嫩、柔、腴等），少有鱼内在所呈现的鱼的鲜香之味。所以，通过烹调更有利于食材中各种呈味、呈香物质的析出，并相互融和，体现内在的味道。饮食的方式不同，获得的香、味、质也是不相同的。熟食中的“水烹”与“火烹”，在味的获得上也有不同。要获得食材之味的丰富性、多样性，伊尹说“凡味之本，水最为始”。

历史脚步总是推动着事物的发展，饮食也是如此。到了汉代，黄豆酱、面酱出现，制酱更为普遍。直到如今成为大众生活离不开的一类调味品。到了魏晋南北朝时期，酱油出现，它能调味、调色、增香，于是，各种酱又在竞争中退下阵来。烹调中，以酱油代“酱”，“不得其酱”也是没办法的事。不过，现实中依然能看到用酱调味的方法，如北京炸酱面，很是风味。

从菜、酱搭配调味，到以酱油烹调，酱油以一味而调百味，使食材在烹饪中能够更好地显现出自然本质，由此而站稳在烹饪的江湖。这中间还有烹饪炊具的进步、烹饪方法的创新，这些都助推了中华烹调向前迈进。

外面的世界很精彩，苏州的味道依然在。在烹饪调味料这一头，苏州菜借着水与火的作用，呈现着食材的自然物性。味依着食材的质地，调味只是除莠引新，在“淡而不枯”的味道里，保持舌尖的灵敏，吃肉是肉，食蔬是蔬，尝鱼是鱼，随四时而变，体味着自然物产的天生丽质与本质风味。

（四）"时"与本味

"好食时新"是苏州的饮食风俗，"不时不食"是苏州饮食的讲究，"率五日而更一品"是时间过程中的饮食节律，"时"与苏州的饮食，与苏州菜的风味，与苏州对与菜肴的品鉴，都有着极大的关系。

"时"在苏州的饮食中具有双重意义。其一是显现的，指的是时间。如"好食时新"中，"时新"是指应时而出的物产，这里的"时"表示着某一时间节点。其二是隐匿的，如"不时不食"中的"时"，既指时间，又隐着食材品质的内涵。"不时"，不到某一时间，某些食材人们就不会去饮食；或者说，人们品尝某一食材，必须在某一时间节点。如果提前或延后了，也就是失时、过时，而不是应时。"不时"是选择判断，"不食"是行为结果，在苏州人们的饮食行为与时间有着对应关系。

人们所用的食材大都是来自植物与动物，而植物、动物生长都有一个过程。食材在生长的每一阶段中，其质地是不同的。如食材中有些用的是植物芽头、有些是嫩茎、有些是膨大的根茎，因植物在其生命周期中在不停地生长着，故而不时地变化着品质状况。同时，人们对饮食具有可食性要求，如食用芽头以嫩为好，而植物由嫩而老也就这么几天，因而，在食材质地（品质）最好、风味最殊、呈现最佳可食性的时候品尝，就能获得最美好的风味体验，这就是"应时"。"不时不食"追求的是食材风味的极佳时点。

要让人们能够体味得到这样的美质，还须要进行适当的烹饪，做成的菜肴要呈现出食材的自然之味才行。这是苏州菜中"时"与本味的关系。

对于其受何影响，可以从如下几方面来认识。一是天然之味良莠均含。《本味篇》中说："夫三群之虫，水居者腥，肉玃者臊，草食者膻。恶臭犹美，皆有所以。"所有的食材皆有其"味"，其中有好的，亦有不好的味道，需要通过烹饪加工，如此才能使食材具有良好的风味。二是适度烹调有助风味的呈现。适当的烹饪工艺，合理的处理方式，得当的烹调加工，才有可能呈现出食材固有的天然美质。从而让人们体味由菜肴所呈现的食材之美好之味。其风味有些是浓郁的，如水芹之香；有些是淡然的，如莼菜之味，叶圣陶称之为“无味之味”。物产各异，然均有其味，需要适当的烹调加以展现。三是风味定位有益品鉴。苏州菜以咸鲜之味为基础，苏州的饮食大体上偏好清淡，这里的“清淡”也是相对的。如有些地方味浓重、好香辣，苏州则认为这样会影响食材天然之味的呈现。有些地方口味较淡，咸味不足而鲜不能呈现。用盐是苏州菜中最具“拿捏”之术的烹饪技艺，陆文夫在《美食家》中就指出过这“一把盐”的重要性。现实中，苏州好食鱼，而鱼之鲜则是通过盐来赋予的。盐不足则鲜不到，称为无味；盐过重则味齁苦。盐的用量与咸味的浓淡，在苏州自有其阈值区间，此亦使“味”——咸鲜味有了相应的定位。食材之大小、质地之老嫩、时间之参差、季节之变化，无不影响着食材的特性，也影响着烹调之度。当然，苏州菜里不是没有浓油赤酱的菜肴，而即便是如此，亦以体现出食材之天然美质为烹饪宗旨。

综上概述，苏州菜在“时”的背后，隐匿着“质”的内涵；而这种质是向着体验食材的“本味”——美好的自然之味去的。

（五）太湖船菜具有“本味”特点

太湖渔家的日常饮食，同样浸润着苏州的饮食文化，遵循着苏州的饮食习俗与风味。故而，太湖渔家所创立的太湖船菜餐饮是苏州餐饮发展中凝成的一支新脉，将漂泊在太湖中的苏州渔家饮食与风味，展现在世人的面前，同时，透着苏州菜的底色，遵循着苏州菜“本味”的宗旨。从以下几个方面可以体现。

太湖船菜烹调技艺上体现着“苏帮菜烹制技艺”的特点。烹调的方法上，太湖船菜也是用极简朴的烹饪方式、不多的调味品来进行烹调，展现着食材的自然之质与纯真之味，即本味。也是善用炖、焖、煨、焐等“水烹”方式，调和五味。在整体的风味定位方面与苏州菜保持一致，在味的阈值上贴近苏州菜。

饮食中体现着苏州“好食时新”的饮食特征。太湖船菜餐饮的经营，顺应着四季变化，采用本地应时而出鱼、禽、蔬、果等为食材，将一道道带有太湖渔家风味的船菜入市供应。太湖边、乡野中的食材，使太湖船菜餐饮与自然联系得更近，多了一份自然的气息与风味。

太湖渔家的身份让太湖船菜有了湖风水韵。借助依水而居、逐风而渔的生产、生活特点，太湖船菜就展现出了太湖渔家风味的独特性。因而，太湖船菜中的“本味”有着苏州太湖渔家的文化元素。

太湖船菜因为有了苏州菜风味之“魂”和苏州饮食文化特征，顺理成章地在苏州菜体系里有了自己的一方天地，有了“和而不同”的风味定位与归属。

第二节　太湖船菜之味的特点与品鉴

人们通过太湖船菜风味里的异质禀赋，体验到太湖渔家饮食的独特与美好，触摸由太湖船菜及饮食活动所带来的精神与文化美感。也让太湖船菜餐饮在饮食文化中有了自己的锚地与其品鉴方式。

一、太湖船菜之味的“格式塔质”

陆文夫在《吃喝之外》一文中曾说：“我觉得许多人在吃喝方面都忽略了一桩十分重要的事情，即大家只注意研究美酒佳肴，却忽略了吃喝时的那种境界，或称为环境、气氛、心情、处境等等。此种虚词不在酒菜之列，菜单上当然是找不到的，可是对于一个有文化的食客来讲，虚的却往往影响着实的，特别决定着对某种食品久远、美好的记忆。”饮食的整体性、饮食的味外之味、饮食中的精神与文化之义，这些游荡在饮食之间的要素，又是实实在在地影响着人们的饮食感受。

格式塔（Gestalt）是由德文而来，中文译为“完形”。这个理论认为，只有在整体中，局部才能显示其意义，这一意义又是整体所决定和赋予的，局部离开整体，就会失去意义或者无法把握。整体就是来自各部分又超越各部分的独立的新质，这个新质就称为格式塔质。

这是在告诉人们：整体大于部分之和。菜肴是由诸因素融合而成的，既已成“菜”、成“宴”，就是一个整体。所以，要了解一个菜，一席宴，需要从整体上把握。

那么，太湖船菜的整体是什么呢？一是狭义的，是太湖船菜中的某一道或几道具体的菜肴，乃至“太湖渔家宴”这样一个菜宴呈现的整体。二是广义的，是指一种融合了太湖、苏州、太湖渔家等多种元素的餐饮样式，它包含了附着在太湖船菜餐饮之上的诸多内容。人们说“吃太湖船菜去”，更多的是指去体验太湖船菜这种餐饮样式所带来的多样感受。有了这样的整体经验，太湖船菜餐饮就不仅是几道菜所展现的内容与形式。可以是与太湖船菜相关的自然气候、物产食材、饮食文化、渔家风俗、饮食习惯、湖光山色、罛舟远帆，太湖边的古村幽巷、花果鸟语，以及清风和新鲜的空气，一段太湖边宁静的时光、一次精心安排的蕴含情谊的太湖船菜体验之旅，等等。

亚洲食学论坛主席赵荣光在讲到中国饮食思想时认为，中国古代饮食审美思想中有“十美风格”，这“是指中国历史上上层社会和美食理论家们对饮食文化生活美感的理解与追求的十个分别而又紧密关联的具体方面，是充分体现传统文化色彩和美学感受与追求的完备系统的民族饮食思想”[5]。这10个方面为：质、香、色、形、器、味、适、序、境、趣。对太湖船菜的体验，我们的感受范围可以再扩大一点，不局限于餐桌上，而是由太湖船菜餐饮向两端延伸，即将餐前的向往与餐后的休闲游玩，都链接在太湖船菜餐饮这一核心中。太湖船菜具有独特的境与趣，这是因为

---

5 《中国饮食文化概论》（第二版），赵荣光著，高等教育出版社，2008年6月，第245页。

太湖船菜餐饮所处的位置独特。对大多数消费者而言，有距离较远的因素，因而就不能如去家附近的餐饮店那样，对于太湖船菜的消费，常会作为一项“专属”活动，安排好相应的时间，并同时安排一定的休闲活动。如此，在前往消费的路途上大家一起说说，或是沿路看看，这些活动都指向太湖船菜的消费行为。

地域因素让太湖船菜的文化内涵向外衍生。在体验太湖船菜时，可以说说太湖、太湖渔家，以及太湖船菜的独特性。说“吓煞人香”的碧螺春茶，说《红楼梦》中的妙玉用香雪海梅花瓣上的雪水泡茶，说一处处吴越春秋故事的发生地……并在路途中看太湖，看太湖中的岛屿与周边的山峦，看沿途粉墙黛瓦的村落，看路边街头的水果、水产……餐后的休闲游玩也是如此。或观赏苏州太湖岸的湖光山色，或徜徉在太湖边的湿地，或寻访古村幽巷，或采摘花果……在品尝了太湖船菜之后的闲暇里，释放心灵，而在这个释放过程中，会进一步增强食客对太湖船菜的感受，这都是太湖船菜的“整体性”。

如果我们这样来认识太湖船菜，与你相遇的，就不仅是果腹的菜饭，还有你可以盛放其中的一段时光。一次邂逅，它所呈现的，不仅是美食风味，还有与自然的触碰、与人文的相遇。从而在情感世界中，漾出一层涟漪，由太湖船菜这个波心荡漾而来。

二、品鉴太湖船菜

对于“食”之品鉴，常常处于一个尴尬的境地。孙中山早已提出：“夫悦目之画，悦耳之音，皆为美术；而悦口之味，何独不然？”耳目之光影声色均可赏可鉴，能成为艺术，唯独食之味觉，常常不能脱俗。也许，食与人们的生活太过密切，成了生存的必须而一直接着地气，难以扬起精神的飞尘。可是，食与人们的精神又没法分离。过年时千里奔波为了与家人吃上一顿年夜饭，这其中深蕴着中华民族深厚的血脉浓情。酒逢知己千杯少、长亭外的饯别，“千里莺啼绿映红，水村山郭酒旗风”，多少次重逢、多少次离去，人生中踽踽奔波，夜雨羁旅，如果能够他乡遇故人，一饮一食之间，碰出的也是浓浓的情谊。食，不仅是物质的，还承载着精神、情感。

我们通过食物这一载体，有了对食之色、香、味、形、质、温、养、意、境等“众美”的辨别，对食材的自然属性的认识，对原产地自然与生态的了解，对烹调方式、技术运用的分析评价，对食的历史与文化、习俗的引入，对食中的社会伦理的领略……这样，就从食之“物”的物质层进入到食之“味”的精神、文化乃至艺术的品鉴中。一道菜，口舌获得的快感会很快消失，但由食物带来的味之美感，是能够留在人生中成为记忆，并能回味的。人们可以从对“味”的整体品鉴中获得升华的美感。从物质的食中，品鉴文化、精神性的味之美。

王国维在《人间词话》中写道：“诗人对宇宙人生，须入乎其内，又须出乎其外。入乎其内，故能写之；出乎其外，故能观之。入乎其内，故有生气；出乎其外，故有高致。”对于太湖船菜的品鉴亦是如此，要“出”“入”有致。“入”在味里，“出”在味外。“味外之美”已在中国传统饮食文化中形成，它是“指人们对饮食对象和进餐环境的感觉。其中，饮食趣味、饮食情礼等‘味外’的感觉，也烘托着美味佳肴，使人们获得更为广阔的美的感受”[6]。

做一道太湖船菜中的清蒸白鱼，是烹调的主题，是风味的定位。一条鲜活的白鱼，在厨者眼中有品种、大小、季节、质地等差异。治净后，要用盐略微腌制一下，因白鱼肥腴而质柔，跑腌利于肉质收缩，能提升肉质食感。而用盐的多少、腌制的时间等，就要根据白鱼的大小、季节、质地等调控把握，这一阶段就如“转轴拨弦三两声，未成曲调先有情”那样，决定着那条白鱼的风味。上笼蒸制时，加入葱、姜、黄酒等去腥，如“低眉信手续续弹”。蒸制时，蒸气的控制、时间把握等，如“轻拢慢捻抹复挑，初

6 《烹饪学概论》，马健鹰、薛蕴主编，中国纺织出版社，2008年1月，第171页。

为霓裳后六幺”，在水、气、温与时间的作用下，白鱼就这样慢慢地改变着质地，呈现出精彩。入得口中，真是“此时无声胜有声”，质腴而嫩，味中透着鲜、隐着甘，鱼香氤氲。这一切是味中之“入”。

“时里白”会跃动在太湖边农人莳秧的身影中，会穿越到隋时入贡洛阳的那些鱼中……这条白鱼能牵出一串风味往事。太湖船菜餐饮又将太湖渔家、罛舟帆影、渔家唱晚，飘香在鱼味之中。太湖边，春秋烽烟、吴越争锋，吴王、伍子胥、范蠡、西施，吴国的炙鱼、蒸鱼、鲞鱼、残脍鱼，在太湖边的“鱼食”里，也响着金戈、藏着谋略。汪洋太湖中的渔舟与城镇河道边的枕河人家，舌尖品味着“鱼羹”“吴羹”，数千年来美味不绝如缕。干将的剑锋、艅艎巨舟的工艺，苏州的园林，书画、戏曲、吴门医派……展现着“吴文化”中典雅的苏州样式，与四季的美食呼应成一种“苏式生活”。太湖船菜餐饮中的一道渔家肴馔，会从餐盘中跃起，游出一道苏州水文化的墨迹，绘成一幅苏州风味的画卷。即便是质朴的太湖船菜，它的味里不乏苏州的文化底蕴。

食之味是有美感的，对于食之味的美感及其欣赏，那是不容忽视的。饮食文化的发展进程中，人群不同，就会产生不一样的饮食活动状态，饮食审美也会不同。不同经济条件下，人们对于饮食的态度会有差异。“一箪食、一瓢饮”之乐，与马斯洛“需求层次”理论，从不同的角度和层面反映出饮食审美受到经济、伦理、宗教、民俗、心理的影响。饮食之美是客观存在，饮食审美是人们生活的一个部分。人们追求真、善、美以及一以贯之的“和”，不同的条件下，审美显现的方式、程度会有不同。较好的生活条件和生活环境，对于审美的形成与深入都是正向的，饮食审美亦是如此。

宗白华说：“欣赏也是一种创造，没有创造，就无法欣赏。”[7]因而，

---

7 《心若静　风奈何：以单纯心过生活》，宗白华著，江西人民出版社，2019年7月，第184页。

食之味、味之美就更需要让人们体验得到，进而做一番品鉴。对“味”有了深厚而绵长的认识，就会产生对“味”的更加深入的感受。

太湖船菜之味既有一菜一肴之味，也有“格式塔之质”；既有物质层的品尝，亦有精神、文化层的鉴赏；既有果腹的日常，亦有超越日常的情感。

第三节　太湖船菜餐饮的文化代表性

一、太湖渔家饮食文化的代表性

太湖渔家是一个总称，内部大致由4个方面组成，即：太湖世居渔民、由海洋渔民演变而来的渔民、外来渔民、由农民演变而来的渔民或渔农兼备的渔民[8]。如此，太湖渔家内部的饮食状态也呈现多样化的特征，或者说具有丰富性。总体而言，太湖世居渔民的“原生性”，与其他渔民相比，更多地保持了太湖渔家的饮食文化。从文化保留、习俗的传承等方面看，太湖世居渔民有着苏州固有的饮食文化传承。所以，太湖世居大船渔民所创的太湖船菜餐饮，在反映和体现太湖渔家的饮食文化方面具有代表性。

再从这几个方面来简要认识：

其一，生活空间决定了饮食文化的区域特点。苏州太湖渔家世居于苏州太湖水域，泊居于太湖东岸，势必受到苏州文化的影响。同时，“连家船”的生活方式，形成了一些渔家独有的生活习俗，也形成了一些特有的饮食风俗。而因都生活在苏州太湖这个区域，又有了共性方面的饮食习惯，如“好食时新”等等，无论是世居渔民还是其他渔民，在饮食中都存在这样的饮食特点。所以，在地域性饮食风俗习惯影响下，形成了具有共

8　《太湖镇志》，《太湖镇志》编纂委员会编，广陵书社，2014年8月，第419页。

性的太湖渔家饮食特征与习惯。

其二，太湖渔家的饮食具有丰富的内涵。太湖船菜没有脱离太湖渔家饮食这一条主脉。太湖船菜餐饮经营中所呈现的渔家菜肴，是太湖渔家日常饮食的典型代表。以此为基础，太湖船菜在发展中不断吸收与创新、引入与改良。并且，由于食材采购的便捷性提升，食材的品种也更加丰富。这样，太湖船菜餐饮出现了崭新的面貌，但依然蕴含着太湖渔家文化丰富的内涵。

其三，太湖世居大船渔家的饮食文化具有典型性。书中所反映的太湖渔家饮食，大都以太湖世居大船渔家饮食习俗为主。这是因为世居大船太湖渔家在文化的传承方面更具代表性。一是太湖大船渔家有代代相传的延续性。清吴庄《罛船竹枝词》："餐风宿水等闲过，不出江泽居有那。十叶相传渔世业，故家乔木又何多。"渔家世代相传，如今"在太湖世居渔民中，'蒋、张、金'三姓，约占太湖大、中船渔民的70%"[9]，其中"金姓渔民，……字辈排列：建、国、仕、万、世、方、顺、龙、乾、坤、最、久、长，现在已繁衍到'最'字辈"[10]。这样世代延续，更多地保持了太湖渔家传统的饮食文化。二是罛舟帆影的独特性。罛船是淡水湖中最大的渔船，是极具淡水渔业的代表性渔具，也最能体现太湖渔家久居水中的生产、生活方式。三是太湖船菜餐饮是由世居大船渔家首先创办的，在太湖船菜餐饮的形成、发展方面，会更多地融入世居大船渔家的饮食习俗，也使太湖船菜餐饮具有太湖渔家饮食的典型性。

其四，创新发展是太湖船菜生命力的体现。太湖船菜是特色餐饮，它的经营发展需要满足餐饮行业经营发展的客观规律。发展是不可阻挡的，太湖船菜餐饮也在不断地创新发展着。在烹饪技艺、菜肴品种、风

9 《太湖渔俗》，朱年、陈俊才著，苏州大学出版社，2006年6月，第70页。

10 《光福镇志》，江苏省苏州市吴中区光福镇志编纂委员会编，方志出版社，2018年11月，第134页。

味、表现样式，以及经营方式、餐饮环境、服务品质、企业管理、经营理念等方面，都会随着市场需求的不断变化而不断创新。这并不等于说，太湖船菜餐饮由此改变了它的文化内核。只要把握住太湖渔家文化这一核心主旨，太湖船菜餐饮就会在变化中，保持住定力，形成丰富而有太湖渔家饮食特色的菜宴。

基于以上四点，笔者认为太湖船菜餐饮是能够代表和反映太湖渔家饮食文化的。

窗口和镜头总是小的，但透过它能看到广阔的远方。这里仅以太湖船菜餐饮这个窗口，来观望太湖渔家饮食，观赏深厚的太湖渔家文化。

关于“太湖渔家婚宴中不用淡水鱼虾”的问题，有介绍说：“在渔家的婚宴中，所有的菜肴都不以淡水鱼虾（即本作货）为原料做菜，以示‘敬客’。”这里“不以淡水鱼虾为原料”的意思，是指除了禽、畜、蔬、果等食材外，水产品全部用海产品为食材。

我走访的太湖大船渔民中，年纪大的有70多岁。向这些掌勺的渔家女提出过这个“不用淡水鱼虾”的问题，也从收集到的太湖大船渔家婚宴菜谱中看到，渔家婚宴中依然会用到淡水鱼虾。从时间上推算，我所询问的太湖渔家女应在19世纪四五十年代出生，那么“不用淡水鱼虾”的时间还要向前。这个介绍是否有其现实的可能呢?

其一是有可能。

如果再往前推，在海洋渔船还能进入太湖水域的河道时，海洋渔民会在每年的鱼汛期到太湖来进行捕鱼作业。如果海洋渔民定居于太湖，这部分海洋渔民的婚俗中依然保留有海洋渔民饮食习惯，那么他们婚宴的菜肴结构中，就会出现非淡水鱼虾的海洋水产菜肴。无论是从海洋渔民固有的饮食习俗，还是从食材的来源（航道通畅、海洋渔民的采购、供应有渠道）来看，都有在婚宴中不用淡水鱼虾的可能。

其二是尽可能。

从“敬客”的角度看，只要有条件，就会在采办食材时，考虑到亲戚、宾客的饮食习惯与风俗，是最具体、最实在的表达。泊居太湖的海洋渔民在婚宴上自然会有对“海洋水产”丰富性的需求。而航道阻隔后，采购海鱼食材的便捷条件就大打折扣，因而，在婚宴的食材与菜肴中，只能有一部分海鲜。

其三是不可能。

还可从烹饪技术的方面再作认识。如果是原驻的太湖渔家间的联姻，忽而在婚宴的菜肴中出现海洋食材，这与日常的饮食习惯、风味偏好等都有违离。毕竟，人们的饮食是有地域性的，一下子完全转变，似乎也难以让人满意。还有烹饪的方法与技艺等，平时如不接触，对这些海洋食材一时也难以操作。况且，忙碌在太湖中的太湖渔家，在短暂的新年期间操办婚事，这些海洋食材又从哪里采购得到？

基于以上三点，目前只能说曾经在太湖渔家的婚宴中，有可能不用淡水鱼虾。由于还没有看到有历史档案、文献、方志等对太湖四类渔家群体的婚宴进行介绍与确切记载。因而，在这里也只能略做推测。

航道条件的变化，使海洋渔民转为太湖渔民，海鲜食材的采购相对困难，客观上，会改变这部分外来渔民的一些饮食习俗。所谓入乡随俗，在新的环境中依据新的条件来生活。饮食上也会出现海、湖鲜之间的转变。在入驻、转变、融入的过程中，即使海洋渔民受到内湖渔民生活习俗的影响，也会保留部分自己的婚宴饮食习俗，在婚宴中增加海洋产品的品种。婚姻是大事，婚宴是要事，太湖渔家的婚宴中，也会有湖、海渔民的婚宴习俗的融合。当然，这只是猜测，但其不乏合理性。

这些融合了多种渔民婚姻习俗的太湖渔家婚宴，依然是具有代表性与典型性的太湖船菜餐饮。

二、太湖船菜中的新菜与老菜

发展与进步，交融与吸收，让这个世界更加丰富多彩。人们在创造中装点了世界的美，也在美的世界里获得了更多的创新元素。于是有了新与老，有了从前、现在，还会有更美好的将来。

新是充满生命力的，是发展进步的推动力量。新的事物会接受生存的考验，它将与自然、社会构建成“生态”，从而成为“生态”中的组成要素。这样的构建中，新的事物或长、或存、或消，在发展过程中寻找着自己生存的空间。老的事物则是经过了时间考验和“生态”选择的。老要与新不时地寻找契合点，如此才能在“生态”中得以生存。新与老是一本念不完的经，相互依赖，互为因果。

太湖渔家的饮食、太湖船菜餐饮也有新菜与老菜。新的菜肴融入“老”的环境、习俗中，老的菜肴与新的形式、风味相互吸收，故而，新菜、老菜总是在太湖渔家的日常饮食中，在一次次欢快的节庆活动中相伴而来。

从菜肴原料看，老菜更贴近太湖渔家的日常生活。如炒鳝丝、鳝筒、红烧鳜鱼、清蒸白鱼、炒鸡丁、炒肉片等，这些老菜食材都是源自太湖渔家的渔获以及周边陆地，是家常食材，且价格不贵。再如炒蹄筋、炒干贝、明月参、红烧鳗鲡、红烧甲鱼等新菜，从食材看，蹄筋、干贝、海参等更加精细，不是渔家的家常菜。即便如“细露蹄筋”这样的苏州特色菜，在酒家饭店均有供应，但在太湖渔家的饮食中，依然不是经常食用的菜肴。汤菜中，老菜如有蛋饺汤、爆鱼汤、鸡汤、环爪汤等，新菜有莼菜汤、火腿拉丝汤、佮蛋汤等，这一比较就可看出食材与菜肴的变化，食物的风味在不断丰富。

当太湖渔家跨入餐饮行业之后，太湖船菜餐饮必将迎来更快、更广的吸收与创新阶段。因为这时已从太湖渔家的饮食，转变为面向广大消费者的餐饮。因而，没有创新不行，但脱离太湖渔家的饮食风味也不行。所以，新菜与老菜，伴随着太湖船菜餐饮的发展而飘得更远。

从消费角度看，新菜、老菜之间还有许多剪不断、理还乱的交集。在太湖船菜餐饮出现之后，原来的“新菜”也有点“老”了。如“高丽肉”，曾经具有“新”的风味，如今亦淡出渔家的饮食，成为一款“老”菜。消费市场中，一些在太湖渔家宴席中都拿不出手的“老”菜，在消费者的舌尖上，成为体现太湖渔家特色风味的“新”菜，如熯针口、老烧鱼、清蒸湖刀、鮩鮩鱼等等。

无论是新菜融入老味道，还是老菜吸收了新内容，风味的最后定位都需要得到太湖渔家的肯定，才能成为太湖渔家的风味菜肴。实际的饮食消费中，我们不会刻意地去分辨某道太湖船菜是新菜还是老菜，只是新菜与老菜之说，是太湖渔家饮食文化的内容之一，与太湖渔家的生存、发展，生活与饮食的提升密切相关。太湖船菜餐饮的现代经营中，更会不断地出现新菜与老菜。只是新菜风味依然要有“老”的韵味，老菜也要与时俱进，让更多的太湖渔家特色饮食，在人们的舌尖上绽开风味之花。

第四节　太湖船菜餐饮的呈现与应用

一、太湖船菜的呈现

社会的发展，让一切皆有可能。太湖船菜餐饮以一种新鲜的餐饮样式和美食“时尚”，丰富了餐饮市场，人们可以在尝鲜的目的下，在期待美食中前往消费。

人们品尝到的新鲜，是太湖船菜新鲜的“鱼”味。经营太湖船菜餐饮的太湖渔家以其独特的捕鱼、识鱼的经验优势，以“挑剔”的眼光选择食材，好“味”的第一关就这样由“专业”的渔民把守着，这样的“菜”外之技，如润物细雨，无声无息地潜在太湖船菜之中。

人们品味到的新鲜，是太湖船菜餐饮掀起的一层“渔”的面纱。太湖船菜餐饮是从摸索中不断发展起来的，这其中有经营船菜餐饮的太湖渔民们的拼搏。他们将太湖渔家文化、饮食习俗融入太湖船菜中。当消费者接触到由太湖边耸立的船桅中诞生的太湖船菜，接触到太湖船菜餐饮的样式，就掀开了太湖渔家朦胧的面纱。自然、悠远、独特的太湖渔家饮食文化似旭日东升，让人们品味到了它的灿烂、浑厚与博大。

无须有多少赞美，太湖船菜餐饮就这样以一种“新鲜”的容姿呈现在人们的面前，由陌生、疏远到熟悉、亲近，最终被世人认可。凝聚着太湖渔家饮食文化的“太湖渔家宴”，也在太湖船菜餐饮的发展中逐渐形成，并出落得越发楚楚动人。2006年由华永根主编的《中国苏州菜》、2010年由陆军主编的《中国江苏名菜大典》，都将“太湖渔家宴”作为苏州、江苏的名宴载入。

二、太湖船菜的应用

本段说说太湖船菜餐饮在经济社会发展中能有什么更大的作为。餐饮业是涉及人们生活的民生类商业服务行业，在经济社会活动中发挥着重要的功能。民以食为天，人们每天都离不开饮食。同时，餐饮经营不是孤立的存在，它会向外延伸，前面对接农业（渔业）生产，向后连接商务、旅游和民生等，横向与文化相关联，因而，太湖船菜餐饮在商、旅、文、农等产业与教育、研究等社会事业，以及满足人们生活需求等方面，都可以有所作为。

增加渔业生产附加值，不断提升渔民生活水平。稳定、均衡的产业渠道是经济活动的重要资源，太湖船菜餐饮经营者常年与太湖渔民有着稳定的供应联系，于是这部分渔民有了稳定的收益。无论是太湖船菜的美味，还是所体现的苏州节令风俗、太湖渔家食俗等文化内涵，都会在无形中为太湖渔业增加附加值，由此而为太湖水产在销售环节增值，实现渔民增产增收，为渔民的可持续增收拓宽途径。

丰富旅游展示方式，增强太湖旅游体验感。苏州是中国历史文化名城，太湖风景名胜区中13个景区，有8个在苏州[11]。苏州光福景区是太湖现存渔港、渔村较集中地区，鱼汛开捕时千帆竞发，在太湖风景名胜区中具有渔文化代表性。太湖船菜餐饮如一个窗口，通过“船头”与“桌头”的双向链接，自然与人文互相耦合，通过舌尖对“鱼鲜”的品味，来呈现吴地文化，让食客感受太湖、苏州以及太湖渔家的独特。

珍视文化多样性，彰显渔文化的独特内涵。太湖渔家生活方式是独特的，在一网网鲜活的鱼儿面前，太湖渔文化依然有着很大的探索空间。山水相依的太湖自然、考古视野中的太湖渔业、丰盛的应时物产、罛舟帆影中的太湖渔家、简朴自然的渔家烹调等等，都有着从文化的视角进行彰显的可能性。太湖船菜餐饮有着文化的内核，要闪烁出文化的星火，需要文化创意和文化表现方式的碰撞。太湖船菜餐饮作为与太湖水产、太湖渔家有着密切联系的饮食业态，可以通过太湖船菜的丰富性，来展示太湖渔文化的独特性，进而显现吴地文化的深厚与多样。

构建商业品牌，打造太湖船菜特色餐饮。品牌代表着服务的品质，代表着服务的特色，是人们与产品、服务构成的心理趋向、品质认同和文化认知。太湖船菜餐饮已展现了它优良的产品质量、独特的服务功能，但在品牌的价值方面还需加大力度，不断培育与构建餐饮品牌。可不断地创新传播方式，在文化上注重融入与展现，在技艺上加强传承与创新，积极对应时代消费需求，增加自然、生态和人文的附加值，持之以恒，精心打

11　太湖风景名胜区是国务院1982年审定公布的首批国家级风景名胜区之一。1986年，《太湖风景名胜区规划》经国务院同意，国家建设部批复，确定太湖风景名胜区是一个以山水组合见长，具有我国吴越文化传统和江南水乡特色，适合开展游览、度假、休养、水上运动和科学文化等多种活动的天然湖泊型国家重点风景名胜区。太湖风景名胜区包括苏州市的木渎、石湖、光福、东山、西山、甪直、同里、虞山景区，无锡市的梅梁湖、蠡湖、锡惠、马山、阳羡景区，共13个景区。

造，竖起“太湖船菜餐饮”的品牌大旗。

引导产业绿色发展，生态保护锦上添花。为了保护太湖的生态环境，原来在停泊于太湖岸边经营太湖船菜的餐船已经拆解，那条渔歌唱晚的太湖船餐街已不复存在。太湖船菜的经营户有的已经不再经营，有的移至陆上一些店铺内继续经营，当年的集聚模式与规模效应已经不再。生态保护是可持续绿色发展的需求，也关系到人们自身的长期利益。在科学合理的产业规划、有效的环保设施建设和环保措施落实下，加上长效的环保管理机制，在生态保护的同时，是可以保持太湖船菜餐饮绿色发展的。保护与发展，在现代科学技术和管理机制的共同护航下，是可以兼而得的，并且能使太湖船菜餐饮锦上添花。

发挥教育实践功能，增加对优秀传统文化的认识。“民俗的教化功能，指民俗在人类个体的社会文化过程中所起的教育和模塑作用。”[12]太湖渔家是苏州历史文化中的重要组成部分，是苏州“东方水城”“鱼米之乡”不可或缺的基本内涵。太湖渔家的生产作业，形成了太湖渔业和苏州饮食文化中的“羹鱼”习俗；太湖渔家供应着四时不断的水产时鲜；在改革开放中逐浪发展，创立了苏州又一特色餐饮——太湖船菜餐饮。从中，我们可以看到人与自然的和谐关系，以及其不断求索的探索精神、不畏艰难的拼搏精神、自食其力的创业精神、追求美好的大爱精神。这些，都可以通过餐饮这个窗口，通过太湖渔家文化及其底色来触摸、来感受。

整合优质资源禀赋，加强太湖渔文化展现。优良的资源条件是发展的前提，要成为发展的动力，还须将资源禀赋进行有效的整合，为发展创造出优势条件。以现代乡镇科学发展的要求，创新太湖渔村、太湖渔业的发展模式，并在经济社会的发展中，为太湖渔家饮食文化的展现，为太湖船菜餐饮这道美食风景，注入发展新的活力，这将是新时期涌来的一波

---

12 《民俗学概论》，钟敬文主编，上海文艺出版社，1998年12月，第27页。

新浪潮。太湖渔家文化于苏州、太湖，乃至吴文化，都是不可或缺的文化组成部分。于地方而言，在社会经济发展中，是一张熠熠闪光的名片。借助现有的太湖船菜餐饮这个窗口，集聚区域渔家文化的优势，必将会有新的发展趋势，来助推地方经济与乡镇建设的可持续发展。

三、活化与景观

光福镇有着太湖最多的太湖渔村，最大的太湖渔家集群，渔文化在光福有着深厚的文化渊源。自1964年以来，太湖镇（现并入光福镇）农业人口大致在9000人至10000人之间波动，农业人口占比保持在97%—93%之间[13]，农业人口中渔民占最大的比例，反映了太湖渔民群体的相对稳定性。光福渔民有着太湖渔家的民俗，有着活态的太湖渔家文化。在深化改革的新时代，在伟大复兴的新进程中，太湖渔家如何再一次创新发展，如何在“渔”字上做文章，依然大有可为。

太湖船菜餐饮是特色餐饮，它的经营空间有太湖、山水、渔舟、渔村等一系列视觉景象；它的风味特色来源于一汪浩渺的太湖水，水产、果蔬、禽畜、菌笋等，大都产自太湖及周边田野山峦；它的烹饪技艺中隐着太湖渔家传统而简朴的烹调方式，蕴含着与太湖渔家生产、生活紧密联系在一起的饮食传统与习俗。大部分消费者是慕名而来的游者、食者，他们通过环境、美食来感受太湖边这一方山水的优美。这样，就构建起了“太湖船菜餐饮—渔家美食—太湖渔家—罛舟帆影—太湖山水”这一条具有特色的文化体验链，并由此串联起太湖渔文化的方方面面。

太湖渔家文化的活态保护与传承问题期待能够得到重视。这样的担心并不是多余的，如一些城市拆除了古建筑，拓宽了旧时狭窄的街巷，然后，再择地另建一个新的“古”城镇、街区，以景点的构架来点缀城市，彰

13　数据参考《太湖镇志》，《太湖镇志》编纂委员会编，广陵书社，2014年8月，第98—99页，《太湖镇历年人口情况统计表》。

显曾经的文化。走在这样的“历史”里，失去了原生态的感受，因为这些景点所展现的生活、文化，更多的是表演。仅仅是一部分记录，缺失了它原来的样子。不希望太湖船菜的将来，也成为表演，而不能去品尝。在创新发展中将“活化”的理念引入，是极具价值的。这也是笔者对太湖船菜餐饮可持续绿色发展下去的期待。

太湖渔文化不只是景点里的几只船、几道帆，可以是更加多样的、更深入的呈现与表达，可以是一曲悠然的渔歌，可以是千帆竞航的捕鱼场景，也可以是餐桌上的一道道美食。“我们用符号描述世界而使得能与世界与人进行有效的交流，每一个孤立的个体由于符号的对个体经验的交流而变成群体中的个体，因此便更能拓展自身的经验和存在能力。”太湖船菜餐饮是文化符号，是特色餐饮与饮食文化的个体，只有在交流与展示中，才能让世人了解与认识到它的独特与美好，才让太湖船菜在与外界的交往中获得可持续发展的旺盛生命力。

5000年中华文明创造了丰富而优秀的中华文化，这是一个民族乃至世界在发展中均可资可鉴的宝贵财富。作为创造者，自当负起保护与传播的责任。立足自己，放眼世界，树立民族的文化自信心，完整地审视自己民族文化中那些闪光的动人故事，这将有助于我们在发展中，坚定地走出一行面向未来的足迹。人们生存于一方水土，自然生态、人文历史就会成为这一方水土的生命之源，文明之基，铸就这一方水土中的文化基因。于是，世界呈现着各自的个性，就有了文化的多样性。经济产业和人们的生活离不开土地、区域，文化个性以及由文化个性中绽放的独特的人文之花，这些禀赋都会为经济和生活插上飞翔的翅膀。文化因为有着独特的美和美的形式，必然会被人们所识。“文化区域的形成，最初也许是由地理环境的作用，而受地理的限制。可是高度的文化，却往往能超出地理的限制，而扩大其文化区域。”[14]因而，坚定文化个性，在平等的交流中互补

14　《文化学概观》，陈序经著，岳麓书社，2010年1月，第256页。

共赢，具有极为重要的意义。太湖船菜所秉承的太湖渔家饮食文化，对保持太湖船菜餐饮的“活态”与活力，对太湖船菜产业的构建、传承、启迪与创新，亦具有极为重要的意义；太湖渔家饮食文化、太湖船菜餐饮也会因其固有的文化基因而有更加美好的故事。

即将终篇之时，聊学古人抒怀，写上几句：

笔蘸具区三万顷，墨点风报二十信。
渔影千年罛舟忙，炊烟一缕夕照轻。
羹鱼炝虾天地间，红菱滑莼水波映。
静心品得真味致，姑苏从来好时新。
继往开来逐浪人，放眼观世根基定。

后　记

《太湖船菜初探》即将完成之际，因为许多说得清、说不清的原因，写写停停有一些时日了。往前追溯，看到了2015年12月18日留下的一个拟写的框架——定是夜晚的宁静，催生了我关于太湖船菜的写作念头。

这样的念头并不是凭空出现的。其一我是在苏州市吴中区做着餐饮行业服务工作，太湖船菜餐饮是吴中区的特色餐饮之一，我时不时地会接触到；其二是经常参与烹饪、餐饮行业协会、商会的一些活动，亦会关注餐饮行业的发展情况；其三是平时饮食中常会有“鱼味”入肴，太湖水产是不能回避的内容；其四是太湖边经营太湖船菜的餐船已经拆解，船餐市场已经停止运营，原来的渔家经营者有的转到陆地上继续经营，只是不如之前那样集中，似乎少了一道明亮的“渔火”景观。时间已界年末，这一段时间里总结、会议会多一些，可能在这些工作中，白天萌生了的某个思绪，在静夜悄悄地冒出头来。

当然，还有着一份隐在后面的责任感。太湖船菜餐饮作为一个新形成的、具有特色的餐饮业态，在它的发展过程中必然会有起起伏伏的际遇。如今，太湖船菜餐饮的经营由泊在水中的餐船上，转到陆上，经营的条件、环境发生了一定的变化，经营空间由原来的相对聚集（船菜餐饮市场），变为在一定的区域（如光福、冲山）分布。虽说太湖渔家的饮食、太湖船菜已有悠远的历史，然而，“散漫的生活经验，若不是予以组织，予以分类，从混乱印象中构成那些习惯而易辨的事物之世界，我们就不能考察和记住这些经验”[1]。我作为一名太湖船菜餐饮发展的伴随者、见证人，理应就现实做一份记录，收集历史，便于人们考察和记住这些经验。

一念既出，总会让人有一个充满热情的时期。框架拟好后，当年12月就完善了“撰写思路”“资料来源”“对渔业的描写”等的思考。2016年1月，写下了《〈太湖船菜〉的历史认识》《太湖船菜之大禹》《太湖船菜之渔家群体》等文；3月写了《太湖船菜的视角》《太湖船菜与太湖渔家的关联》《太湖船菜渔船与风帆》等等。这些是动笔之前的一些头脑风暴，随手记下。或长或短的文字，大多没有完整的篇幅，但让我感受到了在夜的天空中摘取星星的快乐。

2016年3月下旬的某一天，光福水仙宫大酒店的陈智勇来电，说想出一本关于太湖船菜的书。大致意思是：他经营太湖船菜已有20多年了，经营太湖船菜餐饮是他生活的依靠，也是生活的重要内容。现在年过60，对太湖船菜有一定的认识，所以，想把这些心得写下来。还说到，现在太湖船菜餐饮市场被取缔后，那些铁制的餐船已拆解，在陆上经营的太湖船菜餐饮大都分散，没有形成规模效应，品牌影响力也没有以往大，不知以后会如何。这也是陈智勇想把一些关于太湖船菜的事记录下来的原因。

苏州有句俚语叫“困懒送枕头”，一个正犯着困，一个正好送来了枕

1 《美感——美学大纲》，[美]乔治·桑塔耶纳著，缪灵珠译。中国社会科学出版社，1982年12月，第30页。

头，时机、需求契合得正好。于是我一口应下，说自己也有这样的想法。3月30日起笔，4月1日完成了《〈太湖船菜〉设想》。那年清明节休假，就去了光福与陈智勇见面交谈，明确了共同来完成此书的目标。设想该书的内容特点大致是："反映自然地域特点，反映历史人脉风俗，反映太湖水产资源，反映太湖渔家生活，反映太湖船菜风味，反映发展与可持续。"从现在落笔的情况看，当初的这些想法已融汇在本书中。

陈智勇虽是太湖船菜餐饮经营者，但不是渔民，可说是"外来户"，虽然他与妻子李林云两人沉下心来，做了20多年的太湖船菜餐饮，有了较其他餐饮经营者更多的关于渔家、水产、船菜等方面的认识。但用民间的话讲，并非渔民"科班"出身，在关于太湖渔家生产、生活习俗、太湖渔家菜肴烹调等方面，总有些底气不足。因而在《〈太湖船菜〉设想》的"工作方式"中，也明确了"联系渔家，需要进行对田野的调查、采风等，联系相关人员"等工作方针。因而，落笔前结合日常餐饮行业工作中所接触到的关于太湖船菜的事情，与交往过的一些太湖渔家餐饮经营者朋友交谈，走访咨询一些太湖渔家妈妈等，并翻阅大量相关书籍资料，以此来收集和丰富素材。

了解、印证一直贯穿于撰写的过程中。将书籍的记载、人们的口述作为史料，典籍、私人记录、随笔文章……这些内容，统统在需要了解之列。由于太湖渔家群落组成的多样性，还有撰写者、讲述者的认识深度与语境场景的不同，落笔时，我又一一进行判别，乃至写成后因新的确切线索而重新叙述。但还是不能避免所述不详、所述不全的情况出现。特别是于太湖渔家现实生活中的丰富性来说，缺漏是客观存在的。如太湖渔家各群落不同而形成的生活习俗的不同，在表达时，就会出现顾及不到其他情形而没有在书中体现的情况，挂一漏万。再如太湖家婚俗及婚宴饮食方面，因渔家形成的多源性、生活习俗中的传承性、水陆之间婚姻的互通性等，就会出现渔家婚俗及饮食在总体的相似中，具有多种不同。而落笔于此的仅是一部分婚俗，不能兼顾所有。生活本是丰富多彩的，俗谓“十里不同风”，几句话、一册书，难以兼顾与表达所有。再加上笔者并非专业作家，也没有文史基础，还非太湖渔民，只是利用业余时间以走访等形式，对太湖船菜餐饮做一些记录，期望能将太湖渔家饮食文化与太湖船菜餐饮更多地呈现出来。出发点是正向的，落笔处的谬误或认识思考方面的不足必定存在，欢迎大家给予指正。

几年来，笔者无数次前往光福，与陈智勇一起进行走访、交流、咨询、了解、分析，逐渐形成了初步的文字。但对于所写内容，特别是太湖船菜方面的内容，总有一种不踏实感，总是在内心自问：“是不是真如所写的这样？”因为这些毕竟是我等“非渔民”的所知、所识、所思以及表达。直到如今，对所写的内容依然惶恐。

有些事想要写清楚，下笔却又无可奈，只能点到为止。譬如，太湖渔家饮食中及太湖船菜中，红烧、清蒸等菜肴较多。这样的烹饪方式无论是平常人家，还是餐馆酒楼都会操作。只是太湖渔家对于太湖水产品的认识，既有渔家专门的眼光、知识和经验，又有渔家熟悉的烹调经验与方式。一条鱼的大小、肉质、肥瘦等特性，可能渔民只需看一眼、掂一掂，就已有个大致的概念，可在烹饪时进行适度的调控。这些属于渔家的技能，对渔民和渔家船菜经营者而言，可能就是一把盐、一点时间和火候的控制。操作中的种种变化、拿捏与调控，如果问一声为什么，则实在是难以说尽，难以说清。笔者对此依然有着隔行如隔山、“不识庐山真面目”之慨，还祈业内宗师、大家明哲助艺传学，缕析清明。

还有一些想到了但目前还缺乏条件与能力来写的内容。譬如，对太湖船菜自初创伊始至今出现过的那些酒店的记录，这里没有细述乃至简要记述，只是将一些经营船菜酒店的名称，就自己所知的记下几个。其实，还应记录一些这群经营者的身影，以及他们经营太湖船菜餐饮过程中的足迹。如果放在发展的历史中看，这一群从事太湖船菜经营的太湖渔家，仍然是太湖船菜餐饮的创业者、开拓人，是他们共同努力打造了太湖船菜餐饮这个品牌、这张名片，成就了苏州饮食大花园中，太湖船菜这一特色餐饮。但在这里，笔者也只能以遗憾的心情停笔于此。

“渔”一直是苏州绵延至今的历史文化身影，“羹鱼”是苏州饮食文化中的基本味道，太湖船菜餐饮又是形成于改革开放后的特色餐饮。在悠远的历史与崭新的现实面前，如何表达与呈现太湖渔家饮食文化，表现太湖船菜风味之美？面对着既熟悉又陌生的太湖渔家，只能以“尽可能”的态度来执笔落墨。这里，笔者或简或繁地写了一些关于太湖、关于苏州的太湖渔家的饮食与菜宴，以及笔者对太湖渔家饮食的认识、对太湖船菜品鉴方面的体验，还穿插着对苏州饮食文化、苏州菜、苏帮菜烹制技艺等方面的认识与感受。写全是不可能的，只是希望通过这些文字，显现出太湖渔家饮食文化以及太湖船菜餐饮的独特性。在落实当初记录太湖船菜餐饮的心愿之际，亦望有更多的人将悠远而独特的太湖渔家群落及其丰富的文化内涵，从多方面，以多形式展现在相应的历史、文化与艺术之中，为经济社会发展、为新时代太湖渔业的可持续发展、为太湖渔家实现更美好的生活而助添新的动力。

餐饮服务工作中，与一些太湖船菜经营者成了熟人、成了朋友，如湖鲜楼酒家的张林法、太湖水乡酒楼的张宗兰、妹妹饭店的蒋兆玉等。这些经营者都是光福人或太湖渔民，所以日常交往时，都会聊到一些太湖船菜的事。从这些交往中笔者了解的一点一滴，也成为本书中有关太湖渔民、太湖船菜的重要素材。所以，要向这些朋友致以由衷的感谢。还有诸多我采访、咨询过的太湖渔民，如张宝娣、夏菊娣、张玲妹、冯雪锦、蒋雪珍、张伟芳、张龙泉、陆根林等，在此也一并感谢。

2020年，在新冠肺炎疫情防控工作中，因餐饮方面的一些防疫防控工作，笔者结识了苏州市吴中区疾控中心的蒋志才。后来听说他是光福人，于是就问：“你是太湖渔民？”小蒋感到很惊奇：“你怎么知道我是船上人。”我介绍了正在写的这本书，其中有关于太湖渔家的事情。“蒋”姓是太湖渔民中的大姓，所以听说他姓“蒋”，又是光福人，就推断出他是太湖渔家。于是，我们由工作关系向着朋友关系靠近。我说，目前稿子大致完成，就是对太湖渔民的一些传统饮食及其菜肴方面的掌握，还觉得不够踏实，最好能再听一听年长些的太湖渔民介绍些渔家过去的饮食、菜肴。小蒋立马说：“听说我外公以前做船菜，知道这些事情。我回去问问。”5月14日，小蒋回复：“已经与外公联系过了，以前做过渔家的传统菜宴。”后来，蒋志才70多岁的三外公蒋怡良传来了由他记录的渔家传统婚宴菜谱。笔者正在微信上表示感谢时，小蒋回复了一条：“应该的，给家乡文化贡献一点微薄之力。”遇到小蒋，我已有“小确幸”，这一句话又让我有一番“小感动”。本想去光福与老人见个面，约好后又因工作原因未能成行。小蒋替我收集的这份太湖渔家婚宴菜谱，对我了解和印证太湖渔家传统婚宴的饮食内容与结构非常有益，使我有了框架性认识，这对传统太湖船菜的溯源来说，是多大的帮助啊！

感谢中国饭店协会顾问、中国烹饪协会饮食文化研究会副主任、江苏省烹饪协会荣誉会长、苏州市饮食文化研究会会长华永根先生为本书作序。华会长深耕苏州饮食文化沃土，在他古稀之年，一册册由他撰著的关于苏州饮食、苏州餐饮、苏州烹饪的书籍，成为苏州饮食文化的珍贵文字。华会长对本书的提点和勉励亦是无比珍贵。更可贵的是华会长通阅全稿后写下的文字，让笔者深受鼓舞。

本文即将成稿时，按照国家部署，长江流域将10年禁捕，太湖亦将禁捕10年。如何在这10年中做到科学的生态养护、适度的渔业捕捞以及太湖渔业作业方式的改革创新，为太湖渔业的可持续发展铺展出宏图远景，将会是新的探索。太湖渔家的生产、生活，也定会在发展变化中呈现出新的内容与形式。作为特色餐饮的太湖船菜餐饮，曾在改革开放中随潮而舞；在新时代的浪潮中，必将有一番新的作为。而作为饮食文化的根，太湖船菜餐饮依然离不开太湖、太湖山水、太湖渔家和苏州这一方深厚的人文环境。我们期待，太湖船菜在传承中创新，在继承中发展，以餐饮的平台、渔家的风味，汇成一席太湖渔家的盛宴，在“饭稻羹鱼”“鱼米之乡”的历史画卷里，传递一份悠远而新颖的馨香殊味。

若三

二〇二〇年十一月

主要参考文献

1. 《太湖备考》，[清]金友理撰，江苏古籍出版社，1998年12月。

2. 《中国太湖史(上下)》，宗菊如、周解清主编，中华书局，1999年5月。

3. 《吴地文化通史(上下)》，高燮初主编，中国文史出版社，2006年1月。

4. 《苏州地理》，徐叔鹰、雷秋生、朱剑刚主编，古吴轩出版社，2010年11月。

5. 《苏州史纲》，王国平主编，古吴轩出版社，2009年12月。

6. 《苏州史志资料选辑二〇〇四》，苏州市地方志编纂委员会办公室、苏州市政协文史委员会。

7. 《苏州年鉴2018》，苏州年鉴编纂委员会编，古吴轩出版社，2019年9月。

8. 《苏州传统食品》，苏州市传统食品编辑委员会、苏州市食品工业办公室。

9. 《苏州乡土食品——纪实与寻梦》，陆云福主编，古吴轩出版社，2006年11月。

10. 《苏州教学菜谱》，张祖根、孟金松、王光武、陈秋生、胡建国编著，天津科学技术出版社，1990年9月。

11. 《中国苏州菜》，王光武主编，轻工业出版社，1991年6月。

12. 《新潮苏式菜点三百例》，吴涌根著，香港亚洲企业家出版社，1992年11月。

13. 《说吴·道苏州》，周国荣著，中国旅游出版社，2009年10月

14. 《历史典籍中的苏州菜》，余同元、何伟编著，天津古籍出版社，2014年1月。

15. 《四季风雅：苏州节令民俗》，蔡梦寥、蔡利民著，江西人民出版社，2013年11月。

16. 《姑苏竹枝词》，苏州市文化局编，百家出版社，2002年8月。

17. 《苏州历代饮食诗词选》，潘君明选注，苏州大学出版社，2013年10月。

18. 《吴地文化一万年》，潘力行、邹志一主编，中华书局，1994年9月。

19.《灿烂的吴地鱼稻文化》，杨晓东著，当代中国出版社，1993年12月。

20.《吴县水产志》，《吴县水产志》编纂委员会编，上海人民出版社，1989年10月。

21.《苏州市吴中区志1988—2005》，苏州市吴中区地方志编纂委吴会编，上海社会科学院出版社，2012年4月。

22.《吴中年鉴2013》，吴中区年鉴编纂委员会编，上海社会科学院出版社，2013年10月。

23.《太湖镇志》，《太湖镇志》编纂委员会编，广陵书社，2014年8月。

24.《光福镇志》，江苏省苏州市吴中区光福镇志编纂委员会编，方志出版社，2018年11月。

25.《光福诗选》，李嘉球选编，中国文史出版社，2014年8月。

26.《光福文选》，李嘉球选编，中国文史出版社，2014年8月。

27.《太湖鱼类志》，倪勇、朱成德主编，上海科学技术出版社，2005年5月。

28.《太湖渔俗》，朱年、陈俊才著，苏州大学出版社，2006年6月。

29.《渔史文集》，顾端著，中国老教授协会海洋分会江苏专家委员会、江苏省老科协工作者协会水产分会，2006年8月。

30.《〈周礼〉饮食制度研究》，王雪萍著，广陵书社，2010年10月。

31.《食在宫廷》，爱新觉罗·浩著，王仁兴译。中国食品出版社，1988年8月。

32.《中国烹饪概论》，邵万宽著，旅游教育出版社，2013年3月。

33.《烹饪学概论》，马健鹰、薛蕴主编，中国纺织出版社，2008年1月。

34.《烹与调》，朱良银主编，人民军医出版社，1991年5月。

35.《烹饪学》，武汉市第二商业学校编，1974年3月。

36.《营养保健野菜（335种）》，董淑炎主编，科学技术文献出版社，1996年9月。

37.《中国江苏名菜大典》，陆军主编，江苏科学技术出版社，2010年9月。

38.《中国饮食文化概论》（第二版），赵荣光著，高等教育出版社，2008年6月。

39.《民俗学概论》，钟敬文主编，上海文艺出版社，1998年12月。

40.《文化学概观》，陈序经著，岳麓书社，2010年1月。

41.《美感——美学大纲》，[美]乔治·桑塔耶纳著，缪灵珠译。中国社会科学出版社，1982年12月。

42.《文字的幻景》戴阿宝著，南京大学出版社，2012年3月版。

43.《心若静　风奈何：以单纯心过生活》，宗白华著，江西人民出版社，2019年7月。

44.《中国画黑白体系论》，胡东放著，人民美术出版社，2011年10月。

45.《吴门贩书丛谈》，江澄波著，北京联合出版有限责任公司，2019年5月。